无师自通系列书

常用电焊机维修技术

主　编　王亚君
副主编　刘　杰　孟丽囡

中国电力出版社
CHINA ELECTRIC POWER PRESS

内 容 提 要

本书以实用为原则，由浅入深地介绍了电焊机维修的基础知识和维修技巧，内容涉及焊机维修的基础知识与弧焊电源的分类与选用，各种类型弧焊电源的分类、组成、原理及故障维修技术，包括弧焊变压器、硅弧焊整流器、晶闸管弧焊整流器、逆变式弧焊电源、氩弧焊机、CO_2气体保护焊焊机、埋弧焊机、电阻焊机和等离子弧焊、切割设备等，并附焊机的典型维修案例供读者参考学习。

读者通过本书的学习，即可根据电焊机故障现象判断故障部位并采取适当的方法进行修复。

本书可供电焊机设计人员，工业生产企事业单位技术人员、技工、电气工程师及电气维修人员及焊机专业维修人员使用，也可作为职业技术学校辅助教学用书，供初学者和从事焊接相关专业人员学习参考。

图书在版编目（CIP）数据

常用电焊机维修技术 / 王亚君主编. —北京：中国电力出版社，2018.1（2025.3重印）
（无师自通系列书）
ISBN 978-7-5198-1167-9

Ⅰ. ①常… Ⅱ. ①王… Ⅲ. ①电弧焊–焊机–维修 Ⅳ. ①TG434

中国版本图书馆 CIP 数据核字（2017）第 232746 号

出版发行：中国电力出版社
地　　址：北京市东城区北京站西街 19 号（邮政编码 100005）
网　　址：http://www.cepp.sgcc.com.cn
责任编辑：丁　钊（zhao-ding@sgcc.com.cn）
责任校对：常燕昆
装帧设计：赵姗姗
责任印制：杨晓东

印　　刷：北京天泽润科贸有限公司
版　　次：2018 年 1 月第一版
印　　次：2025 年 3 月北京第七次印刷
开　　本：850 毫米×1168 毫米　32 开本
印　　张：9.375
字　　数：245 千字
定　　价：35.00 元

Preface 前 言

焊接技术在机械、船舶制造、石油化工、航天、电力及家用电器等工业领域都具有广泛的应用。电焊机作为焊接工作的动力提供设备，是焊接生产中必不可少的设备。随着工业化进程和电工电子技术的飞速发展，焊机的数量和品种不断增加，而焊机的维护和维修不可避免地成为重要的保障工作。

为了使初学者快速掌握电焊机的维修技术，我们特编写了本书。本书以实用为原则，由浅入深地介绍了电焊机维修的基础知识和维修技巧。全书共分十章，第一章介绍了焊机维修的基础知识，包括焊机维修的材料和工具、常用低压电器、电子元件的种类、检测方法以及识读电路图，第二章介绍了弧焊电源的分类与选用；第三～十章分别介绍了各种类型弧焊电源的分类、组成、原理及故障维修技术，包括弧焊变压器、硅弧焊整流器、晶闸管弧焊整流器、逆变式弧焊电源、氩弧焊机、CO_2 气体保护焊机、埋弧焊机、电阻焊机和等离子弧焊、切割设备等，每章均有该类型焊机的典型维修案例供读者参考学习。焊机故障多种多样，即使相同的故障现象，但最终解决手段也会不尽相同，本书列举的维修案例旨在帮助读者快速建立焊机故障维修的良好思路，掌握和运用焊机维修的正确手段。

本书由王亚君主编，其中第一～六章由王亚君编写，第七章和第八章由刘杰编写，第九章和第十章由孟丽囡编写，在写作过程中参阅了大量书籍和相关技术资料，在此对原作者表示衷心感谢。

本书可供电焊机设计人员、工业生产单位技术人员、技工、电气工程师及电气维修人员、焊机专业维修人员使用，也可作为职业技术学校教学参考用书，供初学者和从事焊接相关专业人员学习参考。

由于作者水平有限，书中难免有疏漏不妥之处，敬请广大读者批评指正。

编　者

Contents

目　录

第一章

焊机维修基础

第一节　焊机故障与维修概述

一、焊机故障分类

任何种类的焊机，经过一段时间的使用，会产生各种各样的故障。电焊机的故障是指由于种种原因致使电焊机的电气线路（包括元器件）或机构的损坏，使其不能正常工作，从而丧失功能的过程和结果。为了深入了解焊机故障并及时采取技术措施来解决，焊机故障可从不同角度来进行分类，具体见表 1–1。

表 1–1　　焊机故障的分类

分类方法	名称	定　　义
电焊机故障存在的位置	外部故障	指电焊机不需拆除机壳在外面就能观察到的故障，如手弧焊机受外力撞击使焊机调节电流的手柄倾斜，影响了电流调节功能的顺畅
	内部故障	故障在焊机壳内，查找、观察和修理时必须打开机壳仔细查找，有时还需用借助仪表进行一系列的测试才行。焊机的故障，绝大部分属于此类
电焊机故障产生的原因	外因故障	焊机因受外力因素、环境条件或外接电源（如电网三相供电不平衡）等原因产生的故障，外因故障的表现处不一定在焊机的外部，有时也会在焊机的内部
	内因故障	使焊机产生故障的因素发生在焊机内部，如焊机某个元件损坏、某段导线断开或虚连、某个紧固螺栓松动等。此类故障占焊机故障的绝大部分
电焊机故障产生的时间特点	间歇性故障	指电焊机正常使用一段时间后，产生了故障，而经过间歇一段时间之后该焊机的故障自愈，功能恢复，由此周而复始地重复以上现象
	永久性故障	焊机的故障一旦产生便永久存在，只有将损坏了的元器件或电路更换或修好后，焊机才能恢复其功能

续表

分类方法	名称	定义
电焊机故障产生的速度	突发性故障	焊机在没有预兆的条件下突然发生的故障。这类故障操作者不能预知
	渐发性故障	焊机的故障能够早期发现，故障在最终出现之前，往往出现一系列现象，操作者能有预感，如焊机的变压器发热烫手，则预示着如果不及早排除故障变压器将会被烧毁
故障对焊机功能的影响	局部性故障	焊机的某些个别功能丧失
	全部性故障	焊机的全部或大部分功能丧失
故障的外表特征	显现性故障	有明显的外表特征极易被发现的故障。这类故障在产生过程中和故障出现以后，都有明显的物理、化学现象同时或相继发生，如接触器线圈过电压烧毁会有线圈冒烟、焦煳味、变色等现象发生
	隐蔽性故障	没有外表特征的故障，这类故障不易被发现，如绝缘硬导线的内部折断，在外表根本看不出来
焊机的使用寿命	磨损性故障	焊机因长年正常使用自然耗损而产生的故障
	错用性故障	指焊机虽远未达到使用期，但因操作者使用不当产生的故障
	薄弱性故障	是指焊机因设计和制造不当出现性能缺陷的产品，此类故障无修复价值
故障的维修费用	可修复的故障	焊机的故障不很严重，修复费用不太大的故障
	不可修复的故障	这里所指不可修复，是指焊机损坏严重，修复起来工作量大，修复耗用材料多，修复的费用接近或超过原焊机的价值

二、焊机维修方法

由于焊机的原理、结构及制造和焊接工艺的特点，涉及机械、电气、电子、自控和气（液）压传动等专业技术，要求焊机维修人员的技艺范围较广，应具备一职多能的本领。焊机故障的维修工作一般应经过现场调查、分析原因、查找故障、维修和试车等步骤。

（1）现场调查。焊机维修人员要亲自到出现故障的现场，向焊机的操作者详细了解焊机出现故障的情况，了解焊工的操作过程。维修人员要仔细观察现场环境有无异常，查看焊机的外观有无损坏，查看被焊工件的状况，检查焊接回路有无异常，检查焊机的一次输入电路及电源网络状况等。现场调查进行得越详细，检查得越仔细越好。

（2）分析原因。是根据现场调查所获得的故障现象、焊机工作原理知识的掌握（可看焊机的原理电路图），进行故障原因的分析，确定故障可能发生的部位。

（3）查找故障。即进行机内检查，分为断电机内检查和带电机内检查，具体故障查找方法见表 1–2。查找故障应首先进行断电状态的机内检查，通常采用感官检查法和万用表电阻检测法。对电焊机的某些故障，经断电机内检查就能找到；但有些故障在断电状态仍然查不到，那就可以进行焊机带电空载机内查找。这时可以使用验电笔法、亮灯检查法和仪表测量法等，具体见表 1–2。如果在已确定的范围内没有查出故障，就应重新分析判断以便扩大查找范围。如果仍未查出故障，就可以考虑进行焊机带电有载查找，即焊机进行在维修人员监视下在试件上施焊，观察机内各元器件运行状况和焊机是否会出现故障重现的现象。

表 1–2　　焊机故障查找方法

方法	具 体 操 作
感官检查法	这是一种焊机断电的检查法。它是利用维修人员感官的感觉去直接查找故障，包括： （1）问。维修者询问操作者和事故现场目击者看到的故障现象、焊机操作过程及使用规范、故障发生时有何异常等，据此直接寻找故障点。 （2）闻。维修者以鼻子接近被检查的电器元器件，闻其周围是否有异味，如绝缘物烧煳的焦味或塑料烧熔的刺鼻辣味，依此判断故障点。 （3）看。维修者观察焊机元器件的外观、接线端及其活动部分（如动触点），有无烟痕、烧熔、脱落、断头及活动障碍等现象，以此判断故障点。

续表

方法		具体操作
感官检查法		(4) 听。有的电器元件在故障产生的当时或其后会发出异常的声音，如接触器得电后噪声很大，电动机得电后只“嗡嗡”响而不转动等都是故障。维修者可以声响来判断其故障点。 (5) 摸。在距焊机出现故障短时间内，在断电的前提下维修者可以用手去触摸待查元器件的表面，感觉其温度是否有过热、绝缘是否破坏；同时可以用手轻轻拉动元器件的连接导线，检查是否有掉头或松动现象，由此可以确定某些故障点
验电笔检查法		这是一种焊机带电的故障检查法。用验电笔在一个待测的电路，对电路裸露点的电位进行定性不定量的测试方法。当验电笔触及被测点时，验电笔的氖管灯亮时表示该点有电（或电路通），如果验电笔不亮即为该点没电（或电路断），便可找到有故障的电路元件和导线
亮灯检查法		这是一种电路带电的故障检查法，就是用一个有灯泡（最好装在金属网罩内）的灯头，接上两根导线作为检测工具。检测时，将灯泡的一根带鳄鱼夹的引出线接在待查元器件电路的一端，而用灯泡的另一根带测试棒的引出线，依次触及电路中的各待查点，用灯泡的“亮”与“不亮”来判定该待查元件的好坏。选用灯泡的额定电压要与待测电路的电压相适应，功率以 15～40W 为宜
仪表测量法	电压测量法	这是焊机的带电检测法。即使用万用表电压挡测量电源、某段电路或某个元器件的电压值，以此判断其工作是否正常。一般来说，电压值偏差超过 10%，就应引起注意，某处可能有故障
	电阻测量法	这是焊机不带电的测量方法。在电焊机的故障检测中。用万用表的电阻挡测量可有两种用法：① 定量测定电路中电阻元件的电阻值，以确定其功能的好坏；② 定性检查焊机中某段电路或某个元件、某根导线是否有断点，以确定电路的导电状况和工作状态
	绝缘电阻测量法	这是不带电的测量。即使用绝缘电阻表定量测定某个元器件或某段电路对地（通常是对机壳）的绝缘电阻值，或测某一部件与另一部件（如变压器一次绕组与二次绕组）之间绝缘电阻值
	电流测量法	使用钳形电流表，在电焊机带电状态下测定焊机或焊机内某个电路的交流电流值。电流的测量是以测定的电流值与焊机正常工作时的电流值比较，其差值超过正常值的 10%时为异常，应查找原因
状态比较法		是以故障发生时焊机所表现的状态与焊机正常工作时的状态比较，以此作为依据来找出焊机故障的原因、发生处或范围的方法
短接法		短接法是检查电路中断路故障的一种带电检测方法，即利用一段绝缘导线，在带电的电路中将怀疑有断路的导线（或元件）两端短接起来。如果此时电路通了，该电路的功能恢复了，证明该处断路的判断正确；然后将其断电，对该断路的导线或元件进行技术处理，排除故障。假如用导线短接起来后可疑断路处状况依然如故，则说

续表

方法	具 体 操 作
短接法	明该处并未断路，应另行查找其他处。短接法是维修人员手拿绝缘导线带电操作，一定要注意安全，以防触电。短接法只适用于压降极小的导线和触点之间的断点故障查寻。对于压降较大的电器元件，如接触器的线圈或电阻，不能使用此法；否则，会发生短路事故，并灼伤维修人员的手。对某些要害部位，必须保证设备不会出现新的故障情况下才可以使用此法
置换法	在复杂的焊机电路中出现了故障，经初步分析认为可能是某个元件有故障，可以选择与故障元件规格型号相同的完好元件与其置换，代替故障元件，焊机通电以观其效。如果此时焊机的功能恢复如初，说明替代正确，故障也排除了；假如置换后经试验焊机的故障依旧，则表明被置换的元件并未有故障，仍应置换回去，重新分析故障原因
电路分割法	电焊机的构成除去机械部分以外，就是电气部分，电气部分是由电路构成的。一个复杂的电路，都是由若干个单独的电路所组成。每个单独的电路都有自己独立的功能。而电气故障的出现，意味着电路功能的丧失，所以焊机的电气故障总是发生在某个或几个单独的电路之中。用电路分割法，就是将分割的单独电路逐一查寻，实质上是缩小查寻范围，简化电路
故障再现法	为了能准确、迅速地判断找到并排除故障，维修人员有时还要求焊工重新按照出现故障时的操作重复一遍，重现故障。只适用于焊机的小型故障，而对于重大的、对人对设备会带来危险性的故障是不可用的
清单法	根据焊机的故障现象特征，经过充分分析，将产生故障的所有原因详尽地列出清单，逐项查找验证，最后查出原因并加以排除

进行焊机机内带电故障检查时，一定要特别注意：人员要防触电；仪表、元器件要防短路。

（4）维修与试运行。故障维修是排除故障的中心工作，就是将故障点的故障进行技术处理，如更换损坏了的元器件、更换折断了的导线、重新包扎漏电处的绝缘、重焊虚焊点等手段完成维修。维修完成后，焊机要经过试运行来检验故障排除的维修效果。如果焊机恢复了原有的功能，说明维修工作完成；如果试车中又发现了新的故障现象，则应继续维修，直至修好为止。

通常，现场调查、分析原因、查找故障、维修和试车的维修步骤并不是互相独立的，而是互相穿插进行。常用的焊机维修流程如图1–1所示。

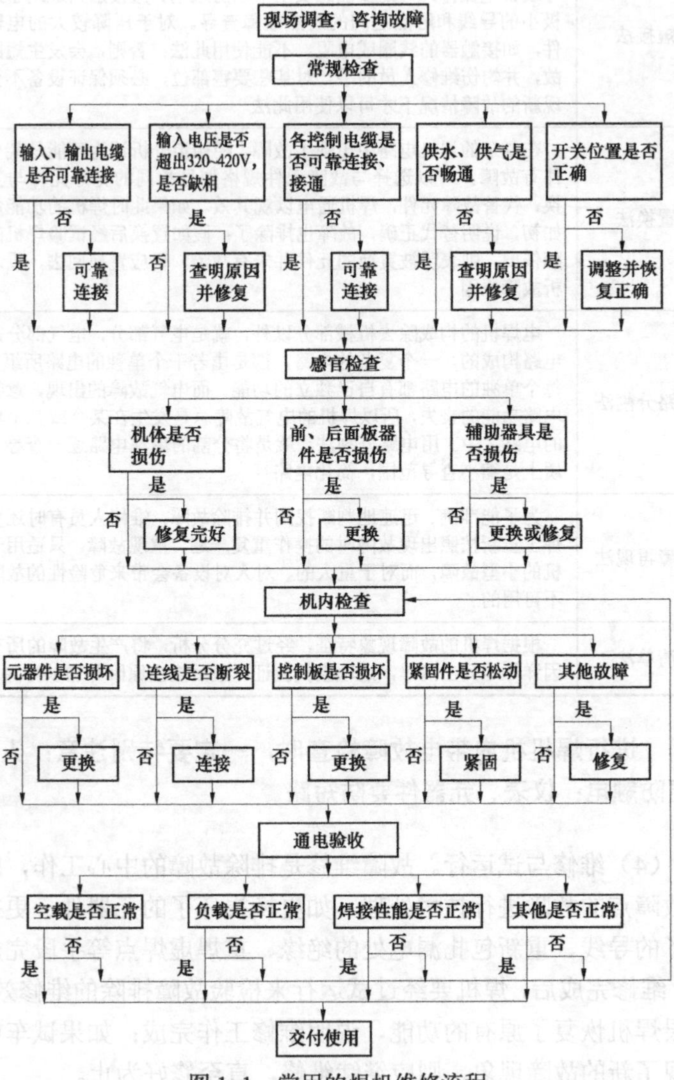

图1–1 常用的焊机维修流程

第二节 焊机维修工具与材料

一、焊机维修用仪表与工具

(一) 验电笔

验电笔又称测电笔、电笔、试电笔等。电焊机属于低压电器，即电源电压和工作电压均低于 500V 的电器。所以，一般电工所用的验电笔，都是低压验电笔。常用的低压验电笔构造如图 1–2 所示。

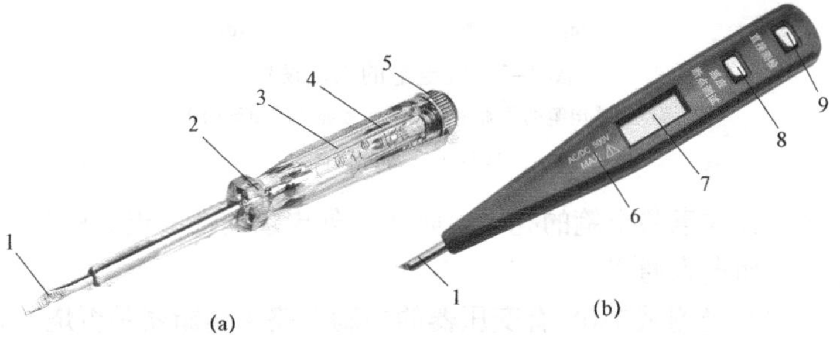

图 1–2 验电笔的构造

(a) 螺丝刀式验电笔；(b) 数显式验电笔

1—笔头；2—高电阻棒；3—氖管；4—弹簧；5—金属帽；6—发光二极管；7—显示屏；8—感应断点测试按钮；9—直接测量按钮

使用验电笔时，正确的持笔方法很重要。以常规式验电笔为例，使用时，持验电笔手的食指要始终接触着验电笔尾端的金属帽，然后再用验电笔的测试端去触及测试点，验电笔才能正确显示（氖管亮或不亮）；反之，测试时持笔手的食指如果不触及验电笔尾端的金属帽或金属笔卡，被测点就是带电而氖管也不会亮，将会造成误测。验电笔的正确持笔法如图 1–3 所示。

使用验电笔测试时，要注意以下几种情况可能会出现误测的假象。

（1）测试有一端接地的 220V 电路时，应从电源端开始依次

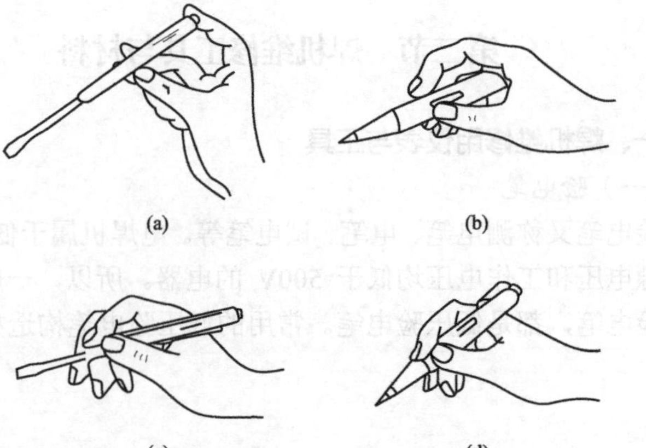

图 1–3　验电笔的正确使用

（a）螺丝刀式电笔的正确用法；（b）数显式验电笔的正确用法；（c）、（d）错误用法

测之，并注意验电笔的亮度，防止因外电场的泄漏电流引起的氖管发亮而误为通路。

（2）当测试380V有变压器的控制电路中熔断器是否烧断时，要防止电从另一相完好的熔断器处通过变压器的一次侧绕组绕回到已断的熔断器处，使氖管发亮，造成熔体未断的假象。

（3）当测试 380V 星形接法的三相电动机熔断器时，也要注意因电动机线圈中点相连而出现熔体已断了的熔断器仍使验电笔氖管发亮的假象。

（二）万用表

万用表是一种多用途、多量程的可携式仪表。由于它可以进行交直流电压、电流以及电阻等多种电量的测量。因此，在电气安装、维修、检查等工作中应用极为广泛。目前，常用的万用表有两种：指针式万用表和数字式万用表。

1. 指针式万用表（见图 1–4）

指针式万用表的结构主要由表头、转换开关（选择开关）、测量线路等部分组成。表头上的表盘印有多种符号、刻度线和数值。

符号 A–V–Ω 表示可以测量电流、电压和电阻。其中右端标有“Ω”的是电阻刻度线，其右端为零，左端为∞，刻度值分布是不均匀的。符号“—4”或“DC”表示直流，“～”或“AC”表示交流，“～”表示交流和直流共用的刻度线。刻度线下的几行数字是与选择开关的不同挡位相对应的刻度值。表头上还设有机械零位调整旋钮（螺钉），用以校正指针在左端指零位。

图 1–4 MF–47 型指针万用表

转换开关用来选择被测电量的种类和量程（或倍率），万用表的选择开关是一个多挡位的旋转开关，用来选择测量项目和量程（或倍率）。一般万用表测量项目包括直流电流（mA）、直流电压（V）、交流电压（V～）、电阻（Ω）。每个测量项目又划分为几个不同的量程（或倍率）以供选择。

测量线路将不同性质和大小的被测电量转换为表头所能接受的直流电流。当转换开关拨到直流电流挡，用于 500、50、5、0.5mA 和 50μA 量程的直流电流测量；同样，当转换开关拨到欧姆挡，可用×1、×10、×100、×1kΩ、×10kΩ 倍率分别测量电阻；当转换开关拨到直流电压挡，可用于 0.25、1、2.5、10、50、250、500、1000V 量程的直流电压测量；当转换开关拨到交流电压挡，可用于 10、50、250、500、1000V 量程的交流电压测量。

表笔分为红、黑两支，使用时应将红表笔插入标有“+”号的插孔中，黑表笔插入标有“—”号的插孔中。另外，MF47 型万用表还提供 2500V 交直流电压扩大插孔以及 5A 的直流电流扩大插孔，使用时分别将红表笔移至对应插孔中即可。

使用万用表之前，应先进行“机械调零”，即在没有被测电量时，使万用表指针指在零电压或零电流的位置上。在使用时，必须水平放置，以免造成误差。不要碰撞硬物或跌落到地面上，不要靠近强磁场，以免测量结果不准确。在使用万用表过程中，不能用手去接触表笔的金属部分，这样一方面可以保证测量的准确，另一方面也可以保证人身安全。

在测量某一电量时，不能在测量的同时换挡，尤其在测量高电压或大电流时，更应注意，否则，会使万用表毁坏。如需换挡，应先断开表笔，换挡后再去测量。万用表使用完毕，应将转换开关置于交流电压的最大挡。如果长期不使用，还应将万用表内部的电池取出来，以免电池腐蚀表内其他器件。

以常用的MF–47型指针万用表为例说明其使用方法。

（1）电阻的测量。

1）机械调零。将MF–47型万用表水平放置，如果指针不指在左端的零刻度上，则用工具调整机械调零螺钉，使之指零。

2）欧姆调零。将两表笔金属部分接触，指针应指向右侧零位，否则应旋转凋零旋钮使指针指零。

3）把万用表的转换开关拨到 $R\times100$ 挡。红、黑表笔分别接被测电阻的两引脚，进行测量。观察指针的指示位置。根据指针所指的位置选择合适的倍率。合适倍率的选择标准为：使指针指示在中间值附近，指针指在5的右边时称为示数偏小，指针指在 50 的左边时称为示数偏大，可通过调整倍率使指针指向中间位置。

4）将红、黑表笔分别接触电阻的两端，读出电阻值大小。读数方法是表头指针所指示的示数乘以所选的倍率值即为所测电阻的阻值。例如选用 $R\times100$ 挡测量，指针指示40，则被测电阻值为 $40\times100=4000$（Ω）=4（kΩ）。

电阻测量时要注意：

1）当电阻连接在电路中时，首先应将电路的电源断开，绝不允许带电测量。如果带电测量则容易烧坏万用表，也会使测量结果不准确。

2）万用表内干电池的正极与面板上“–”号插孔相连，干电池的负极与面板上的“+”号插孔相连。在测量电解电容和晶体管等器件的电阻时要注意极性。

3）每换一次倍率挡，都要重新进行欧姆调零。

4）不允许用万用表电阻挡直接测量高灵敏度表头内阻。因为这样做可能使流过表头的电流超过其承受能力而烧坏表头。

5）不准用两只手同时捏住表笔的金属部分测电阻，这会使人体电阻并接于被测电阻而引起测量误差。

6）电阻在电路中测量时可能会引起较大偏差。因为这样测得的阻值是部分电路电阻与待测电阻并联后的等效电阻值，而不是待测电阻，最好将电阻的一只引脚焊开进行测量。

7）用万用表不同倍率的欧姆挡测量非线性元件的等效电阻时，测出电阻值是不相同的。这是由于各挡位的中值电阻和满度电流各不相同所造成的，机械表中，一般倍率越小，测出的阻值越小。

8）测量晶体管、电解电容等有极性元件的等效电阻时，必须注意两支表笔的极性。

9）测量完毕，将转换开关置于交流电压最高挡或空挡。

（2）直流电压的测量。MF–47 型万用表的直流电压挡主要有 0.25、1、2.5、10、50、250、500、2000、2500V 九挡。测量直流电压时首先估计一下被测直流电压的大小，然后将转换开关拨至适当的电压量程，万用表直流电压挡标有“V”或标“DCV”符号。将红表笔接被测电压“+”端即高电位端，黑表笔接被测量电压“–”端即低电位端，然后根据所选量程与指针所指数字读出被测电压值。

1）如果不清楚待测电压极性可按先用最高直流电压挡测试，指针动，说明是直流电；指针不动，说明此时所测电压可能因量程太大或是交流电而指针不动，则转至最高交流电压挡再试测。指针动，说明是交流电；指针还不动，则再转到低一挡的直流电压挡试测。指针动，说明是直流电；指针不动，再转至下一挡的交流电压挡。

2）根据待测电路中电源电压大小估计一下被测直流电压的大小选择量程。如果不清楚电压大小，应先用最高电压挡试触测量，后逐渐换用低电压挡直到找到合适的量程为止。电压挡合适量程的标准是指针尽量指在刻度盘的满偏刻度 2/3 以上位置。

3）测电压时应使万用表与被测电路相并联。将万用表红表笔接被测电路的高电位端（直流电流流入电路端），黑表笔接被测电路的低电位端（直流电流流出电路端）。例如测量干电池的电压时，将红表笔接干电池的正极端，黑表笔接干电池的负极端。

4）读数时，找到所测电压时要读的标度尺，直流电压挡刻度线应是表盘中的第二条刻度线，下方有 V 符号，表明该刻度线可用来读交直流电压、电流。在第二条刻度线的下方有三个不同的标度尺，0–50–100–150–200–250、0–10–20–30–40–50、0–2–4–6–8–10。根据所选用不同量程选择合适标度尺，例如：0.25、2.5、250V 量程可选用 0–50–100–150–200–250 这一标度尺来读数；1、10、1000V 量程可选用 0–2–4–6–8–10 标度尺；50、500V 量程可选用 0–10–20–30–40–50 这一标度尺，因为这样读数比较容易、方便。

根据所选用的标度尺来确定最小刻度单位。例如：用 0–50–100–150–200–250 标度尺时，每一小格代表 5 个单位；用 0–10–20–30–40–50 标度尺时，每一小格代表 1 个单位；用 0–2–4–6–8–10 标度尺时，每一小格代表 0.2 个单位。

根据指针所指位置和所选标度尺读出示数大小。例如：指针指在 0–50–100–150–200–250 标度尺的 100 向右过 2 小格时，读数为 110。根据示数大小及所选量程读出所测电压值大小。例如：所选量程是 2.5V，示数是 110（用 0–50–100–150–200–250 标度尺读数），则该所测电压值是（110/250）×2.5=1.1V。

5）读数时，视线应正对指针，即只能看见指针实物而不能看见指针在弧形反光镜中的像所读出的值。

6）如果被测的直流电压大于 1000V 时，则可将 1000V 挡扩展为 2500V 挡，即转换开关置 1000V 量程，红表笔从原来的“+”插孔中取出，插入标有 2500V 的插孔中即可测 2500V 以下的高电压。

（3）交流电压的测量。MF–47 型万用表的交流电压挡主要有 10、50、250、500、1000、2500V 六挡。交流电压挡的测量方法同直流电压挡测量方法相同，不同之处就是转换开关要放在交流电压挡处以及红、黑表笔搭接时不需再分高、低电位。在使用 2500V 电压插孔测交流电压时，转换开关需置于交流 1000V 量程位置。

（4）直流电流测量。由于交流电流测量所需场合较少，MF–47 型万用表只可以测量直流电流。和测量电阻、电压一样，在使用之前都要对万用表进行机械调零。

1）根据待测电路中电源估计被测直流电流大小，选择量程。如果不清楚电流的大小，应先用最高电流挡（500mA 挡）测量，逐渐换用低电流挡，直至找到合适电流挡，方法同测电压。

2）测量时，应断开被测支路，将万用表红、黑表笔串联接在被断开的两点之间。特别应注意电流表不能并联接在被测电路中，这样做是很危险的，极易使万用表烧毁。同时注意红、黑表笔的极性，红表笔要接在被测电路的电流流入端，黑表笔接在被测电路的电流流出端。

3）万用表测直流电流时选择表盘刻度线同测电压时一样，都是第二道（刻度线的右边有 mA 符号）。其他刻度特点、读数方法同测电压一样。如果测量的电流大于 500mA 时，可选用 5A 挡。操作方法为：转换开关置 500mA 挡量程，红表笔从原来的“+”插孔中取出，插入万用表右下角标有 5A 的插孔中即可测 5A 以下的大电流了。

4）万用表测电流时，转换开关的位置一定要置电流挡处，测量中手不能碰到表笔的金属部分，以免触电。

2. 数字式万用表

随着电子技术的发展，数字万用表的使用越来越广泛。数字万用表具有测量准确度高、分辨率高、抗干扰能力强、功能齐全、操作方便以及读数迅速准确等优点。数字万用表主要由液晶显示器、模拟/数字转换器、转换开关等组成。以UT51型数字万用表为例，其外观如图1–5所示。

图1–5 UT51型数字万用表

UT51型数字万用表具有以下功能。

1）有开启、关闭电源的按钮和用于功能及量程选择的旋转开关。

2）10μV的高灵敏度。

3）全量程保护以及有量程短路时自动置“0”的功能。

4）测量直流电时自动显示极性。

5）自动过量程显示，在屏幕上显示“1”代表过量程。

6）自动频率测量。

7）电容测量最小可至0.1pF。

8）用1mA的恒定电流进行二极管测试。

9）晶体管放大系数h_{FE}测试条件，I_b=10μA。

（1）直流电压的测量。将功能量程选择开关旋至“DCV”区域内恰当的量程挡，红表笔插入“F/V/Ω”插孔，黑表笔插入“COM”插孔，然后将电源开关“POWER”按下，即可测量直流电压。测量时将两表笔与被测线路并联，如果液晶显示屏显示为正数，说明红表笔所接端为高电位，否则相反。需要注意，在“F/V/Ω”和“COM”插孔之间标有“1000VDC 700VAC MAX”，它表示最大被测直流电压不能超过1000V，最大交流电压有效值不能超过

700V。所以，测直流电压时不能超过高压1000V，否则有损坏仪表的危险。

（2）交流电压的测量。将功能量程选择开关旋至“ACV”区域内恰当的量程挡，表笔的插法同直流电压的测量。按下电源开关就可测量有效值不超过700V或峰值不超过1000V的交流电压。测量时，将两表笔与被测线路并联。

（3）直流电流的测量。将功能量程选择开关旋至“DCA”区域内恰当的量程挡，黑表笔插入“COM”插孔。如果被测电流不大于200mA，红表笔应插入“A”孔内；如果被测电流大于200mA，则红表笔应插入“20A”孔内。测量时，表与被测电路串联，如果显示值为正说明电流流入红表笔。

（4）交流电流的测量。将功能量程选择开关旋至“ACA”区域内恰当的量程挡，其余的操作与测直流电流相同。

（5）电阻的测量将功能量程选择开关旋至“OHM”区域内恰当的量程挡，黑表笔插入“COM”孔内，红表笔插入“F/V/Ω”孔内，按下电源开关即可进行电阻测量。测量时两表笔并接在被测电阻两端，注意：测量在线电阻时应切断线路电源，以免损坏仪表。

（6）电容的测量。测量时，将功能量程选择开关旋至“CAP”区域内恰当的量程挡，按下电源开关，并将被测电容的两端子插入面板左端的“CX”孔内，即可测量电容值。注意在测量之前应先将电容放电，测量大电容时，稳定读数需要一定时间。

（7）二极管的测量。将功能量程选择开关旋至“—▷|—”挡，黑表笔插入“COM”孔内，红表笔插入“F/V/Ω”孔内，按下电源开关即可进行测量。测量时，红表笔接二极管正极，黑表笔接二极管的负极。这时，二极管正向导通，显示屏以mV为单位显示二极管的正向压降的近似值。当二极管反向接入时，显示屏显示“1”。如果二极管正向接入和反向接入时，显示屏均显示零，表示二极管内部短路；均显示“1”，表示二极管内部断路。

（8）频率的测量。将功能量程选择开关旋至20kHz挡，黑表笔插入“COM”孔内，红表笔插入“F/V/Ω”孔内，按下电源开关后，将表笔跨接在被测电路的两端进行测量。可测频率范围为10Hz～20kHz，注意输入信号电压的有效值最大不得超过240V。

（9）晶体管放大系数 h_{FE} 的测量。将功能量程选择开关旋至“h_{FE}”挡，并按下电源开关。根据被测晶体管的型号及端子名称，将其插入到面板右下端的“NPN”或“PNP”的相应插孔中，显示屏就会显示出该晶体管放大系数的近似值。

（三）钳形电流表

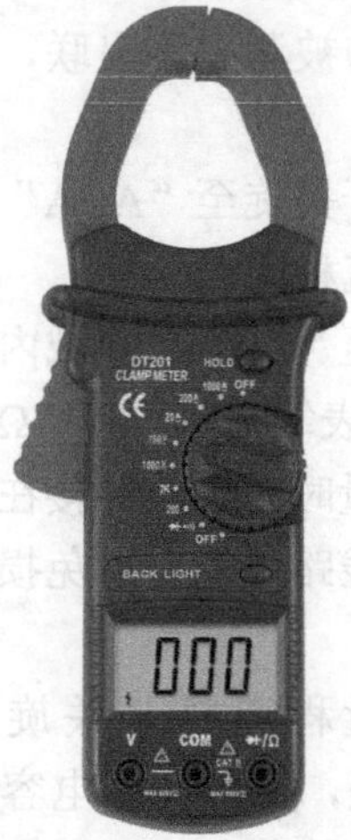

图 1–6　钳形电流表

钳形电流表（见图 1–6）简称钳流表或钳形表，是一种不需断开电路就可直接测电路交流电流的携带式仪表，在电气检修中使用非常方便。钳形电流表的工作部分主要由一只电磁式电流表和穿心式电流互感器组成。穿心式电流互感器铁心制成活动开口且成钳形，故名钳形电流表。穿心式电流互感器的二次绕组缠绕在铁心上且与交流电流表相连，它的一次绕组即为穿过互感器中心的被测导线。旋钮实际上是一个量程选择开关，扳手的作用是开合穿心式互感器铁心的可动部分，以便使其钳入被测导线。

测量电流时，按动扳手，打开钳口，将被测载流导线置于穿心式电流互感器的中间，当被测导线中有交变电流通过时，交流电流的磁通在互感器二次绕组中感应出电流，该电流通过电磁式电流表的线圈，使指针发生偏转，在表盘标度尺上指出被测电流值。

使用钳形电流表测量前，应检查钳口可动部分开合是否自如，两边钳口结合面接触紧密。如钳口上有油污和杂物，应用溶剂洗净；如有锈斑，应轻轻擦去。测量时务必使钳口接合紧密，以减少漏磁通，提高测量精确度。

测量时，量程选择旋钮应置于适当位置，如事先不知道被测电路电流的大小，可先将量程选择旋钮置于高挡，然后再根据指针偏转情况将量程旋钮调整到合适位置。如果需要变换量程，必须把导线从钳口中退出，再调整转换开关。

测量时尽量使表平放。由于钳形电流表经常用于测量电源线，因此在使用中要特别注意安全，防止人身触及带电部位，同时也防止导线之间发生短路。

一般钳形电流表适用于低压电路的测量，不允许测量裸导线电流，被测电路的电压不能超过钳形电流表所规定的使用电压。无特殊附件的钳形电流表，严禁在高压电路直接使用。

测量时每次只能钳入一根导线，不能同时钳入两根以上导线。当被测电路电流太小，为提高测量精确度，可将被测载流导线在钳口部分的铁心柱上缠绕几圈后进行测量，将指针指示数除以穿入钳口内导线根数即得实测电流值。

测量时，应使被测导线置于钳口内中心位置，以利于减小测量误差。钳形电流表不用时，把选择开关拨到空挡或最大电流量程挡，以防下次使用时因忘记选择量程而烧坏钳形电流表。

此外，一般的万用表只能测量比较小的直流电流，有的能测量较小的交流电流。在电气测量中，往往需要测量比较大的交流电流，这就超出了万用表的量程。因此，为了扩大万用表的功能，在万用表的基础上，增加一个电流互感器，测量大电流时，它的功能与钳形电流表相同。具有这种功能的指针式、数字式万用表都有。

使用带有钳形电流表功能的万用表测量小电压、小电流、电阻时，黑表笔插入 COM，红表笔插入 V/Ω 进行测量，测量方法与普通万用表相同。

测量大电流时，选择合适的量程，打开钳形电流表卡环，使导线进入卡环圈中，闭合卡环，读出电流值。

需要注意的是：钳形电流表是利用电磁感应原理测定的，所以只能测交流电流。如果确有直流电流需要测定，只能用万用表的直流电流挡（毫安级的小电流）测量；如果是安培级以上的直流大电流测量，就要选用专用的直流电流表进行测量。直流电流的测量不论用什么形式的电流表，都要将表（大电流要使用分流器）串联在电路内。

（四）绝缘电阻表

绝缘电阻表又叫兆欧表、摇表、迈格表、高阻计、绝缘电阻测定仪等，是一种测量电器设备及电路绝缘电阻的仪表，如图1-7所示。

图1-7 绝缘电阻表

绝缘电阻表主要由三个部分组成：手摇直流发电机（有的用交流发电机加整流器）、磁电式流比计及接线桩（L、E、G）。

绝缘电阻表的常用规格有250、500、1000、2500V和5000V等挡级。选用绝缘电阻表主要应考虑它的输出电压及其测量范围。一般高压电气设备和电路的检测需要使用电压高的绝缘电阻表，而低压电器设备和电路的检测使用电压低一些的就足够了。通常500V以下的电气设备和线路选用500～1000V的绝缘电阻表，而绝缘子、母线、隔离开关等应选2500V以上的绝缘电阻表。

绝缘电阻表使用前要检查摇把、表针转动是否灵活，外观是否有破损。检查被测电气设备和电路，看是否已全部切断电源。绝对不允许设备和线路带电时用绝缘电阻表去测量。测量前，应对设备和线路先行放电，以免设备或线路的电容放电危及人身安全和损坏绝缘电阻表，这样还可以减少测量误差，同时注意将被测试点擦拭干净。

开路、短路实验时，将绝缘电阻表水平放置，空摇手柄，摇动摇柄至额定转速 120r/min 时指针应指在“∞”；再慢慢摇动手柄，使 L 和 E 两接线桩输出线瞬时短接，指针应迅速指零，表明能正常工作。注意在摇动手柄时不得让 L 和 E 短接时间过长，否则将损坏绝缘电阻表。

测试时，绝缘电阻表必须水平放置于平稳牢固的地方，以免在摇动时因抖动和倾斜产生测量误差。

接线必须正确无误，绝缘电阻表有三个接线桩，“E”（接地）、“L”（线路）和“G”（保护环或叫屏蔽端子）。保护环的作用是消除表壳表面“L”与“E”接线桩间的漏电和被测绝缘物表面漏电的影响。在测量电气设备对地绝缘电阻时，“L”用单根导线接设备的待测部位，“E”用单根导线接设备外壳；如测电气设备内两绕组之间的绝缘电阻时，将“L”和“E”分别接两绕组的接线端；当测量电缆的绝缘电阻时，为消除因表面漏电产生的误差，L 接线芯，E 接外壳，G 接线芯与外壳之间的绝缘层。

L、E、G 与被测物的连接线必须用单根线，绝缘良好，不得绞合，表面不得与被测物体接触。

摇动手柄的转速要均匀，一般规定为 120r/min，允许有±20%的变化，最多不应超过±25%。通常都要摇动 1min 后，待指针稳定下来再读数。如被测电路中有电容时，先持续摇动一段时间，让绝缘电阻表对电容充电，指针稳定后再读数，测完后先拆去接线，再停止摇动。如果测量中发现指针指零，应立即停止摇动手柄。

测量完毕，应对设备充分放电，否则容易引起触电事故。禁止在雷电时或附近有高压导体的设备上测量绝缘电阻。只有在设备不带电又不可能受其他电源感应而带电的情况下才可测量。

绝缘电阻表未停止转动以前，切勿用手去触及设备的测量部分或绝缘电阻表接线桩。拆线时也不可直接去触及引线的裸露部分。绝缘电阻表应定期校验。校验方法是直接测量有确定值的标准电阻，检查其测量误差是否在允许范围以内。

使用绝缘电阻表有两点要特别注意：

1）电焊机是低压电器，所以一定要选用 500V 以下的绝缘电阻表。使用了高压的绝缘电阻表会造成元器件的击穿。

2）检测前，应将电焊机里的印制电路板取下来，并将待测电路里的半导体器件（晶闸管、整流管等）和电容器等易被电压击穿的元件断开，防止被击穿。

（五）电烙铁

电烙铁用在锡焊中，锡焊是焊锡丝的锡在助焊剂和烙铁加热条件下与零件脚的铜合金发生反应，生成了一种新的金属氧化物。锡焊属于钎焊中的软钎焊，钎料熔点低于 450℃，习惯把钎料称为焊料，采用铅锡焊料进行焊接称为铅锡焊。

电烙铁按功率来分一般可分为：100、60、45、40、30、20W 6 种；功率的大小决定了烙铁发热产生温度的高低，因此选用不同温度的烙铁，首先要考虑其功率是否合适。电烙铁功率与温度的关系见表 1–3。

表 1–3 电烙铁功率与温度的关系

序号	功率（W）	对应温度（℃）	序号	功率（W）	对应温度（℃）
1	15	280～400	5	40	320～440
2	20	290～410	6	50	320～440
3	25	300～420	7	60	340～450
4	30	310～430			

电烙铁按发热的方式一般分为外热式和内热式。内热式特点是温度上升比较快。

按烙铁的温度是否恒定一般分为普通烙铁、恒温烙铁、调温烙铁（见图 1–8）。恒温烙铁一般用于对温度影响敏感的元器件，普通烙铁、调温烙铁用于一般元件的焊接。

选择烙铁时应综合考虑零件脚的直径、焊盘的大小、元器件对温度的要求来选用合适的烙铁。低温烙铁通常为 30、40、60W 等主要用于普通焊接。高温烙铁通常指 60W 及以上烙铁，主要用于大面积焊接，如电源线的焊接等。恒温烙铁又可分为恒温烙铁和温控烙铁。温控烙铁主要用于多脚密集组件的焊接，恒温烙铁则主要用于组件的焊接。

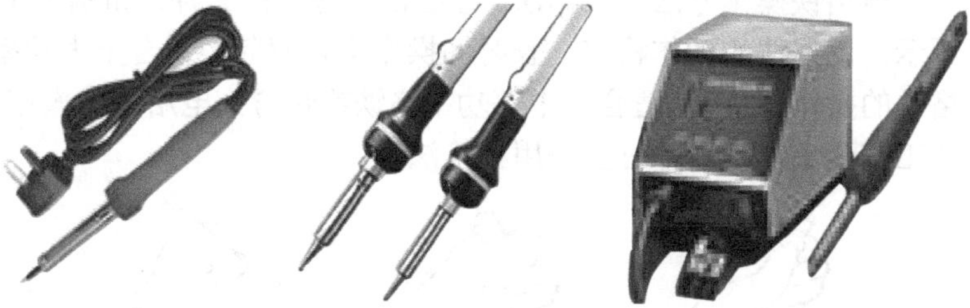

(a) (b) (c)

图 1–8 电烙铁

（a）普通；（b）恒温；（c）调温

烙铁头按形状可分为：尖嘴烙铁、平口烙铁、斜嘴烙铁，如图 1–9 所示。

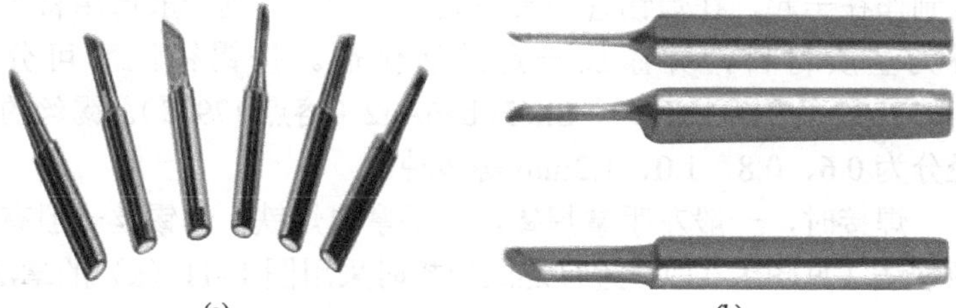

(a) (b)

(c)

图 1–9 烙铁头的形状

（a）尖嘴；（b）平口；（c）斜嘴

尖嘴烙铁一般用于焊接温度较低、零件脚和焊盘比较小的零件或贴片元件、集成电路等多脚的零件；斜嘴烙铁一般用于用锡量比较多、焊盘和零件脚比较大的情况；平口烙铁多用于烫胶固定。

电烙铁操作方法有反握法、正握法和握笔法三种，如图 1–10 所示。反握法的动作稳定，长时间操作不宜疲劳，适合于大功率烙铁的操作。正握法适合于中等功率烙铁或带弯头电烙铁的操作。在工作台上焊接焊件时多采用握笔法。

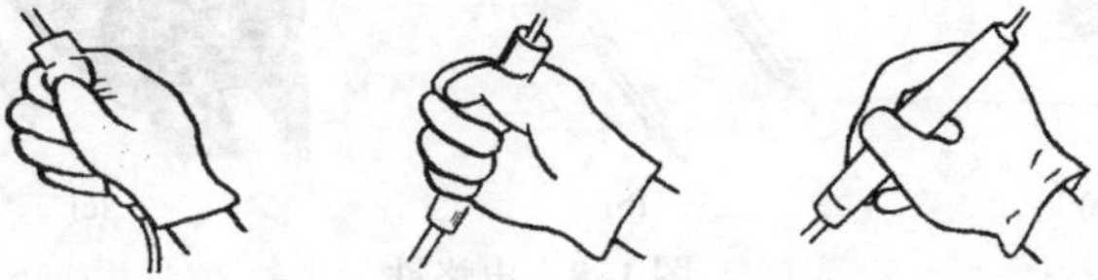

(a) (b) (c)

图 1–10 电烙铁的操作方法

（a）正握法；（b）反握法；（c）握笔法

焊锡丝是手工焊接用的焊料，焊锡丝是管状的，由焊剂与焊锡制作在一起，在焊锡管中夹带固体焊剂。焊剂一般选用特级松香为基质材料，并添加一定的活化剂。按锡铅比率可分为 Sn63Pb37（熔点 183℃）、Sn62Pb36Ag2（熔点 179℃）。锡丝的直径分为 0.6、0.8、1.0、1.2mm 等多种。

焊接时，一般左手拿焊锡，右手拿电烙铁，焊锡丝一般有两种拿法（见图 1–11）。进行连续焊接时采用图 1–11（a）的拿法，这种拿法可以连续向前送焊锡丝。只焊几个焊点时采用图 1–11（b）的拿法，这种拿法不适合连续向前送焊锡丝。一般情况下，焊锡丝内已包含了适量的助焊剂，无需额外增加助焊剂。

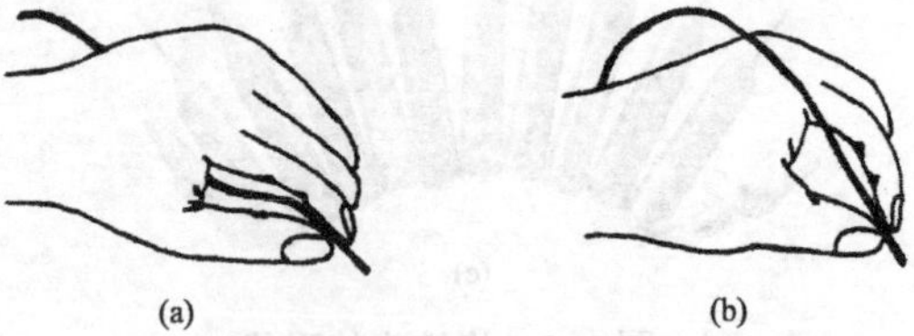

(a) (b)

图 1–11 焊锡的拿法

（a）连续焊接时；（b）断续焊接时

使用普通电烙铁时，可用目测法判断烙铁头的温度，方法是在烙铁头上熔化一点松香芯焊料，温度低时，发烟量小，持续时间长；温度高时，烟气量大，消散快；在中等发烟状态，约 6～8s 消散时，温度约为 300℃，是焊接的合适温度，如图 1–12 所示。

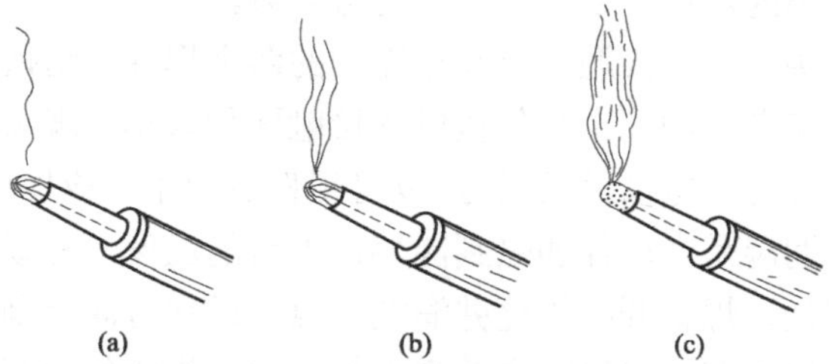

图 1–12　目测法判断烙铁温度

（a）偏低；（b）适中；（c）偏高

焊前要清洁烙铁头，使烙铁头部保持干净（烙铁头前端因助焊剂污染，易引起焦黑残渣，妨碍烙铁头前端的热传导），确保烙铁头可以上锡；将由于清洁残锡的海绵清洗干净，沾在海绵上的焊锡附着在烙铁头上，会导致助焊剂不足，同时海绵上的残渣也会造成二次污染烙铁头。海绵含水的标准是将海绵泡入水中取出后对折，握住海绵稍施加力，使水不流出为准。烙铁头的温度超过松香溶解温度后插入松香，使其表面涂覆一薄层松香，然后才开始进行正常焊接。

焊接的操作方法有点焊法和拖焊法。点焊法操作如图 1–13 所示。

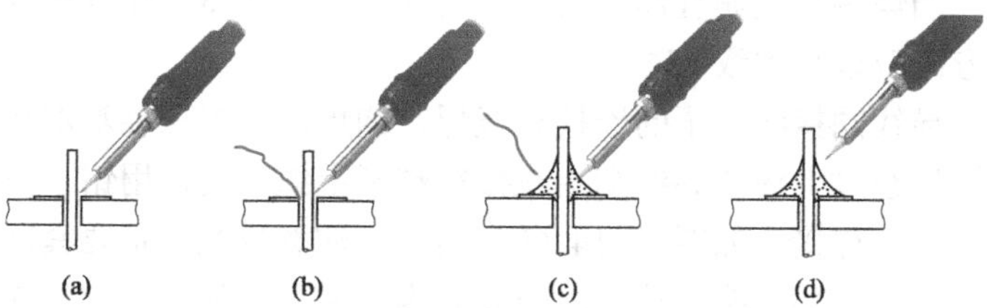

图 1–13　点焊法

（a）加热焊件；（b）熔锡润湿；（c）撤离焊锡；（d）停止加热

加热焊件时，烙铁头放在被焊金属的连接点，焊件通过与烙铁头接触获得焊接所需要的温度。要保持烙铁加热焊件各部分，例如，引线和焊盘都使之受热；要注意让烙铁头的扁平部分（较大部分）接触热容量较大的焊件，烙铁头的侧面或边缘部分接触热容量较小的焊件，以保持焊件均匀受热。

烙铁头应同时接触需要互相连接的两个焊件，烙铁头一般倾斜 45°，避免只与一个焊件接触或接触面积太小的现象。烙铁头与焊件接触时应施以适当压力，以对焊件表面不造成损伤为原则。

熔锡润湿是当焊件加热到能熔化焊料的温度，将锡丝放在烙铁头对侧处，焊料开始熔化并润湿焊点。送锡时间原则上是焊件温度达到焊锡溶解温度时立即送上焊锡丝。焊锡丝应接触在烙铁头的对侧。因为熔融的焊锡具有向温度高方向流动的特性，在对侧加锡，它会很快流向烙铁头接触的部位，可保证焊点四周均匀布满焊锡。如果供给的焊锡丝直接接触烙铁头，焊锡丝很快熔化覆盖在焊接处，如工件其他部位未达到焊接温度，易形成虚焊点。焊锡供给要确保润湿角在 15°～45°，焊点圆滑且能看清工件的轮角。

当熔化一定量的焊锡后将焊锡丝移开。焊锡已经充分润湿焊接部位，而焊剂尚未完全挥发，形成光亮的焊点时，立即脱离，如果焊点表面沙哑无光泽而粗糙，说明撤离时间晚。一般沿焊点的切线方向拉出或沿引线的轴向拉出，即将脱离时又快速地向回带一下，然后快速脱离，以免焊点表面拉出毛刺。

当焊锡完全润湿焊点后移开烙铁，停止加热，注意移开烙铁的方向应该是大致 45° 方向。

导线同接线端子的连接有绕焊、钩焊、搭焊三种基本形式。绕焊把经过上锡的导线端头在接线端子上缠一圈，用钳子拉紧缠牢后进行焊接，如图 1–14（b）所示。注意导线一定要紧贴端子表面，绝缘层不接触端子，一般 L 为 1～3mm 为宜。这种连接可靠性最好。

钩焊是将导线端子弯成钩形，钩在接线端子上并用钳子夹紧后施焊，如图 1–14（c）所示，端头处理与绕焊相同。这种方法强度低于绕焊，但操作简便。

搭焊是把经过镀锡的导线搭到接线端子上施焊，如图 1–14（d）所示。这种连接最方便，但强度可靠性最差，仅用于临时连接或不便于缠、钩的地方以及某些接插件上。

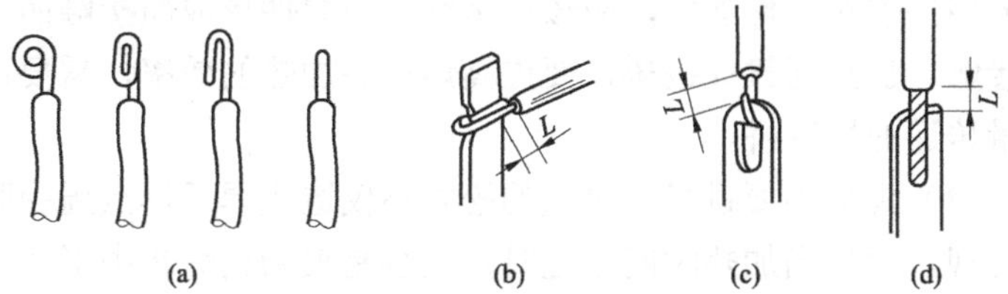

图 1–14　导线与端子的连接

（a）导线弯曲形状；（b）绕焊；（c）钩焊；（d）搭焊

导线之间的连接以绕焊为主，如图 1–15～图 1–17 所示，操作步骤为首先去掉一定长度绝缘皮，然后端子上锡，并穿上合适套管，接着绞合并施焊，最后趁热套上套管，冷却后套管固定在接头处。

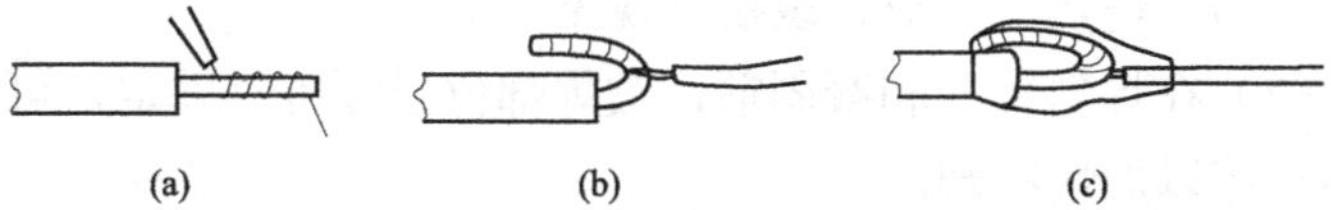

图 1–15　线径不等的两根导线连接

（a）绞合焊接；（b）整形；（c）套管

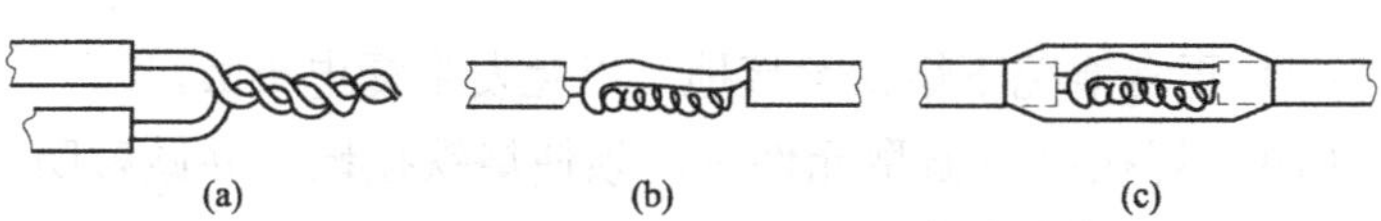

图 1–16　线径相等的两根导线连接

（a）绞合焊接；（b）整形；（c）套管

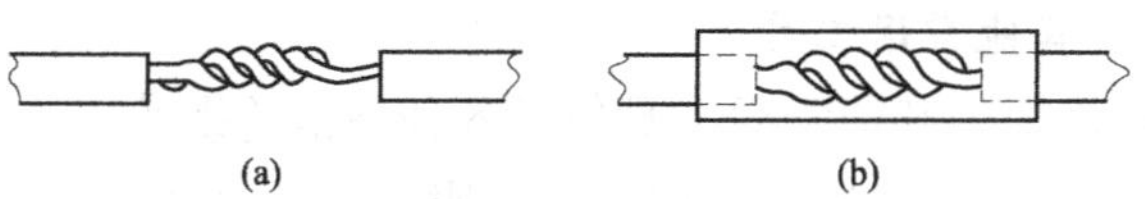

图 1–17　简化接法

（a）绞合焊接；（b）套管

维修焊机时，采用电烙铁焊接电路要注意以下几点。

（1）保持烙铁头的清洁，因为焊接时烙铁头长期处于高温状态，其表面很容易氧化并沾上一层黑色杂质形成隔热层，使烙铁头失去加热作用。

（2）采用正确的加热方法。要靠增加接触面积加快传热，而不要用烙铁对焊件加力，应该让烙铁头与焊件形成面接触而不是点接触。加热要靠焊锡桥，要提高烙铁头加热的效率，需要形成热量传递的焊锡桥。

（3）焊剂不要过量，过量的松香不仅造成焊后焊点周围脏且不美观，而且当加热时间不足时，又容易夹杂到焊锡中形成“夹渣”缺陷。

（4）焊接时间在保证润湿的前提下，尽可能短，一般不超过 3s。

（5）焊接时应防止邻近元器件、印制板等受到过热影响，对热敏元器件要采取必要的散热措施。

（6）焊接时不要用烙铁头摩擦焊盘，焊接时绝缘材料不允许出现烫伤、烧焦、变形、裂痕等现象。

（7）在焊料冷却和凝固前，被焊部位必须可靠固定，可采用散热措施以加快冷却。

（8）烙铁上有过多锡时应该将锡轻轻抖掉，而不要通过敲击去掉。

（9）正常情况下烙铁须接地，以免发生漏电事故。

（10）焊接绝缘栅型元件时，须使烙铁接地，并佩戴防静电手套，最好使用恒温烙铁。

（11）焊接完毕后，应拔掉电源，防止火灾发生。

（六）其他常用工具

焊机修理的其他常用工具包括各种规格的螺丝刀（一字头和十字头）、扳手、电工刀、电工专用钳子（见表 1–4）；手电钻、角向磨光机、模具电磨（棒砂轮）等电动工具；测量工具有卷尺、钢直尺、卡尺、90° 角尺等。此外，各种钳工工具也要经常用到，如台虎钳和手锤、手工钢锯和锯条、各种规格的钢锉、各种直径的钻头和攻螺纹、套螺纹的工具。焊机维修常用的螺纹为 M2～M6，与其相配的钻孔钻头直径选择见表 1–5。套螺纹 M6～M20 的板牙与其相配的杆件直径要求见表 1–6。

表 1–4 电工专用钳子

名称	图示	规格	用途
钢丝钳	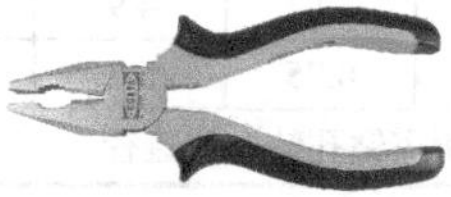	长度：150、175、220mm	用于夹持和剪断导线和其他金属丝，胶柄钳可用于低压带电作业
尖嘴钳	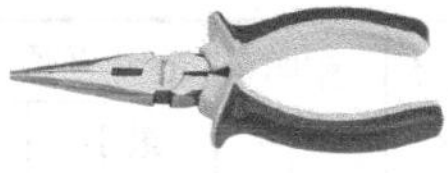	带刃口或不带刃口 长度：130、160、180、200mm	用于在狭小空间作业，夹持小零件，可将导线接头弯圈，带刃口的能剪切小截面导线
圆嘴钳	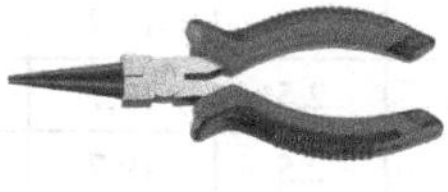	长度；110、130、160mm	用于电气接线中将线端弯成圆圈
弯嘴钳		长度 130、160、180、200mm	用于在狭窄和凹下的工作空间使用
斜口钳	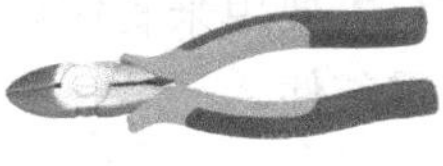	长度：130、160、180、200mm	用于电气安装中剪切小截面导线
剥线钳	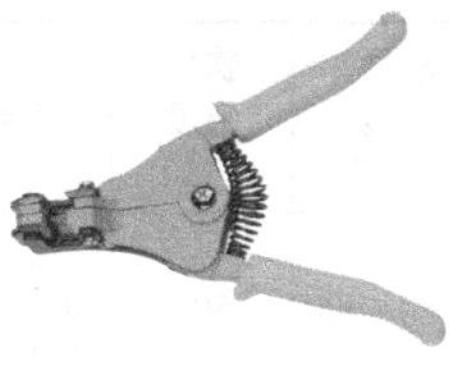	长度 140mm，适用导线直径为 0.6、1.2、1.7 长度 180mm，适用导线直径为 0.6、1.2、1.7、2.2mm	专用于剥去铜、铝导线端部表面绝缘层

表 1–5 攻螺纹与钻孔钻头的配合

螺纹直径 *d*（mm）	螺距（mm）	钻头直径 *D*（mm） 铸铁、青铜、黄铜	钢、可锻铸铁、纯铜、层压板	螺纹直径 *d*（mm）	螺距（mm）	钻头直径 *D*（mm） 铸铁、青铜、黄铜	钢、可锻铸铁、纯铜、层压板
2	0.4	1.6	1.6	4	0.7	3.3	3.3
	0.25	1.75	1.75		0.5	3.5	3.5
2.5	0.45	2.05	2.05	5	0.8	4.1	4.1
	0.35	2.15	2.15		0.5	4.5	4.5
3	0.5	2.5	2.5	6	1	4.9	5
	0.35	2.65	2.65		0.75	5.2	5.2
对于直径大于 M6 的粗牙螺纹按 $D \approx 0.85d$ 计算所需钻孔钻头的直径							

表 1–6 普通螺纹板牙与螺杆直径配合

板牙直径（mm）	螺距（mm）	杆件直径（mm） 最小	最大	板牙直径（mm）	螺距（mm）	杆件直径（mm） 最小	最大
M6	1	5.8	5.9	M14	2	13.7	13.85
M8	1.25	7.8	7.9	M16	2	15.7	15.85
M10	1.5	9.75	9.85	M18	2.5	17.7	17.85
M12	1.75	11.75	11.85	M20	2.5	19.7	19.85

二、焊接维修用材料

1. 导电铜合金

铜及其合金是焊机制造和修理中最常用的导电材料。导电铜合金的种类和用途，见表 1–7。这些材料主要用来制作焊机中的变压器绕组、电抗线圈、电极、夹具等零部件。

表 1–7 导电铜合金的种类

名称	质量分数（%）	抗拉强度（MPa）	硬度（HBS）	电导率（%）IACS	软化温度（℃）	主要用途
铬铜	Cu–0.5Cr	450～500	110～130	80～85	500	点焊电极，缝焊轮，电极支撑架等

续表

名称	质量分数（%）	抗拉强度（MPa）	硬度（HBS）	电导率（%）IACS	软化温度（℃）	主要用途
银铬铜	Cu–0.5Cr–0.1Ag	400～420	130	82	500	点焊电极，缝焊滚轮
铬铝镁铜	Cu–0.5Cr–0.2Al–0.1Mg	400～450	110～130	70～75	510	点焊电极，缝焊滚轮
铬锆铜	Cu–0.5Cr–0.3Zr	500～550	140～160	80～85	520	点焊电极，缝焊滚轮，开关零件
铜–氧化铍	Cu0.8BeO	500～560	125～135	85	900	点焊电极，导电弹簧，高温导电零件
铍铬铜	Cu–0.3Be–1.5Co–1Ag	750～950	210～240	50～55	400	不锈钢和耐热合金焊接的电极
钴硅铜	Cu–1.8Co–0.4Si	750～800	240	45～55	550	
镍硅铜	Cu–1.9Ni–0.5Si	600～700	150～180	40～45	540	焊机导电弹簧，导电零件
铬钛锡铜	Cu–0.5Cr–1.5Ti–2.5Sn	650～800	210～250	42～50	450	焊机电极，高强度导电零件
铝铜	Cu–12Al	550～650	310～420	21～25		对焊机电极，埋弧焊机导电嘴，耐磨零件

导线所用的导电铜是用电解铜经轧制、拔丝等工艺制成的圆线或扁线。导线的规格是按裸线尺寸标定的，不包括导线外表的绝缘物尺寸。表 1–8 是焊机常用裸铜扁线的规格及截面积，表 1–9 是焊机常用电磁圆铜线规格及线参数。

表 1-8　　焊机常用裸铜扁线的规格及截面积　　（mm²）

厚度（mm） 宽度（mm）	0.8	0.9	1	1.12	1.25	1.4	1.6	1.8	2	2.24	2.5	2.8	3.15	3.55	4	4.5	5	5.6	6.3	7.1
2	1.463	1.626	1.785	2.025	2.285	2.585														
2.24	1.655	1.842	2.025	2.294	2.585	2.921	3.369													
2.5	1.863	2.076	2.285	2.585	2.91	3.285	3.785	4.137												
2.8	2.103	2.346	2.585	2.921	3.285	3.705	4.265	4.677	5.237											
3.15	2.383	2.661	2.935	3.313	3.723	4.195	4.825	5.307	5.937	6.693										
3.55	2.703	3.021	3.335	3.761	4.223	4.775	5.465	6.027	6.737	7.589	8.326									
4	3.063	3.426	3.785	4.265	4.785	5.385	6.185	6.837	7.637	8.597	9.451	10.65								
4.5	3.463	3.876	4.285	4.825	5.41	6.085	6.985	7.737	8.637	9.717	10.7	12.05	13.63							
5	3.863	4.326	4.785	5.385	6.035	6.785	7.785	8.637	9.637	10.84	11.95	13.45	15.2	17.2						
5.6	4.343	4.866	5.385	6.057	6.785	7.625	8.745	9.717	10.84	12.18	13.45	15.13	17.09	19.33	21.54					
6.3	4.903	5.496	6.085	6.841	7.660	8.605	9.865	10.98	12.24	13.75	15.2	17.09	19.3	21.82	24.34	27.49				
7.1		6.216	6.885	7.737	8.660	9.725	11.15	12.42	13.84	15.54	17.2	19.33	21.82	24.66	27.54	31.09	34.64			
8			7.785	8.745	9.785	10.99	12.59	14.04	15.64	17.56	19.45	21.85	24.65	27.85	31.14	35.14	39.14	43.94		

续表

宽度（mm）\厚度（mm）	0.8	0.9	1	1.12	1.25	1.4	1.6	1.8	2	2.24	2.5	2.8	3.15	3.55	4	4.5	5	5.6	6.3	7.1
9				9.865	11.04	12.39	14.19	15.84	17.64	19.8	21.95	24.65	27.8	31.4	35.14	39.64	44.14	49.54		
10					12.29	13.79	15.79	17.64	19.64	22.04	24.45	27.45	30.95	34.95	39.14	44.14	49.14	56.14		
11.2						15.47	17.71	19.8	22.04	24.73	27.45	30.81	34.73	39.21	43.94	49.54	55.14	61.86		
12.5							19.79	22.14	24.64	27.64	30.7	34.45	38.83	43.83	49.13	55.39	61.64	69.14	77.51	87.51
14								24.84	27.64	31	34.45	38.65	43.55	49.15	55.14	62.14	69.14	77.54	86.96	98.16
16									31.64	35.48	39.45	44.25	49.85	56.25	63.14	71.14	79.14	88.74	99.56	112.4
18											44.45	49.85	56.15	63.35	71.14	80.14	89.14	99.94	112.2	126.6
20											49.45	55.45	62.45	70.45	79.14	89.14	99.14	111.1	124.8	140.8
22.4											55.45	62.17	70.01	78.97	88.74	99.94	111.1	124.6	139.9	157.8
25												69.45	78.2	88.2	99.14	111.6	124.1	139.1	156.3	176.3
28															111.1	125.1	139.1	155.9	175.2	197.6
31.5															125.1	140.9	156.6	175.5		
35.5															141.1	158.9	176.6	197.9		

表 1–9　　焊机常用电磁圆铜线规格及线参数

直径（mm）	截面积（mm^2）	每千米净重（kg）	每千米直流电阻（Ω）	漆包线最大外径（mm）		玻璃包线最大外径（mm）		丝包线最大外径（mm）			
				薄漆层	厚漆层	单丝漆包线	双丝包线	双丝包线	单丝漆包线	双丝漆包线	双丝聚酯漆包线
0.2	0.0314	0.279	560	0.23	0.24			0.32	0.3		0.36
0.31	0.0755	0.671	233	0.35	0.36			0.44	0.43		0.49
0.47	0.1735	1.54	101	0.51	0.53			0.61	0.6		0.67
0.62	0.302	2.71	58	0.68	0.7	0.83	0.89	0.77	0.77		0.84
0.72	0.407	3.62	43	0.76	0.79	0.93	0.98	0.86	0.86		0.94
0.9	0.636	5.66	27.5	0.96	0.99	1.12	1.17	1.06	1.06		1.15
1	0.785	6.98	22.3	1.07	1.11	1.25	1.29	1.17	1.18		1.28
1.12	0.985	8.75	17.8	1.2	1.23	1.37	1.41	1.29	1.31		1.4
1.25	1.227	10.91	14.3	1.33	1.36	1.5	1.54	1.42	1.44		1.53
1.4	1.539	13.69	11.4	1.48	1.51	1.65	1.69	1.57	1.59		1.68
1.6	2.06	17.87	8.53	1.69	1.72	1.87	1.91	1.78	1.8		1.9
1.8	2.55	22.6	6.84	1.89	1.92	2.07	2.11	1.98	2	2.07	2.1
2	3.14	27.93	5.5	2.09	2.12	2.27	2.31	2.18	2.2	2.27	2.3

2. 焊机二次回路导线

橡皮绝缘的焊接电缆是电焊机的重要配件，使用久了会有耗损。由于过载、橡皮老化、外皮烧烫和机械损伤、绝缘能力下降等原因，导致焊接电缆达不到要求时，要更换新电缆。电缆线是焊接回路的导线，主要有普通焊接电缆、CO_2 气体保护焊专用电缆、水冷电缆等。

（1）普通焊接电缆。各种焊条电弧焊电源与电焊钳之间相连接的焊把线、电源与焊件连接的地线以及埋弧焊机、电渣焊机和碳弧气刨电源的焊接回路导线也使用焊接电缆。由于它们电流较大，可用大截面焊接电缆或多根电缆线并联使用。CO_2 气体保护焊机、氩弧焊机、等离子弧焊机和空气等离子切割机等的接工件地线，也是使用焊接电缆。

橡皮绝缘焊机电缆技术参数见表 1–10。

表 1–10　橡皮绝缘焊机电缆技术参数

型号与电缆名称	技术参数								用途
	导体标称截面积（mm^2）	导体中单线最大直径（mm）	覆盖层总厚度（mm）	复合覆盖层中护套厚度规定值（mm）	平均外径（mm）		20℃时导体最大电阻（Ω/km）		
					下限	上限	镀锡单线	未镀锡单线	
1. 橡套电焊机用电缆：2451EC81（旧型号YH）； 2. 氯丁合成弹性体橡套电焊机用电缆：2451EC82（旧型号YHF）	16	0.21	2	1.3	9.2	11.5	1.19	1.16	对地电压交流不超过200V和脉冲直流峰值不超过400V的电焊机二次侧接线或连接电焊钳
	25	0.21	2	1.3	10.5	13	0.78	0.758	
	35	0.21	2	1.3	11.5	14.5	0.552	0.536	
	50	0.21	2.2	1.5	13.5	17	0.39	0.379	
	70	0.21	2.4	1.6	15.5	19.5	0.276	0.268	
	95	0.21	2.6	1.7	18	22	0.204	0.198	

（2）CO_2 气体保护焊专用电缆。CO_2 气体保护半自动焊机的焊把线必须使用专用电缆。它除了传导焊接电流之外，还要从焊机向焊枪输送 CO_2 气体和焊接用的焊丝，同时还要传递焊接控制信号。因此，CO_2 焊接电缆具有导电、导气、输焊丝和控制四种功能。氩弧焊也是一种气体保护焊接，它使用两种类型的填充材料：手填焊丝和连续自动输送的焊丝。后者的焊丝输送就使用与 CO_2 气体保护焊机相同的电缆。CO_2 气体保护焊专用电缆见表 1–11。

表 1–11　　CO_2气体保护焊机专用电缆

使用条件	技术参数								用途
	主线芯导体标称截面积（mm^2）	主线芯导体结构根数/单线直径（mm）	通气管内孔直径（mm）	20℃时导体最大电阻（Ω/km）	中心软管（mm）		电缆外径（mm）		
					内径	外径	最小	最大	
（1）额定电压100V。（2）线芯长期运行工作温度为85℃	13	756/0.15	7±0.5	1.43	5.5	8	14	17	用于CO_2气体保护焊机（二次侧对地交流额定电压在220V以下的），连接焊机至焊枪的导电、供气、通焊丝和控制的综合作用导线
	35	2016/0.15	7±0.5	0.535	6.5	9	16	21	
	45	2520/0.15	7±0.5	0.482	8	11	18	22	

（3）水冷电缆。为减轻焊枪质量，把冷却焊枪和冷却焊把线电缆统一起来，而设计制作了水冷电缆。它是将传导焊接电流的裸铜绞线放置在流动冷却水的橡皮管内，在传导同样焊接电流的条件下，裸铜绞线可使电缆截面积缩小 5～6 倍。水冷电缆的冷却效果还可以用调节水流量的方法进行调节。

用作水冷电缆的裸铜绞线要使用单线镀锡的产品，其规格见表 1–12。使用水电缆的设备，除钨极氩弧焊机之外，还有等离子弧焊机、微束等离子弧焊机、空气等离子弧切割机等。

表 1–12　　镀锡裸铜绞线规格

标称截面积（mm^2）	计算截面积（mm^2）	导线结构			计算外径（mm）	20℃时直流电阻（Ω/km）	计算质量（kg/km）
		单线总根数	股数×根数	单线直径（mm）			
2.5	2.47	140	7×20	0.15	2.36	≤7.73	23.3
4	3.96	126	7×18	0.2	3	≤4.82	37.3
6.3	6.16	196	7×28	0.2	3.72	≤3.1	58
10	9.9	315	7×45	0.2	4.62	≤1.93	93.3
16	15.83	504	12×42	0.2	6.18	≤1.23	150

（4）焊机控制电路使用的导线。焊机的控制电路导线按其实际电流大小，以导线的载流密度来计算，算出的导线会很细，往往强度不够，因此，控制电路的导线要按机械强度因素来考虑，具体见表 1–13。为了电气设备的使用和维修方便，控制线路中各电路清晰可辨，对导线的颜色作标志，可供焊机的控制电路选线参考（见表 1–14），从而使导线选择较为容易。常用的聚氯乙烯绝缘单股硬电线和多股软导线规格见表 1–15 和表 1–16。

表 1–13　电气控制电路用铜导线最小截面积　（mm^2）

<table>
<tr><th rowspan="3">应用场合</th><th colspan="2">电线</th><th colspan="3">电　缆</th></tr>
<tr><th rowspan="2">软线</th><th rowspan="2">硬线</th><th colspan="2">双芯</th><th rowspan="2">三芯以上</th></tr>
<tr><th>屏蔽</th><th>不屏蔽</th></tr>
<tr><td>控制柜外的导线</td><td>1</td><td>—</td><td>0.75</td><td>0.75</td><td>0.75</td></tr>
<tr><td>控制柜外频繁运动的导线</td><td>1</td><td>—</td><td>1</td><td>1</td><td>1</td></tr>
<tr><td>控制柜外微小电流导线</td><td>1</td><td>—</td><td>0.3</td><td>0.5</td><td>0.3</td></tr>
<tr><td>控制柜内的导线</td><td>0.75</td><td>—</td><td>0.75</td><td>0.75</td><td>0.75</td></tr>
<tr><td>控制柜内微小电流导线</td><td>0.2</td><td>0.2</td><td>0.2</td><td>0.2</td><td>0.2</td></tr>
</table>

表 1–14　电气设备控制电路导线的颜色规定

应用场合	标志颜色
动力电路中的动力线	黑色
动力电路中的中性线	浅蓝色
交流控制电路中的导线	红色
直流控制电路中的导线	蓝色
与保护电路相连的导线	白色
控制柜与外面控制线路相连接（即电源断开仍带电）的导线	橘黄色
电缆线的芯线	不受约束

表 1–15　AVR 型聚氯乙烯绝缘多股软导线规格

标称截面积（mm^2）	线芯结构（单根直径 mm×根数）	20℃时直流电阻（Ω/km）		绝缘厚度（mm）	电线最大外径（mm）	质量（kg/km）
		铜芯	镀锡铜芯			
0.2	0.15×12	85.7	89.6	0.4	1.6	3.7
0.5	0.15×28	36.7	38.2	0.5	2.2	7.8
0.8	0.15×45	22.5	23.9	0.6	2.7	12
1	0.2×32	17.8	18.9	0.6	2.8	14
1.2	0.2×38	15.1	15.9	0.6	3.1	17
1.5	0.2×48	11.9	12.6	0.6	3.1	20

表 1–16　AV 型聚氯乙烯绝缘单股硬导线规格

标称截面积（mm^2）	线芯结构（单根直径 mm×根数）	20℃时直流电阻（Ω/km）		绝缘厚度（mm）	电线最大外径（mm）	质量（kg/km）
		铜芯	镀锡铜芯			
0.2	0.5×1	93.8	96.8	0.4	1.4	3.7
0.4	0.7×1	48.2	49.4	0.4	1.7	5.9
0.6	0.9×1	28.8	29.9	0.5	2.1	9.6
0.8	1×1	23.5	24.2	0.5	2.2	11

3. 焊机用导磁材料

工程上所用的磁性材料分为软磁材料和永（硬）磁材料。

软磁材料的磁特性在较低的外磁场作用下就能产生较高的磁感应强度，并随外磁场的增大，磁感应强度会很快达到饱和；而当外磁场去掉后，材料的磁性又能基本消失，剩磁不大。

硅钢片、电工纯铁、铁镍合金、铁铝硅合金和软磁铁氧体等都属于软磁材料。这类材料主要用于导磁的磁路材料。

硅钢片是软磁材料中应用最为广泛的一种，它是用电工硅钢轧制而成。硅元素虽然使硅钢硬度提高，伸长率和韧性下降而加工困难，但更能使硅钢片的电阻率提高，涡流损耗降低，而且老化现象减小。电焊机产品中应用的导磁材料主要是硅钢片，可用作变压器、电抗器的铁心和发电机的磁极。

电气工程上所用的硅钢片，也叫电工硅钢片，用 D 表示。按其轧制方法和轧后硅钢片的晶粒取向将硅钢片分成热轧硅钢片（代号为 DR）、冷轧无取向硅钢片（代号为 DW）、冷轧有取向硅钢片（代号为 DQ）三类。

硅钢片经冷轧以后，由于晶粒排列方向的不同，沿着轧制方向其导磁性能特别好，而垂直于轧制方向的导磁性能较差，这种导磁性能的差别叫做晶粒取向。因此，使用冷轧有取向的硅钢片时，磁力线的方向必须和轧制方向相吻合。

电工硅钢片的代号意义如图 1–18 所示。焊机中常用的硅钢片见表 1–17～表 1–19。

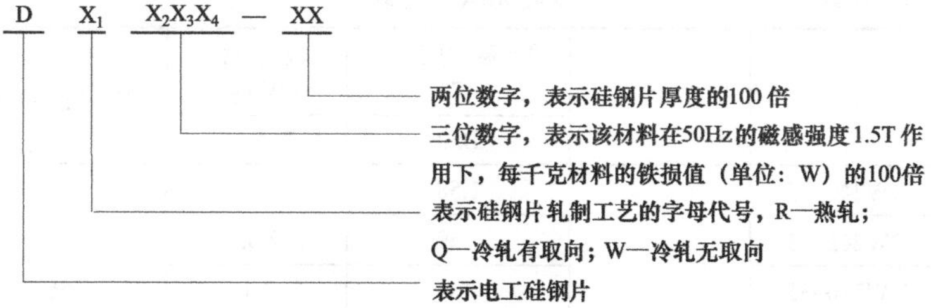

图 1–18 电工硅钢片的代号意义

表 1–17 **冷轧有取向硅钢片**

牌号	厚度（mm）	最小磁感应强度（T）	最大铁损（W/kg）	密度（g/cm^3）
		B10	P17/50	
DQ113G–30		1.89	1.13	
DQ122G–30		1.89	1.22	
DQ133G–30		1.89	1.33	
DQ133–30	0.3	1.79	1.33	7.65
DQ147–30		1.77	1.47	
DQ162–30		1.74	1.62	
DQ179–30		1.71	1.79	

续表

牌号	厚度（mm）	最小磁感应强度（T） B10	最大铁损（W/kg） P17/50	密度（g/cm³）
DQ117G–35		1.89	1.17	
DQ126G–35		1.89	1.26	
DQ137G–35		1.89	1.37	
DQ137–35	0.35	1.79	1.37	7.65
DQ151–35		1.77	1.51	
DQ166–35		1.74	1.66	
DQ183–35		1.71	1.83	

表 1–18　　冷轧无取向硅钢片

牌号	厚度（mm）	最小磁感应强度（T） B50	最大铁损（W/kg） P15/50	密度（g/cm³）
DW240–35		1.58	2.4	
DW265–35		1.59	2.65	
DW310–35		1.6	3.1	7.65
DW360–35	0.35	1.61	3.6	
DW440–35		1.64	4.4	
DW500–35		1.65	5	7.75
DW550–35		1.66	5.5	
DW270–50		1.58	2.7	
DW290–50		1.58	2.9	
DW310–50		1.59	3.1	
DW360–50		1.6	3.6	7.65
DW400–50	0.5	1.61	4	
DW470–50		1.64	4.7	
DW540–50		1.65	5.4	7.75
DW620–50		1.66	6.2	
DW800–50		1.69	8	7.8

表 1–19 热 轧 硅 钢 片

牌号	厚度(mm)	最小磁感应强度（T）		最大铁损（W/kg）		密度（g/cm³），酸洗钢板
		B25	B50	P10/50	P15/50	
DR530–50	0.5	1.61	1.61	2.2	5.3	7.75
DR510–50		1.54	1.64	2.1	5.1	
DR490–50		1.56	1.66	2	4.9	
DR450–50		1.54	1.64	1.85	4.5	
DR420–50		1.54	1.64	1.8	4.2	
DR400–50		1.54	1.64	1.65	4	
DR440–50		1.46	1.57	2	4.4	7.65
DR405–50		1.5	1.61	1.8	4.05	
DR360–50		1.45	1.56	1.6	3.6	7.55
DR315–50		1.45	1.56	1.35	3.15	
DR265–50		1.44	1.55	1.1	2.65	
DR360–35	0.35	1.46	1.57	1.6	3.6	7.65
DR320–35		1.45	1.56	1.35	3.2	7.55
DR280–35		1.45	1.56	1.15	2.8	
DR255–35		1.44	1.54	1.05	2.55	
DR225–35		1.44	1.54	0.9	2.25	

焊机中的主变压器，都是由磁路系统、高压绕组和低压绕组构成的电路系统和冷却系统（大功率变压器时）所构成。磁路系统是由导磁材料所构成的。导磁材料的合理选择，将直接影响产品的技术性能、焊机的实用性和经济性。

焊机变压器导磁材料的选择依据是电磁感应定律。当变压器一次绕组接入额定电网电压，二次绕组空载时，二次空载电压为 U_0=E_2，而

$$E_2 = 4.44 f N_2 B_m S \times 10^{-4}$$

式中：E_2 为二次绕组感应电动势，V；f 为交流电频率，50Hz；N_2 为二次绕组的匝数，匝；B_m 为磁通密度的极大值，T；S 为铁心净面积，cm^2。

铁心净面积 S 经验公式为

$$S=\frac{20\sim30}{B_{\mathrm{m}}}\sqrt{P_1}$$

式中：P_1是变压器的输入容量，kVA，对于三相变压器，P_1是每个芯柱的容量；系数（20～30）的选取，可根据铁心的材质和绕组用铜量确定，一般大容量的变压器可取较大的系数；B_{m}为磁通密度极大值，其选取与铁磁材料的磁性能有关。B_{m}值取得低，则变压器体积大，增加成本；而B_{m}值高，变压器体积小但空载电流会增大，成为不合格产品。

通常，普通弧焊变压器的导磁材料，多采用热轧硅钢片13R360–50，其B_{m}可取1.3～1.4T。对中、小型弧焊变压器，特别是轻便式弧焊变压器的导磁材料，采用冷轧有取向的硅钢片，如DQ151–35，B_{m}值取1.77T。

弧焊整流器（除逆变弧焊机外）中变压器的导磁材料，多采用冷轧硅钢片，有取向的、无取向的均可。有取向硅钢片可用DQ151–35，B_{m}值取1.6～1.77T；无取向硅钢片可用DW360–50或DW360–35，B_{m}值可取1.6T。

电阻焊机的变压器是低空载电压、大电流的特殊变压器，其二次绕组只有一匝，并由水冷却。由于绕组匝数少，所以导磁材料用得较多，采用冷轧有取向硅钢片，磁密取高些，一般都采用DQ151–35型号硅钢片，B_{m}值取1.77T。

4. 焊机用绝缘材料

电焊机一次侧输入电压是380V或220V，输出电压一般不超过100V，所以，电焊机属低压电器。电焊机里的绝缘材料主要用在变压器绕组与铁心之间的绝缘、绕组之间的绝缘、绕组内线圈各层之间的绝缘、裸线绕组匝间的绝缘，这些地方绝缘不好，就会产生绕组短路、绕组烧毁以及使机壳带电，导致操作者触电。

焊机的输入、输出端子都装在用层压板制成的端子板上，进行绝缘和固定。为了增强绝缘材料的绝缘和防潮能力，对绕制好了的绕组和直接应用的绝缘层压制品，还要进行浸绝缘漆处理。为了减少导磁材料硅钢片的涡流损失，对热轧硅钢片和表面没有绝缘层的冷轧硅钢片也都要浸绝缘漆。

电焊机在选用绝缘材料时，一般要考虑以下几点。

（1）击穿电压必须足够大，以保证焊机工作时绝缘可靠和使用的安全。

（2）耐热等级限制了焊机工作时的最高温升，这将对焊机的设计、结构、制造的经济性及焊机的使用价值都有极大的影响。

（3）焊机结构紧凑和质量轻巧，可选用耐热等级高、击穿电压高的材料；反之，可选用耐热等级低、击穿电压低的材料。

（4）耐热等级和击穿电压越高，则材料的价格越高，而材料的配套件和加工制作的工艺要求也越高，因而焊机的成本、价格将提高。

选择绝缘材料，必须综合以上各点要求，以达到保证焊机性能、安全运行和经济耐用的目的。

焊机中常用的绝缘材料有层压板、层压管、绝缘纤维及薄膜、漆管、棉布带、绝缘漆、电工粘带、敷铜箔板、硅钢片漆和绝缘填充材料等种类，具体见表 1–20～表 1–29。

表 1–20　绝缘层压板制品

名称	型号	标称厚度（mm）	耐热等级/极限工作温度	用　途
酚醛层压纸板	3020	0.2～0.5（相隔 0.1）；0.6、0.8、1、1.2、1.5、1.8、2、2.5、3、3.5、4、4.5、5.5、6、6.5、7、7.5、8、9、10、11～40（相隔 1）；42～50（相隔 2）；52～60（相隔 2）	E/120℃	介电性能和耐油性较好，适用于电气设备中作为绝缘结构零件，可在变压器油中使用，可作为焊机电源绕组中的撑条板、夹件绝缘、端子板、绝缘垫圈、控制线路板等
	3021			
	3022			
酚醛层压布板	3025	0.3、0.5、0.8、1…10（相隔 2）；65～80（相隔 5）	E/120℃	具有高的力学性能和一定的绝缘性能，可作为焊机电源绕组撑条、夹件绝缘、端子板、绝缘垫圈、控制线路板
	3027			具有高的绝缘性能，耐油性好，可作为焊机电源绕组撑条、夹件绝缘、端子板、绝缘垫圈、控制线路板

续表

名称	型号	标称厚度（mm）	耐热等级/极限工作温度	用途
苯胺酚醛玻璃布板	3231	0.5、0.6、0.8、1、1.2、1.5、1.8、2、2.5、3、3.5、4、4.5、5.5、6、6.5、7、7.5、8、9、10；11～40（相隔1）；42～50（相隔2）	B/130℃	力学性能及绝缘性能比酚醛层压布板高，耐潮湿，广泛代替酚醛层压布板作为绝缘结构零部件，并适用于湿热带地区，可作为焊机电源绕组撑条、夹件绝缘、端子板、绝缘垫圈等
环氧酚醛玻璃布板	3240			具有高的力学性能、绝缘性能和耐水性，可作为焊机电源绕组撑条、夹件绝缘、端子板、绝缘垫圈等
有机硅玻璃布板	3250	0.2、0.3、0.5、0.8、1、1.2、1.5、1.8、2、2.5、3、3.5、4、4.5、5.5、6、6.5、7、7.5、8、9、10；11～30（相隔1mm）；32～40（相隔2mm）、42～50（相隔2mm）；52～60（相隔2mm）；65～80（相隔5mm）	F/155℃	具有较高的耐热性、力学性能和绝缘性能，适用于耐热180℃及热带电机、电器中作为绝缘零部件使用，可作为焊机电源绕组撑条、夹件绝缘、端子板、绝缘垫圈等
	3251		H/180℃	具有高的耐热性和绝缘性能，但机械强度较差，可作为焊机电源绕组撑条、夹件绝缘、端子板、绝缘垫圈等

表1–21　层压管

名称	型号	组成		垂直壁层耐压（kV）				耐热等级/极限工作温度	用途
		底材	胶粘剂	1mm	1.5mm	2mm	3mm		
酚醛纸管	3520	卷绕纸	苯酚甲醛树脂	11	16	20	24	E/120℃	电气性能好，适于电机、电器绝缘构件，可在变压器油中使用

续表

名称	型号	组成		垂直壁层耐压（kV）				耐热等级/极限工作温度	用途
		底材	胶粘剂	1mm	1.5mm	2mm	3mm		
酚醛纸管	3523	卷绕纸	苯酚甲醛树脂	—	16	20	24	E/120℃	电气性能好，可用于焊机变压器铁心、夹件、螺杆的绝缘
酚醛布管	3526	煮炼布		—	—	—	—		有较高机械强度，一定的电气性能，可用于焊机变压器铁心、夹件、螺杆绝缘
环氧酚醛玻璃布管	3640	无碱玻璃布	环氧酚醛树脂	—	12	14	18	B/130℃～F/155℃	有高的电气性能和力学性能，可用于焊机变压器铁心、夹件、螺杆绝缘，亦可在高电场强度、潮湿环境中使用
有机硅玻璃布管	3650		改性有机硅树脂	—	—	10	15	H/180℃	具有高耐热性、耐潮性，适用于H级的电动机、电器绝缘构件使用

表1–22　　棉　布　带

名称	标称宽度（mm）	额定厚度（mm）	抗张力(N)	断裂伸长率不小于（%）
斜纹布带	10、12（±0.5）	0.45±0.02	140～170	9
	15（±1）	0.45±0.02	210	9
	20（±1.5）	0.45±0.02	260～370	9
平纹布带	10、12（±0.5）	0.25±0.02	90～110	8
	15（±1）	0.25±0.02	130	8
	20（±1.5）	0.25±0.02	160～210	8

续表

名称	标称宽度（mm）	额定厚度（mm）	抗张力(N)	断裂伸长率不小于（%）
平纹细布带	12（±0.5）	0.22±0.02	120	5
	16（±1）	0.22±0.02	160	5
	20（±1.5）	0.22±0.02	190～270	5
平纹薄布带	12（±0.5）	0.18±0.02	80	5
	16（±1）	0.18±0.02	110	5
	20（±1.5）	0.18±0.02	130	5

表 1–23　常用绝缘纤维制品和薄膜

名称	型号	标称厚度（mm）	耐热等级/极限工作温度	用　途
醇酸玻璃漆布	2432	0.11、0.13、0.15、0.17、0.2、0.24	B/130℃	电焊绕组层间绝缘
环氧玻璃漆布	2433		B/130℃	
有机硅玻璃漆布	2450		H/180℃	用于温度 180℃的电机、电焊机、电器中线圈绝缘
聚酯薄膜	2820	0.015、0.02、0.025、0.03、0.04、0.05、0.07、0.1	B/130℃	电焊机绕组层间绝缘
聚酰亚胺薄膜	6050	0.025～0.1	H/180℃	用于温度 180℃的电机、电焊机层间绝缘及绝缘包扎
聚酰亚胺复合薄膜	F46	0.08～0.3	H/180℃	用于 Bx1 系列、盘形绕组的匝间绝缘

表 1–24 漆 管

名称	型号	组成		耐热等级/极限工作温度	击穿电压（kV）		用 途
		底材	绝缘漆		常态	缠绕后	
油性漆管	2710	棉纱管	油性漆	A/105℃	5～7	2～6	具有良好的电气性能和弹性，但耐热性、耐潮性和耐霉性差，可作为电机、电器和仪表等设备引出线和连接线绝缘
油性玻璃漆管	2714	无碱玻璃纱管	油性漆	E/120℃	>5	>2	具有良好的电气性能和弹性，但耐热性、耐潮性和耐霉性差，可作为电机、电器和仪表等设备引出线和连接线绝缘
聚氨酯涤纶漆管	—	涤纶纱管	聚氨酯漆	E/120℃	3～5	2.5～3	具有优良的弹性和一定的电气性能和力学性能，适用于电机、电器、仪表等设备的引出线和连接线绝缘
醇酸玻璃漆管	2730	无碱玻璃丝管	醇酸漆	B/130℃	5～7	2～6	具有良好的电气性能和力学性能，耐油性和耐热性好，但弹性稍差，可代替油性漆管作电机、电器和仪表等设备引出线和连接线绝缘
聚氯乙烯玻璃漆管	2731	无碱玻璃丝管	改性聚氯乙烯树脂	B/130℃	5～7	4～6	具有优良的弹性和一定的电气性能、力学性能和耐化学性，适于作为电机、电器和仪表等设备引出线和连接线绝缘
有机硅玻璃漆管	2750	无碱玻璃丝管	有机硅漆	H/180℃	4～7	1.5～4	具有较高的耐热性和耐潮性，良好的电气性能，适于作为 H 级电机、电器等设备的引出线和连接线绝缘

表 1–25 电 工 粘 带

名称	厚度（mm）	耐热等级/极限工作温度	性能与用途
聚乙烯薄膜纸粘带	0.1	—	击穿强度>10kV/mm，包扎服贴，使用方便，可代替黑胶布带用作接线头包扎绝缘

续表

名称	厚度（mm）	耐热等级/极限工作温度	性能与用途
JD–41 胶粘带	0.22、0.26	A/105℃	击穿电压≥1.5kV，防霉性能为零级，用于低压线包扎，对聚酯薄膜、聚酯玻璃钢、酚醛玻璃钢、铝金属等有良好粘接力
聚酯薄膜粘带	0.055～0.17	B/130℃	击穿强度大于 100kV/mm，耐热性好，机械强度高，可用于半导体元件密封绝缘和电机线圈绝缘
JD–27 电气绝缘玻璃胶粘带	0.18±0.02	B/130℃	是在聚乙烯玻璃布上均涂橡胶热塑性胶粘剂制成的压敏胶粘带，具有绝缘耐老化耐气候特性，适用于电机电器绝缘包扎
环氧玻璃粘带	0.17	B/130℃	击穿电压大于 6kV，具有较高电气性能和力学性能，可作为变压器铁心绑扎材料
有机硅玻璃粘带	0.15	H/180℃	击穿电压大于 0.6kV，具有较高的耐热耐寒和耐潮性，较好的电气性能、力学性能和柔软性，可用于电气线圈和导线的绝缘
X2341 热收缩带	0.28±0.03	F/155℃	击穿强度（180℃±2℃，2h）（≥20MV/m），是由特种聚酯纤维热缩带浸以聚酯胶经热处理而成。加热固化时有明显的热缩性，特别适于包扎线圈，使线圈平整、紧固、整体性强

表 1–26　　绝　缘　漆

名称	型号	颜色	溶剂	干燥类型	干燥条件		耐热等级/极限工作温度	性能用途
					温度（℃）	时间（h）		
耐油清漆	1012	黄、褐色	200 号溶剂	烘干	105±2	2	A/105℃	干燥迅速，具有耐油性、耐潮湿性。漆膜平滑有光泽，适于浸渍电机绕组
甲酚清漆	1014	黄、褐色	有机溶剂	烘干	105±2	0.5	A/105℃	干燥快，具有耐油性，适于浸渍电机绕组，但由漆包线制成的绕组不能使用

续表

名称	型号	颜色	溶剂	干燥类型	干燥条件		耐热等级/极限工作温度	性能用途
					温度（℃）	时间（h）		
晾干醇酸清漆	1231	黄、褐色	200号溶剂油、二甲苯	气干	20±2	20	B/130℃	干燥快、硬度大、弹性较好、耐高温、耐气候性好、介电性能高，适于不宜高温烘焙的电器或绝缘零件表面覆盖
醇酸清漆	1030	黄、褐色	甲苯及二甲苯	烘干	105±2	2	B/130℃	性能较沥青漆及清烘漆好，具有较好的耐油性及耐电弧性。漆膜平滑有光泽，适于浸渍电机电器线圈及作为覆盖用
丁基酚醛醇酸漆	1031	黄、褐色	二甲苯和200号溶剂油	烘干	120±2	2	B/130℃	具有较好的流动性、干透性、耐热性和耐潮湿性。漆膜平滑有光泽，适于湿热带用电器线圈浸渍
三聚氰胺醇酸树脂漆	1032	黄、褐色	甲苯等	烘干	105±2	2	B/130℃	具有较好的干透性、耐热、耐油性、耐电弧性和附着力。漆膜平滑有光泽，适用于湿热带浸渍电机电器线圈用
环氧脂漆	1033	黄、褐色	二甲苯和丁醇等	烘干	120±2	2	B/130℃	具有较好的耐油性、耐热性、耐潮湿性。漆膜平滑有光泽、有弹性，适用于湿热带浸渍电机绕组或作为电机电器零部件的表面覆盖层
晾干环氧脂漆	9120	黄、褐色	二甲苯	气干	25	—	B/130℃	晾干或低温下干燥，其他性能和1033同，适用于不宜高温烘焙的湿热带电器绝缘零件表面覆盖

续表

名称	型号	颜色	溶剂	干燥类型	干燥条件		耐热等级/极限工作温度	性能用途
					温度（℃）	时间（h）		
胺基酚醛醇酸树脂漆	—	黄、褐色	二甲苯及溶剂油	烘干	105±2	1	B/130℃	固化性好、对油性漆包线溶解性小，适用于浸渍电机电器线圈
无溶剂漆	515–1；515–2		—	烘干	130	0.17		固化快，耐潮性及介电性能好，不需用活性溶剂，适于浸渍电器线圈
硅有机清漆	1050	淡黄色	甲苯	烘干	—	0.5	H/180℃	耐热性高、固化性良好、耐霉、耐油性及介电性能优良，适用于高温线圈浸渍
	1051				200	—		同1050，但耐热性稍低、干燥快
	1052				20	0.25		性能与1050相似，但耐热性稍低，用于高温电器线圈浸渍及绝缘零件表面修补（低温干燥）

表1–27 硅钢片漆

名称	型号	主要成分	耐热等级/极限工作温度	性能用途
醇酸漆	9161 3564	油改性醇酸树脂，丁醇改性三聚氰胺树脂	B/130℃	在300～350℃干燥快、耐热性好，可供一般电机、电器硅钢片用，但不宜涂覆磷酸盐处理的硅钢片
环氧酚醛漆	H521 E–9114	环氧树脂，酚醛树脂	F/155℃	在200～350℃下干燥快、附着力强、耐热性好、耐潮性好、供大型电机、电器硅钢片用且宜涂覆磷酸盐处理的硅钢片

续表

名称	型号	主要成分	耐热等级/极限工作温度	性能用途
聚酰胺酰亚胺漆	PAI–Q	聚酰胺，酰亚胺树脂	H/180℃	干燥性好、附着力强、耐热性高、耐溶剂性优越，可供高温电机、电器的各种硅钢片用

表 1–28　敷铜箔板

名　称	酚醛纸敷铜箔板	环氧酚醛玻璃布敷铜箔板
型号	3420（双面箔板）、3421（单面箔板）	3440（双面箔板）、3441（单面箔板）
表面击穿电压（kV）	1.5	2
粘合面表面电阻率（Ω）	≥1×10^9	≥1×10^{12}
厚度（mm）	1、1.5、2、2.5、3	1、1.5、2、2.5、3
长×宽（mm）	450×450，380×480	450×450，380×480
耐热等级/极限工作温度	E/120℃	F/155℃
用途	具有较高的电气、力学性能，适用于一般电子、仪表及其他电气设备中作印制电路板	具有较高的耐热、机械和电气性能，适用于在温度、湿度及频率较高环境中工作的电子、仪表及其他电气设备中的印制电路板

表 1–29　绝缘填充材料（电气维修用）

名称	性能	适用时间	硬化时间	保存期	应　用
R–480 环氧填充腻子	击穿强度≥18MV/m	21～25℃≥30min	21～25℃≤8h	1 年	常温固化，填充性、抗裂性、绝缘性较好，可用于小孔隙浇注、铸件缺陷修补、粘接和作为保护厚涂层
R–852 环氧平衡胶泥	粘接力≥275N	20～25℃≥30min	20～25℃≤12h	1 年	室温固化。成形好、粘黏力强、绝缘性好，可作为包封、嵌补、粘接固定

5. 其他辅助材料

焊机维修工作中，除焊锡钎焊外，会遇到金属材料或非金属材料的修补与连接，以及电气或机械维修时所需的号码管（见图 1–19）、尼龙扎带（见图 1–20）和螺母、螺栓、垫片等紧固件。常用的焊接或粘接材料见表 1–30～表 1–33。

图 1–19 号码管

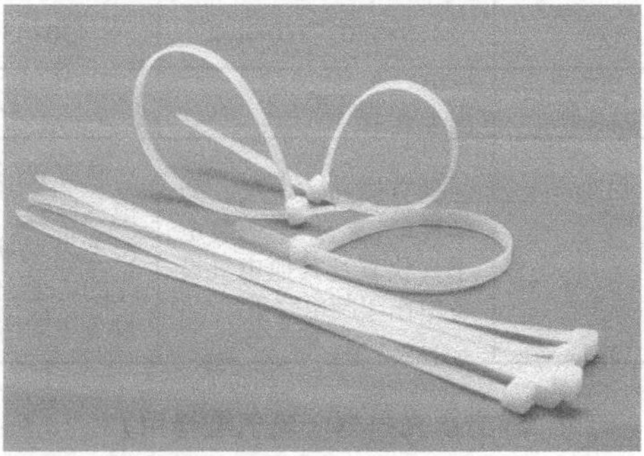

图 1–20 尼龙扎带

表 1–30 纯 铜 焊 丝

牌号	化学成分（质量分数%）					熔点（℃）	用途
	Sn	Si	Mn	P	Cu		
HS201	0.8～1.2	0.2～0.5	0.2～0.5	0.02～0.15	余量	1050	用于纯铜氩弧焊的填充焊丝，气焊的填充焊丝（配用脱水硼砂）

表 1–31　　铜磷钎料与钎剂

牌号	名称	熔化温度（℃）		配合钎剂		用途
		固相线	液相线	牌号	温度（℃）	
HL201	铜磷钎料	710	800	QJ101	550～850	钎焊铜及铜合金
				QJ102	600～850	
HL204	铜银磷钎料	640	815	QJ101	550～850	钎焊铜及铜合金、银、钼等金属
				QJ102	600～850	
HL206	铜基中温钎料	620	660	QJ103	550～750	钎焊热交换器、制冷设备、仪器仪表、医疗器械、焊机、气焊工具、变压器等
HL207	低银铜磷钎料	560	650	QJ103	550～750	用于电机制造、仪表工业中钎焊铜及铜合金
HL208	铜磷锡钎料	650	800	QJ101	550～850	用于电机制造、制冷设备中钎焊铜及铜合金
				QJ102	600～850	

表 1–32　　锡铅钎料与用途

牌号	名称	熔化温度（℃）		配用钎剂	应　用
		固相线	液相线		
HL600	60%锡铅焊料	183	185	松香、焊锡膏、氯化锌水溶液	钎焊电气开关、计算机、无线电、电子元器件
HL601	18%锡铅焊料	183	277	松香、焊锡膏、氯化锌水溶液	钎焊铜、铜合金、镀锌铁皮等强度要求不高的零件
HL602	30%锡铅焊料	183	256	松香、焊锡膏、氯化锌水溶液	钎焊铜、铜合金、镀锌或镀锡铁皮、电子元件
HL603	40%锡铅焊料	183	235	松香、焊锡膏、氯化锌水溶液	钎焊铜、铜合金、钢件、锌件、镀锌铁皮、白铁皮、电子仪表元件

续表

牌号	名称	熔化温度（℃）		配用钎剂	应用
		固相线	液相线		
HL604	90%锡铅焊料	183	222	松香、焊锡膏、氯化锌水溶液	钎焊食品器皿、医疗器械内缝及大多数钢材、铜材
HL608	铅银焊料	295	305	松香与酒精或氯化锌水溶液	用于铜、铜合金、钢件的火焰钎焊
HL610	60%锡铅焊料（含松香药芯焊锡丝）	183	185	不用钎剂	钎焊电气开关、计算机、无线电、电子元器件
HL613	50%锡铅焊料	183	210	可使用松香、焊锡膏、氯化锌水溶液	钎焊铜、铜合金、镀锌或锡铁皮、电子仪表元件、散热器等

表 1–33　胶粘剂与应用

名称	适用材料
204、206、209、BN–501、801 胶、BN–601、飞机1号胶、SL–1 结构胶粘剂	金属
SY–7、SY–32、CG–1、J–10、J–42，J–27、JQ–2、JQ–4，AZ–2、KH–501、HH–703 胶、铁锚 101、502 瞬间胶、SK–63 室温快速环氧胶	金属、非金属
0CA–1 吸油性单组分胶	金属油面粘接
J–02	金属与非金属粘接
E–2	垂直面粘接金属
自力–4 胶粘剂	自行车车架粘接
HS–10、HS–20 耐沸水结构胶	金属、非金属应急修理
强力绝缘封口胶	电热水壶电热水器电热管封口
KH–514 胶粘剂、J–19 高强度结构胶	金属结构粘接

续表

名　　称	适用材料
J–30 蜂窝结构胶、自力–4 胶粘剂、SL–2 蜂窝结构胶粘剂	粘接蜂窝结构
J–40 中温固化结构胶	粘接钣金
AR–5 耐磨胶	机床导轨修复
HS–1 耐热结构胶、J–19 高强度结构胶	粘接机械加工刀具
208 常温修补胶	修补金属和铸件砂眼
SF–1、KH–802 胶粘剂	粘接铝合金、铜、钢、玻璃钢
TX–1 型搪瓷修补胶	粘接玻璃、陶瓷金属，修补家用搪瓷
KH–508 胶粘剂	粘接不锈钢、钢、铝合金
703	粘接铝合金、铜、热固性塑料
E–4 胶粘剂、J–23 结构胶粘剂	粘接铝、钢、玻璃、钢
HYJ–6、KH–225、SL–4，多用结构胶粘剂 XY–507、XH–11	粘接金属、陶瓷、玻璃、工程塑料、玻璃钢
HY–910	粘接铝合金、纯铜
铁锚 201～203 胶	粘接金属（铝、钢、铜）、非金属（玻璃、陶瓷、电木）
长城–730	粘接尼龙、丁腈、橡胶、金属
SY–101	粘接铝合金、酚醛塑料
铁锚 205	粘接尼龙、酚醛层压板、电木、聚苯乙烯塑料、金属
FN–301 胶粘剂	粘接金属、玻璃陶瓷、塑料、皮革木材

第三节 常用电子元器件识别与检测

一、电阻元件

1. 常用电阻

在工业工程中，广泛使用各种电阻器。电阻器的种类很多，按结构不同，可分为固定电阻器和可变电阻器（包括微调电阻器和电位器）；按导电材料不同，可分为碳膜、金属膜、金属氧化膜、线绕和有机合成电阻器等；按功率分1/16、1/8、1/4、1/2、1、2W等额定功率的电阻。常用电阻器的外形与性能见表1–34，其表示符号见表1–35。

表1–34 常用电阻器的中外形与性能

名称	外形	性能
碳膜电阻器（RT型）	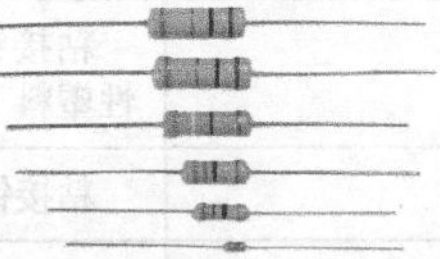	1）阻值较稳定，受电压和频率影响小，价廉，应用广泛； 2）阻值为1Ω～10MΩ； 3）额定功率为0.125～2W
金属膜电阻器（RJ型）	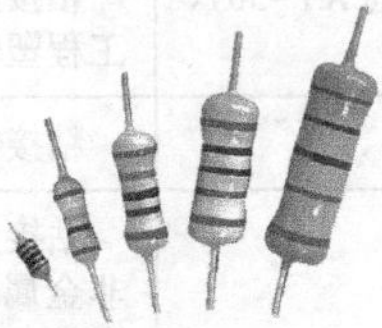	1）耐热、噪声小、体积小、精度高，广泛应用于要求较高的电路； 2）阻值为1Ω～620MΩ； 3）额定功率为0.125～2W
金属氧化膜电阻器（RY型）	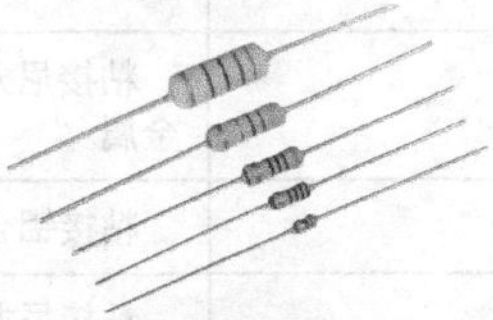	1）抗氧化、耐高温； 2）阻值为1Ω～200kΩ； 3）额定功率为0.125～10W
合成实心（RS型）	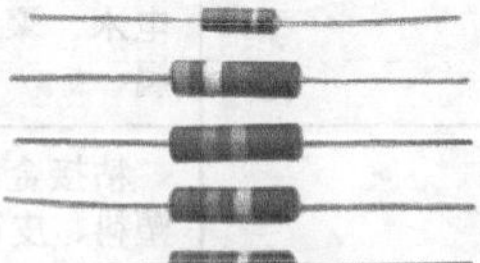	1）机械强度高、可靠、体积小、价廉； 2）阻值为4.7Ω～22MΩ； 3）额定功率为0.25～2W

续表

名称	外　形	性　能
线绕电阻器（RX 型）	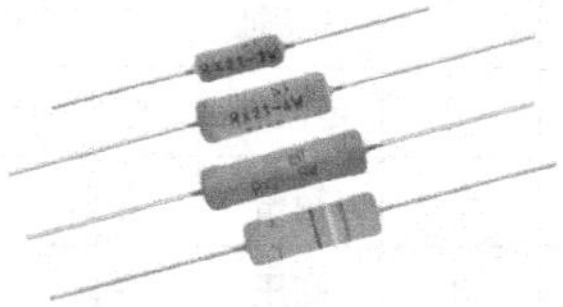	1）阻值精度高、稳定、抗氧化、耐热、功率大，作为精密和大功率电阻器使用； 2）阻值为 0.1Ω～5MΩ； 3）额定功率达 150W
电位器（WT 型）		阻值可以调节，阻值规律有直线式、指数式、对数式。主要用于调节电路中的电阻、电流和电压

表 1–35　　常用电阻器的表示符号

名称	固定电阻器	微调电阻器	电位器
符号	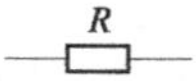	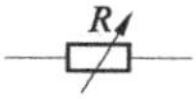	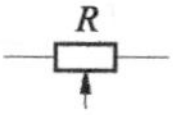

2. 电阻元件的识别

电阻型号的表示方法见表 1–36 和图 1–21、图 1–22 的示例。

表 1–36　　电阻型号的表示方法

第一部分		第二部分		第三部分			第四部分
主称		材料		特征			序号
符号	意义	符号	意义	符号	电阻器	电位器	
R	电阻器	T	碳膜	1	普通	普通	对主称、材料相同，仅性能指标、尺寸大小有区别，但基本不影响互换使用的产品，给同一序号；如果性能
W	电位器	H	合成膜	2	普通	普通	
		S	有机实心	3	超高频		
		N	无机实心	4	高阻		
		J	金属膜	5	高温		
		Y	氧化膜	6			

续表

第一部分		第二部分		第三部分			第四部分
主称		材料		特征			序号
符号	意义	符号	意义	符号	电阻器	电位器	
		C	沉积膜	7	精密	精密	
		I	玻璃釉膜	8	高压	特殊函数	
		P	硼酸膜	9	特殊	特殊	
		U	硅酸膜	G	高功率		
		X	线绕	T	可调		
		M	压敏	W		微调	指标、尺寸大小明显影响互换时，则在序号后面用大写字母作为区别代号
		G	光敏	D		多圈	
		R	热敏	B	温度补偿用		
				C	温度测量用		
				P	旁热式		
				W	稳压式		
				Z	正温度系数		

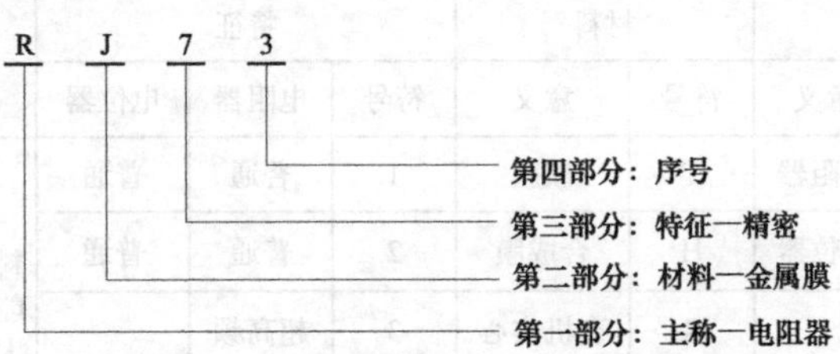

图 1–21　精密金属膜电阻的表示方法示例

识别电阻值一般分色标法、直标法、文字符号法和数码法等方法。

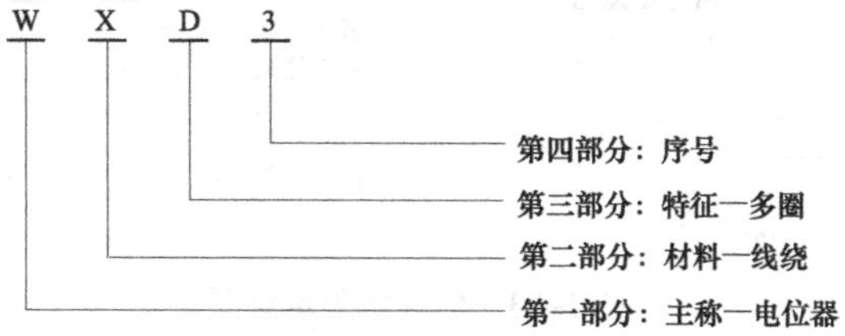

图 1–22 多圈线绕电位器的表示方法示例

（1）直标法。就是用数字和单位符号在电阻器表面标出阻值，其允许误差直接用百分数表示，如果电阻上未注偏差，则均为±20%。

（2）文字符号法。是用阿拉伯数字和文字符号两者有规律地组合来表示标称阻值，其允许偏差也用文字符号表示。如 3M3K 表示 3.3MΩ，允许偏差为±10%。

（3）数码法。是在电阻器上用三位数码表示标称值的标志方法。数码从左到右，第一、二位为有效值，第三位为指数，即零的个数，单位为欧。如 472 表示 47×100Ω，即 4.7kΩ，偏差通常采用文字符号表示。

（4）国际上惯用“色环标注法”。色环电阻占据着电阻器元件的主流地位。顾名思义，色标法就是用不同颜色的带或点在电阻器表面标出标称阻值和允许偏差。根据色环的环数多少，色环电阻分为四色环表示法和五色环表示法。图 1–23 为色环电阻示意图。

当电阻为 4 环时，前两位为有效数字，第三位为乘方数，第四位为偏差。4 环电阻最后一环必为金色或银色，一般是碳膜电阻。

当电阻为 5 环时，最后一环与前面四环距离较大。前三位为有效数字，第四位为乘方数，第五位为偏差。5 环电阻一般是金属膜电阻。

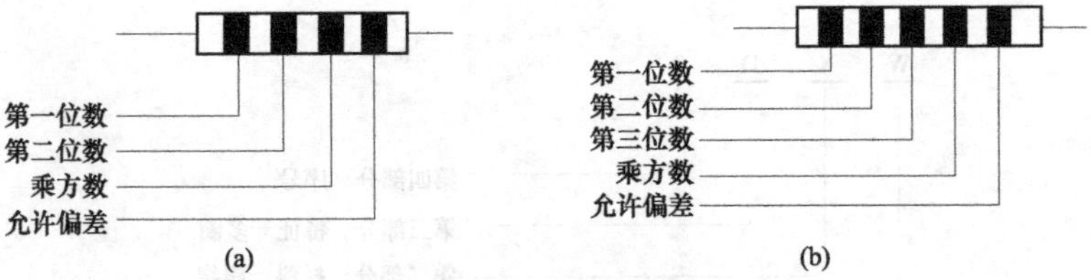

图 1–23 色环电阻示意图

（a）碳膜；（b）金属膜

表 1–37 为色环颜色的含义。

表 1–37 色环颜色的含义

颜色	棕	红	橙	黄	绿	蓝	紫	灰	白	黑	金	银	本色
有效数字	1	2	3	4	5	6	7	8	9	0			
乘数	10^1	10^2	10^3	10^4	10^5	10^6	10^7	10^8	10^9	10^0	10^{-1}	10^{-2}	
容差（%）											±5	±10	±20

例如：四环电阻颜色依次为红—红—棕—金，表示电阻的大小为 220Ω，容差为±5%；四环电阻颜色依次为红—紫—橙—金，表示电阻的大小为 27kΩ，容差为±5%；五环电阻颜色依次为棕—紫—绿—金—棕，表示电阻的大小为 17.5Ω，容差为±5%。

3. 电阻元件的测量

（1）电阻器。使用电阻器之前，应该用万用表核对一下它的阻值，把万用表拨至电阻挡的适当量程，用两只表笔分别接触电阻器的两个引出脚，万用表的读数应与该电阻器上标出的标称值相符或基本相符。在修理设备时，如怀疑某电阻器阻值异常或发现有烧焦迹象的电阻器，可以把它的一个引出脚从电路板上焊下，用万用表测它的电阻值，判断其好坏。

（2）电位器。

电位器是一种连续可调的电阻器。电位器的检测可从两个方面着手：① 核对阻值；② 检查接触状况。电位器有三个引出端，两边引出端之间是一个定值电阻器，把万用表拨至电阻挡的适当量程，核对它的电阻值，方法同电阻器。然后，用表笔分别接触两边引出端与中间引出端，转动活动臂，同时观察表针移动情况。如果表针移动平稳，说明滑动端与电阻体接触良好；如果出现指针跳动、摇摆等情况，则表明该电位器接触不好，不宜使用。

二、电容

电容的特性主要是隔直流、通交流，因此多用于级间耦合、滤波、去耦、旁路及信号调谐。电容器的文字符号是 C。电容在电路中用“C”加数字表示，比如 C_8，表示在电路中编号为 8 的电容。

电容按介质不同分为气体介质电容、液体介质电容、无机固体介质电容、有机固体介质电容电解电容；按极性分为有极性电容、无极性电容；按结构可分为固定电容、可变电容、微调电容（见表 1–38）。

表 1–38　　电容器与符号

序号	名称		外观	符号
1	固定电容器	一般电容	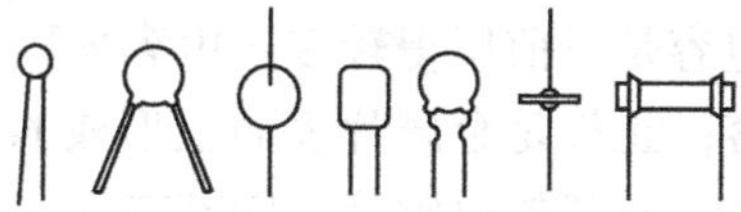	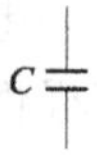
		电解电容	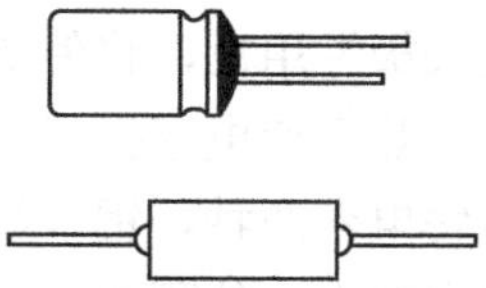	
2	微调（预调）电容		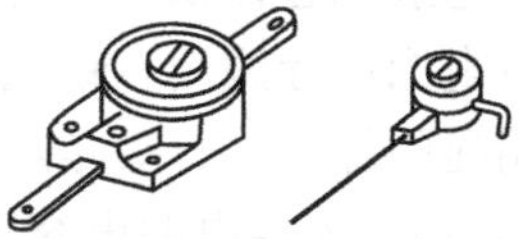	

续表

序号	名称	外　观	符号
3	可变（调）电容		

1. 电容的识别

电容的标注方法有直标法、色标法和数标法。

（1）直标法。对于体积比较大的电容，多采用直标法。如0.005，表示0.005μF=5nF；如5n，那就表示的是5nF。

（2）数标法。一般用三位数字表示容量大小，前两位表示有效数字，第三位数字是 10 的多少次方。如 102 表示 10×10×10pF=1000pF，203 表示 20×10×10×10pF。

（3）色标法。是沿电容引线方向，用不同的颜色表示不同的数字，第一、二环表示电容量，第三种颜色表示有效数字后零的个数（单位为 pF）。颜色代表的数值为：黑=0、棕=1、红=2、橙=3、黄=4、绿=5、蓝=6、紫=7、灰=8、白=9。电容容量误差用符号 F、G、J、K、L、M 来表示，允许误差分别对应为±1%、±2%、±5%、±10%、±15%、±20%。

电解电容是目前用得较多的电容器，它体积小、耐压高，是有极性电容；正极是金属片表面上形成的一层氧化膜，负极是液体、半液体或胶状的电解液。因其有正、负极之分，一般工作在直流状态下，如果极性用反，将使漏电流剧增，在此情况下，电解电容将会急剧变热而使电容损坏，甚至引起爆炸。常见的有铝电解电容和钽电解电容两种，铝电解电容有铝制外壳，钽电解电容没用外壳，钽电解电容体积小、价格昂贵。电解电容大多用于电源电路中，对电源进行滤波。铝电解电容采用负极标注，就是在负极端进行明显的标注，一般是从上到下的黑或白条，条上印有“–”标记。新购买的铝电解电容正极的引脚要长于负极引脚。

钽电解电容采用正极标记，在正极上有一条黑线注明“+”。

2. 电容器的测量

电容上面有标志的黑块为负极。线路板上的电容位置上有两个半圆，涂颜色的半圆对应的引脚为负极。也有用引脚长短来区别正负极长脚为正，短脚为负。当不知道电容的正负极时，可以用万用表来测量。

电容两极之间的介质并不是绝对的绝缘体，它的电阻也不是无限大，而是一个有限的数值，一般在1000MΩ以上。电容两极之间的电阻叫做绝缘电阻或漏电电阻。只有电解电容的正极接电源正（电阻挡时的黑表笔），负端接电源负（电阻挡时的红表笔）时，电解电容的漏电流才小（漏电阻大），反之，则电解电容的漏电流增加（漏电阻减小）。先假定某极为“+”极，万用表选用$R\times100$或$R\times1K$挡，然后将假定的“+”极与万用表的黑表笔相接，另一电极与万用表的红表笔相接，记下表针停止的刻度（表针靠左阻值大），对于数字万用表来说可以直接读出读数；然后将电容放电（两根引线碰一下），两只表笔对调，重新进行测量。两次测量中，表针最后停留的位置靠左（或阻值大）的，黑表笔接的就是电解电容的正极。

（1）固定电容器。检测10pF以下的小电容可选用万用表$R\times10k$挡，用两表笔任意接电容的两个引脚，阻值应为无穷大。如果测出阻值（指针向右摆动）为零，则说明电容漏电损坏或内部击穿。检测10pF以上的固定电容，可用万用表的$R\times10k$挡直接测试电容器有无充电过程以及有无内部短路或漏电。

用万用表测电容是否漏电时，对1000μF以上的电容，可先用$R\times10\Omega$挡将其快速充电，并初步估计电容容量，然后改到$R\times1k\Omega$挡继续测一会儿，这时指针不应回返，而应停在或十分接近“∞”处，否则就是漏电，并可根据指针向右摆动幅度的大小估计出电容器的容量。

（2）电解电容器。对电解电容器的性能测量，主要是对容量和漏电量的测量。利用万用表测量电解电容器的漏电流时，可用万用表电阻挡（一般用$R\times1k$挡）测电阻的方法来估测，黑表笔应接电容器的“+”极，红表笔应接电容器的“－”极。在刚接触的瞬间，表针迅速向右摆动，然后慢慢退回直到停在某一位置，待不动时指示的电阻值就是电容器的漏电值，一般应为几百到几千欧姆，否则将不能正常工作。在测试中，如果正、反向均无充电的现象，即表针不动，则说明容量消失或内部熔断；如果所测阻值很小或为零，说明电容漏电大或已击穿损坏，不能再使用。

对失掉正、负极标志的电解电容器，可先假定某极为“+”极，让其与万用电表的黑表笔相接，另一电极与万用电表的红表笔相接，同时观察并记住其大小，然后交换表笔再测出一个阻值。两次测量中阻值大的那一次便是正确接法。

（3）可变电容器。将万用表置于 $R\times10k$ 挡，一手将两个表笔分别接可变电容器的动片和定片的引出端，另一只手将转轴缓缓旋动几个来回，万用表指针都应在无穷大位置不动。在旋动转轴的过程中，如果指针有时指向零，说明动片和定片之间存在短路点；如果碰到某一角度，万用表读数不为无穷大而是出现一定阻值，说明可变电容器动片与定片之间存在漏电现象。

以 CD13AF 系列电解电容为例，采用指针式万用表，用电阻挡 $R\times1k$ 挡。方法是用黑表笔接“+”极，表针将从最大快速到零，然后再慢慢从零至最大，反之相同。如果测量时表针摆幅较小或不动说明电容已失效。

目前，无极性电容（如 CBB 电容器，即聚丙烯电容）在焊机中使用较多，比电解电容寿命长，所以，焊机主回路中滤波电容采用较多。其测量方法是用数字万用表拨在电容挡，可直接测量数值。如果电容值比标称的值小，说明电容容量下降；如果电容值特别小，说明已失效。

三、电感元件

1. 电感器

电感器又称电感线圈或线圈，它是由导线一圈靠一圈的绕在导磁体上，导线彼此绝缘，而导磁体可以是空心的，也可以包含铁心或磁心。电感器是利用电磁感应制成的，它是一种储能元件，能将电能转换成磁能并储存起来，具有阻碍交流电通过的特性，其作用有滤波、作为谐振电路的振荡元件等，其功能概括说就是“阻交通直，储存磁能”。

电感器按电感量能否调节可以分为固定电感器、可变电感器；按导磁体材料可分为空心电感器、铁心电感器、铁氧体电感器（是一种磁心电感器）。电感器的文字符号为“L”，其图形符号如图 1–24 所示。典型的电感器如图 1–25～图 1–27 所示。

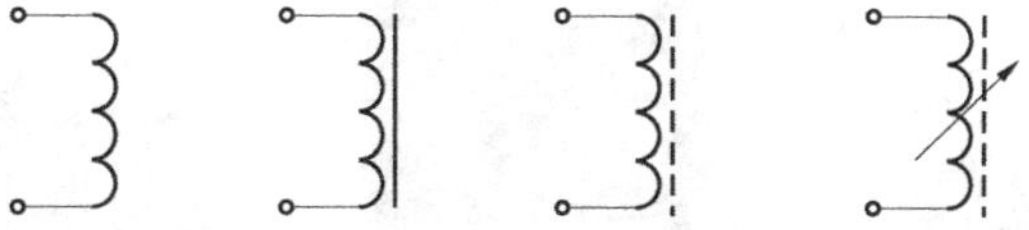

(a) (b) (c) (d)

图 1–24 电感器的图形符号

（a）空心电感器；（b）铁心电感器；（c）磁心电感器；（d）带磁心可变电感器

图 1–25 空心电感器

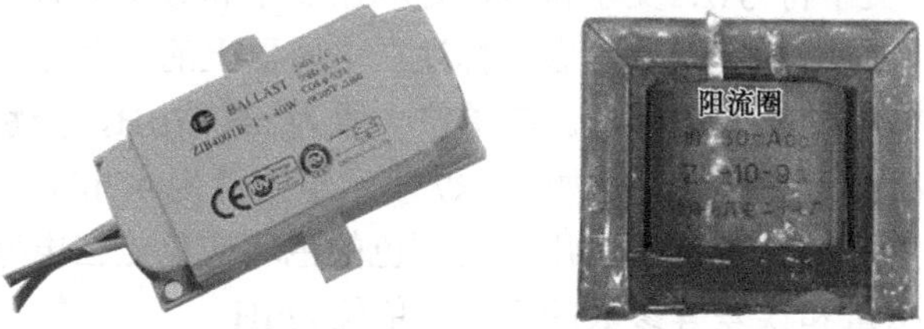

(a) (b)

图 1–26 典型的铁心电感器

（a）电感镇流器；（b）阻流圈

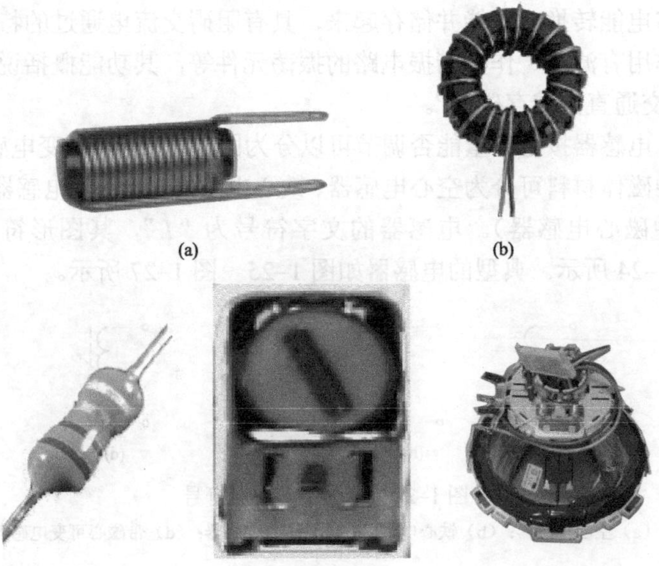

(a) (b)

(c) (d) (e)

图 1–27　典型的磁芯电感器

（a）磁棒线圈；（b）磁环线圈；（c）色环电感器；

（d）带磁心心微调电感器；（e）偏转线圈

（1）电感器的标注方法及识读。

1）直标法。直标法是将标称电感量及允许误差等参数直接标注在电感器上的一种方法。

2）文字符号法。文字符号法是利用文字和数字的有机结合将标称电感量、允许误差等参数标注在电感器上的一种方法，通常用于一些小功率的电感器。其单位一般为 nH 或μH，分别用 n 或 R 表示小数点的位置。例如，4R7 表示电感量为 4.7μH。

3）色标法。色标法是用不同颜色的色环或色点在电感器表面标出电感量和误差等参数的方法。单位为μH。

4）数码法。数码法是用 3 位数字表示电感器电感量的方法，数字从左向右，前面的两位数为有效值，第三位数为乘数，单位为μH。

（2）电感器的检测。电感器的检测主要是检测电感线圈的通断情况，可利用万用表的电阻挡测量电感线圈两引脚之间的阻值。模拟式万用表置于 $R\times1$ 挡，它的阻值一般比较小，电感量较大的电感器应有一定的阻值。如果表针不动，说明该电感器内部断路；如果表针指示不稳定，说明内部接触不良。

2. 变压器

变压器（见图 1–28）是变换交流电压、交流电流和阻抗的器件，一般由铁心和绕组两部分组成，线圈有两个或更多。变压器可用 T、Tr 等表示。变压器的图形符号如图 1–29 所示。

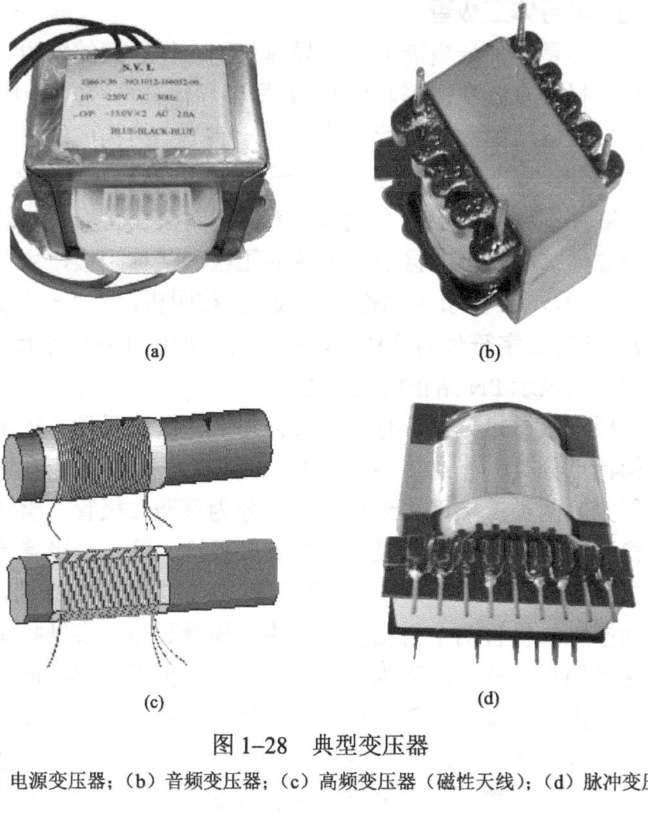

图 1–28 典型变压器

（a）电源变压器；（b）音频变压器；（c）高频变压器（磁性天线）；（d）脉冲变压器

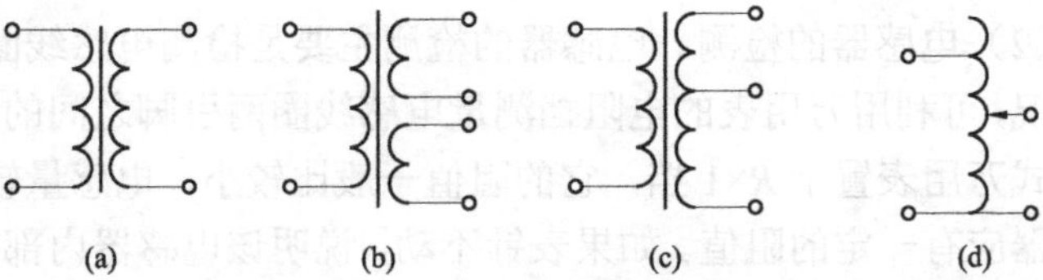

图 1–29　变压器的图形符号

（a）一般变压器；（b）多绕组变压器；（c）带抽头变压器；（d）调压器

变压器可使用万用表电阻挡进行检测：① 检测绕组的通断；② 检测绕组线圈之间的绝缘电阻；③ 检测绕组与铁心之间的绝缘电阻。

四、半导体二极管

半导体是一种导电能力介于导体与绝缘体之间的物质，常用的半导体材料有硅和锗等。其中，P 型半导体又称空穴型半导体，半导体二极管（简称二极管）就是由一个 PN 结构成的最简单的半导体器件。常见二极管的外形如图 1–30 所示。在一个 PN 结的 P 型区和 N 型区各引出一个电极，然后再封装在管壳内，就制成一只半导体二极管。P 区引出端称为正极（又称阳极，用“+”或“A”表示），N 区引出端称为负极（又称阴极，用“−”或“K”表示），它的文字符号为“VD”，图形符号如图 1–31 所示，图形符号中箭头表示 PN 结正向电流方向。

二极管按材料分类，有硅二极管和锗二极管两类；按 PN 结的结构特点分类，有点接触型（PN 结面积小）和面接触型（PN 结面积大）两类；按用途分类，又可分为普通二极管、整流二极管、稳压二极管、光敏二极管、热敏二极管、发光二极管等。

二极管极性及好坏判断，用万用表 $R\times1$ 挡或 $R\times100$ 挡，两表笔分别接触二极管两个引出脚，如果二极管导通，表针指示数较小（锗管约几百欧，硅管为几千欧）时，与黑表笔相接的引出脚为正极。接着调换两表笔再测量，如果表针示数很大（锗管约几百千欧，硅管为几兆欧）说明该二极管是好的，并且先判明的极性是正确的。如果正反向电阻均为 2 或均为∞，表明该管已经击穿或断路，不能使用。

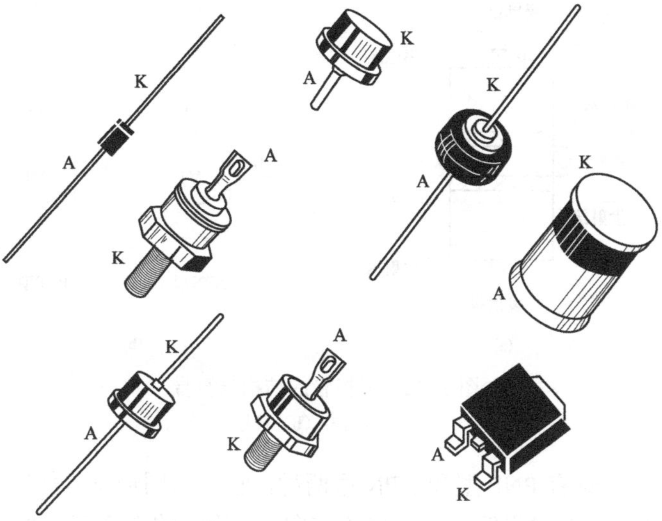

图 1–30 常见二极管图

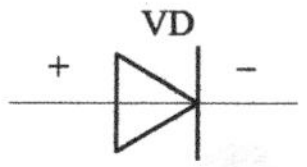

图 1–31 二极管图形符号

应当注意，测量小功率二极管，不宜使用 $R\times1$ 或 $R\times10k$ 挡，前者通过二极管电流较大，可能烧坏管子；后者加在管子两端的反向电压太高，容易将管子击穿。另外，二极管是一种非线性元件，它的正反向电阻随万用表的种类和挡位不同而不一样，这是正常现象。

五、半导体三极管

半导体三极管又称晶体三极管（简称三极管，又称晶体管），具有放大作用，同时还具有开关作用。

三极管的结构如图 1–32（a）所示，由三个区、两个 PN 结组成，分别称为集电区、基区和发射区。基区与集电区交界处的 PN 结称集电结，发射区与基区间的 PN 结称发射结。由发射区、基区和集电区各引出一个电极，分别叫发射极、基极和集电极，依次用 e、b、c 表示。

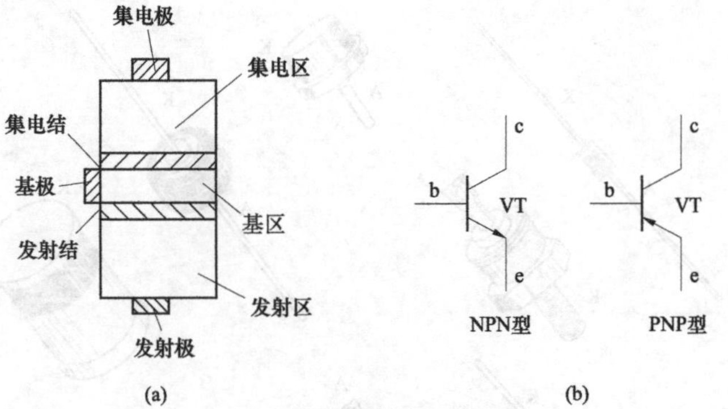

图 1–32　三极管的结构与符号

（a）结构；（b）符号

三极管有 PNP 型和 NPN 型两种，它们的图形符号如图 1–32（b）所示，发射极箭头表示电流方向。三极管的文字符号用“VT”表示。常见三极管及符号如图 1–33 所示。

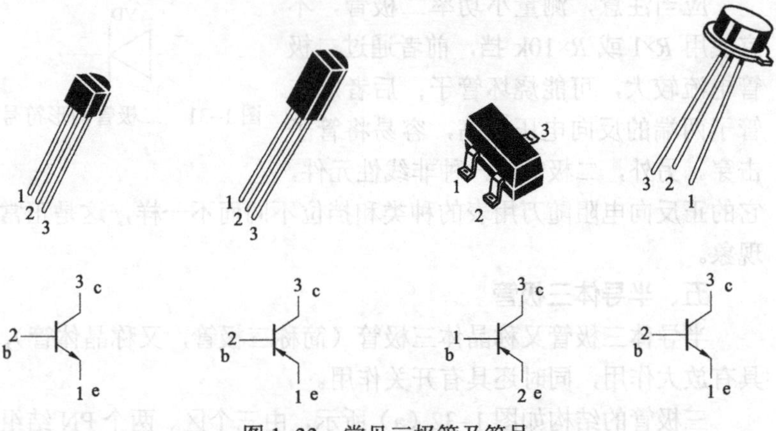

图 1–33　常见三极管及符号

1. 管型及管脚判别

（1）判别管子类型。PNP 和 NPN 三极管的 PN 结等效电路如图 1–34 所示。用万用表电阻挡测量集电极和发射极，不管表笔怎样连接，总有一个 PN 结处于反向截止状态，所以在三极管的三个电极中，如测得其中有两个电极正、反向电阻均较大，则剩下的电极为基极。当基极确定后，用黑表笔接基极，红表笔分别和两个电极相接，如果测得两个电阻均很大，即为 PNP 型晶体管；如果测得两个阻值很小，则为 NPN 型晶体管。

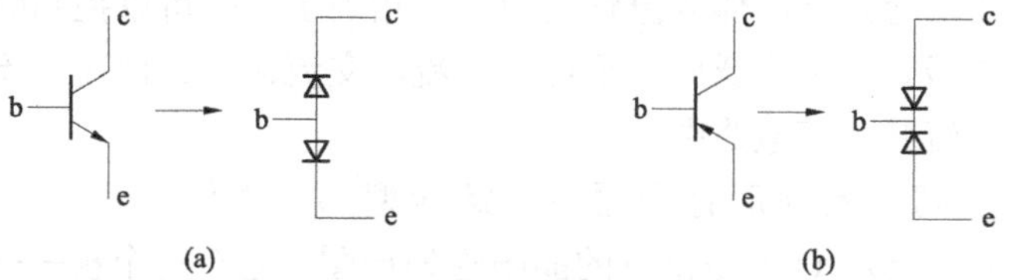

图 1–34　判断三极管类型

（a）NPN 型；（b）PNP 型

（2）判断发射极和集电极。通过一个 100kΩ 电阻把已知的基极和假定的集电极接通，如果是 NPN 管，万用表黑表笔接假定的集电极，红表笔接假定的发射极，如图 1–35 所示，此时从万用表上读出一个阻值；而后把假定的集电极和发射极互换，进行第二次测量，两次测量中，测得阻值小的那一次，与黑表笔相接的那一极便是集电极。

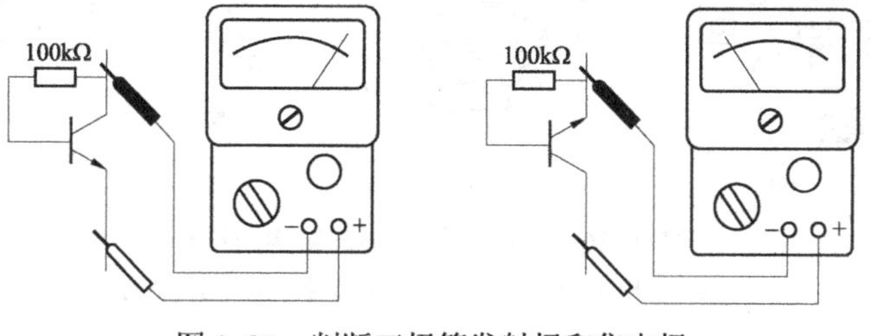

图 1–35　判断三极管发射极和集电极

2. 性能参数测量

（1）β 值的测量。万用表都设有测量三极管 β 值的挡位，具体测量方法按万用表说明书讲的去测即可。

（2）穿透电流 I_{CEO} 的测量。对于 NPN 管，黑表笔按 C，红表笔接 E；对于 PNP 管，红表笔按 C，黑表笔接 E，所测出的阻值越大，穿透电流越小。一般小功率硅管用 $R\times1k$ 挡测量表针应不动，由于锗管 I_{CEO} 较大，用 $R\times1k$ 挡测量表针有明显的偏转。

六、晶闸管

晶闸管是硅晶体闸流管的简称，相当于一个可以控制的单向导电二极管，它广泛应用于可控整流，交流调压、调速，无触点交、直流开关等电路中。

晶闸管的外形有平面型、螺栓型和小型塑封型等几种。图 1–36（a）、（b）是常见的晶闸管外形图，它有三个极——阳极 A、阴极 K 和控制极 G。图 1–36（c）是晶闸管的图形符号，文字符号为“VR”。由图 1–36（d）可以看出，晶闸管是由四层半导体（P、N、P、N）、三个 PN 结组成。由最外层的 P 层和 N 层分别引出阳极 A 和阴极 K，由中间的 P 层引出控制极 G。

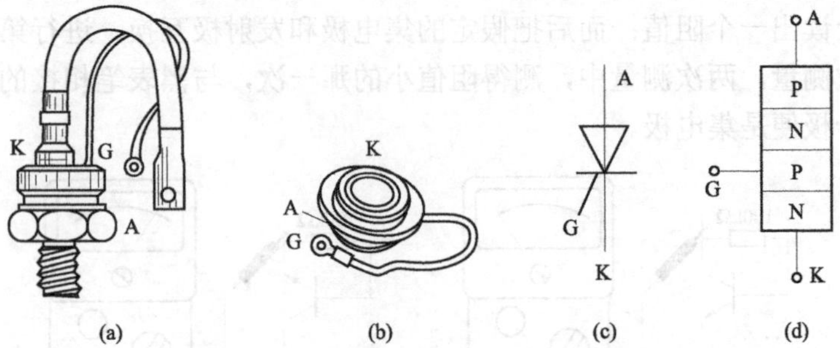

图 1–36　晶闸管的外形、结构与符号

（a）螺栓式；（b）平板式；（c）符号；（d）内部结构

1. 判别晶闸管极性

小功率晶管外形和封装形式与半导体三极管类似，三个电极较难辨认；大功率晶闸管三个电极区别明显，判别容易。用万用表判别方法为：万用表拨到 $R\times100$ 挡，假如黑表笔接的是门极 G，红表笔分别接另外两个电极，一个电极阻值很小（约几欧），另一个电极阻值很大（约几千欧），阻值小的为阴极 K，阻值大的为阳极 A。如果没有以上现象，则黑表笔接的就不是控制极，黑表笔再改接其他电极另判。

2. 判别晶闸管好坏

用万用表测三个电极之间的电阻情况为下列之一者，说明晶闸管已经损坏。

1）阳极和阴极之间的电阻接近于零。

2）阳极和控制极之间的电阻接近于零。

3）控制极到阴极之间的反向电阻接近于零。

4）控制极与阴极间电阻无穷大。

对于小功率晶闸管，可以用万用表 $R\times10$ 或 $R\times1$ 挡测量触发性能来判别管子好坏。万用表黑表笔接阳极，红表笔接阴极，用黑表笔碰门极后马上离开（黑表笔碰门极时不能与阳极脱开），如管子导通，说明管子是好的。

七、场效应管（MOSFET）

场效应管是一种电压控制型半导体器件。这种器件不仅兼有半导体三极管体积小、耗电少、寿命长等特点，而且具有输入电阻高（10MΩ以上）、噪声低、热稳定性好、抗辐射能力强等优点，因此在近代微电子学中得到了广泛应用。场效应管分为两大类，即结型场效应管和绝缘栅场效应管。

场效应管的外形也有三种基本形式：金属壳封装、塑料封装和模块。形状与三极管相似，场效应管也有三个电极——漏极 D、源极 S、栅极 G，如图 1–37 所示。

功率场效应管在逆变主电路中起开关作用，是一种电压控制器件，栅极几乎不取电流，所以其直流输入电阻和交流输入电阻极高。场效应管只由一种多数载流子（如 N 沟道的自由电子）导电，是单极型器件，不易受温度和辐射的影响。焊机中典型场效应管的型号与测量见表 1–39。

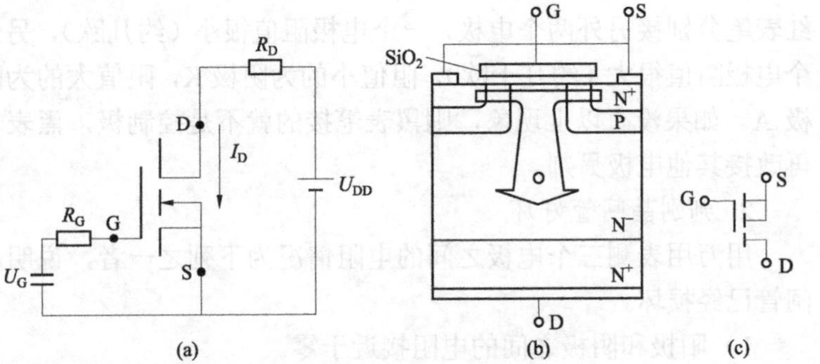

图 1-37 场效应管的工作原理与符号

（a）电路简图；（b）N 沟道 MOSFET；（c）符号

表 1-39 典型场效应管的型号与测量

型号规格	栅极短路条件下的 U_{BVDS}（V）	I_D（A）	测 量
IRF640（N 沟道）	200	18	用 MF-47 型万用表 R×10k 电阻挡测量。 黑表笔接 G，红表笔接 S，此时，R_{DS}=0，GS 阻值无穷大； 反之，黑表笔接 S，红表笔接 G，DS 阻值无穷大。 R_{DS} 反向为二极管特性
FS40SM-5（N 沟道）	250	40	用 MF-47 型万用表 R×10k 电阻挡测量。 黑表笔接 G，红表笔接 S，红表笔接 G，DS 阻值无穷大。 R_{DS} 反向为二极管特性
IRF9530（P 沟道）	100	12	用 MF-47 型万用表×10k 电阻挡测量。 黑表笔接 G，红表笔接 S，此时 R_{DS} 为无穷大，R_{DS} 表现为二极管特性，GS 阻值无穷大。 反之，R_{DS}=0

判断场效应管的栅极时，由于栅极和其他两极是绝缘的，所以如果用万用表 R×1k 挡测得某脚与其他两脚间电阻都非常大（数

百千欧），则这个脚就是栅极。

判定源极 S 和漏极 D 时，由图 1–38（b）所示，在源极和漏极间有一个 PN 结，因此根据 PN 结正、反向电阻的差异，可识别 S 极和 D 极。用交换表笔法测两次电阻，其中阻值较低的一次（10kΩ 左右）为正向电阻，此时黑表笔接的是 S 极，红表笔接的是 D 极。

估测放大能力用万用表 R×100 挡，黑表笔接 S 极，红表笔接 D 极，手持螺丝刀的绝缘柄，用金属杆去碰栅极，指针应有摆动，摆动越大，管子的放大能力越强。

八、绝缘栅双极型晶体管（IGBT）

IGBT 是一种将功率晶体管和功率场效应管有机复合的器件，它兼有功率晶体管和功率场效应管的优点，具有耐压高、电流大、所需控制功率小、开关频率高、导通电阻小的优异性能。由于 IGBT 的优异性能，它被广泛应用于各种电力电子电路中，如逆变器、电梯控制电路、大功率电焊机等。其外形如图 1–38 所示，图形符号等如图 1–39 所示。

图 1–38 IGBT 外形

当栅极一发射极加上正的电压时，IGBT 导通；当该电压减零时或加负电压时，IGBT 关断。如图 1–40（b）所示，当给 G 极加一正向脉冲触发信号，等效场效应管导通，当 CE 间加正向电压时，电流就会从 C 极流向基极，形成基极电流，三极管导通；当给 G 极加一负向脉冲触发信号，等效场效应管截止，三极管截止，IGBT 关断。

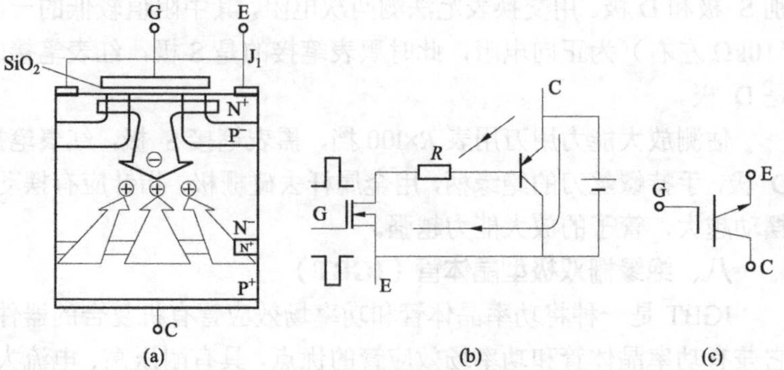

图 1–39 IGBT 工作原理与符号

（a）工作原理；（b）电路简图；（c）符号

（1）IGBT 的封装。IGBT 的封装形式有单管、模块（2、4、6 只）等。IGBT 在封装时，在每一只 IGBT 上都反向并联了一只二极管，如图 1–40 所示。

（2）IGBT 的检测。以使用指针式万用表检测两单元 IGBT 模块为例［见图 1–40（b）］，将万用表置于电阻挡 R×10k 挡。红表笔接 E（5 或 7）极，黑表笔接 G（4 或 6）极，给 GE 间充电；再将万用表拨到 R×1 挡，测量 CE（1–2 或 3–1）两端。正反向阻值均为 10Ω左右。如果阻值均为无穷大或正反向阻值差别特别大或为零，说明 IGBT 已损坏。

将 G、E 极短路，再将万用表拨到 R×1 挡上，黑表笔接 E 极，红表笔接 C 极，R_{ec}≈10Ω，黑表笔接 C 极，红表笔接 E 极，R_{ce}–为无穷大。如果阻值均为无穷大或为零，说明 IGBT 已损坏。IGBT 模块中一只管子的测量步骤归纳见表 1–40，另一只测量完全相同。

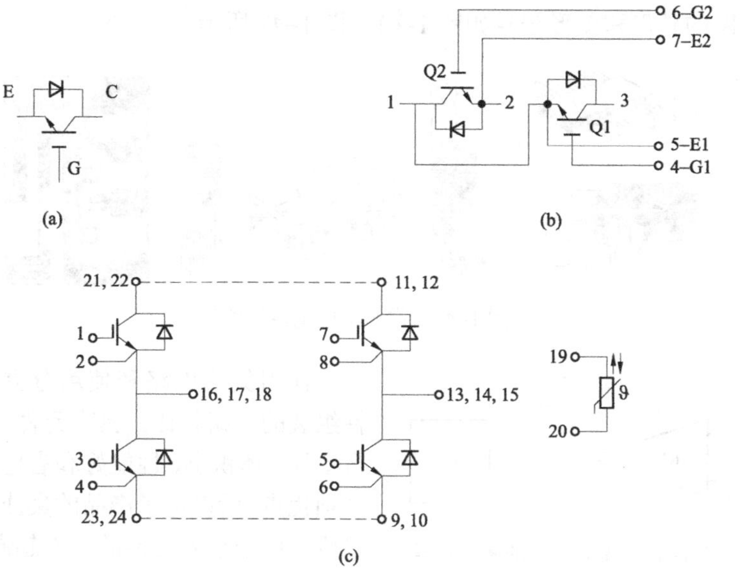

图 1–40 IGBT 的封装

（a）单管；（b）模块（2 只管）；（c）模块（4 只管）

表 1–40 两单元 IGBT 模块的检测（单只管）

步骤	万用表挡位	黑表笔	红表笔	阻值（Ω）
1	×10k	4 （G1）	5 （E1）	无穷大
2	×1	1 （E1）	3 （C1）	10
3	×1	3 （C1）	1 （E1）	10
4		5 （E1）	4 （G1）	短路
5	×1	1 （E1）	3 （C1）	10
6	×1	3 （C1）	1 （E1）	无穷大

九、集成电路

集成电路是将二极管、三极管和电阻电容等元件按照电路结构的要求，制作在一小块半导体材料上，形成一个完整的具有一定功能的电路，然后封装而成。它的文字符号是 IC，常用集成电路的外形和图形符号如图 1–41、图 1–42 所示。

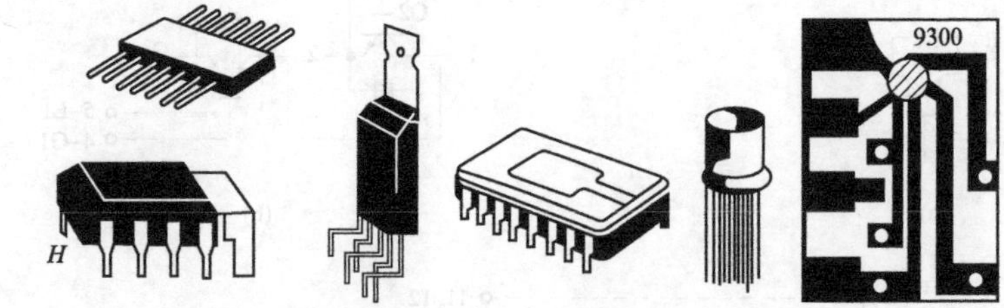

图 1–41 常用集成电路的外形

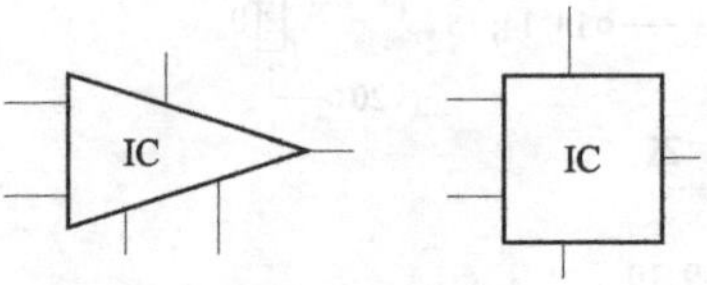

图 1–42 集成电路的图形符号

使用集成电路和使用分立元件组装的电路相比，具有元件少、自重轻、体积小、性能好和省电等多项优点。所以电子产品的集成化已成为电子技术发展的必然趋向。

新的集成电路可通过万用表测量来判断其好坏。对于数字集成电路，要根据其逻辑关系测输入、输出电压来判断；对模拟集成电路要测试其工作电压来判断，偏离其标准工作电压值过大或者过小，都说明该集成电路不好。

在实际修理中，通常采用在路测量。先测量其引脚电压，如果电压异常，可断开引脚连线测接线端电压，以判断电压变化是由外围元器件引起，还是由集成块内部引起。也可以采用测外部电路到地之间的直流等效电阻来判断。在修理中常将在路电压与在路电阻的测量方法结合使用。有时在路电压和在路电阻偏离标准值，并不一定是集成块损坏，而是有关外围元器件的损坏，使 $R_{外}$不正常，从而造成在路电压和在路电阻的异常。这时便只能测量集成块各引脚的内部直流等效电阻，才能判定集成块是否损坏。

第四节 电 路 图 识 读

在实际维修电气设备的工作中，经常遇到较复杂的电路和典型电路。为了便于分析、研究电路，通常将电路的实际组件用图形符号表示在电路中，称为电气原理图，也称电路图。

电路图识读，要求必须具备模拟电子电路、数字电子电路、微机基本知识、光学和电工学等基础知识，掌握整机的基本工作原理和电路程式、信号处理方法和变换规律；还应当具有较丰富的实践经验，熟悉常见、典型元器件的名称、型号、规格、数据，尤其是了解常用集成电路的基本情况。电气原理图中常见的各种图形符号与文字符号汇总见表 1–41。

表 1–41　　常用电气图形符号与文字符号汇总

图形符号	符号名称	文字符号	图形符号	符号名称	文字符号
—	直流电	DC	～	交流电	AC
+	正极		—	负极	
	接地	PE	≂	交直流电	AC/DC
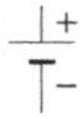	原电池或蓄电池	E	 (a)　(b)	（a）无极性电容器（b）电解电容器	C
	可变电容器	C		电感线圈	L
	有铁心的电感线圈	LT		单相变压器	TC
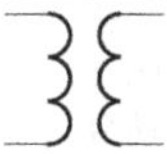	电压互感器	PT/TV		电抗器	L
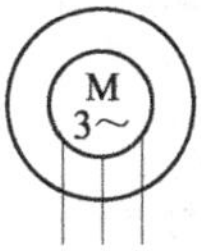	三相绕线转子异步电动机	M	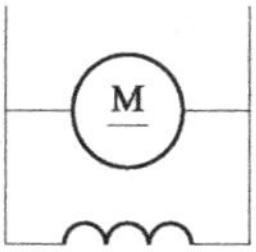	并励直流电动机	M

续表

图形符号	符号名称	文字符号	图形符号	符号名称	文字符号
	直流测速发电机	TG	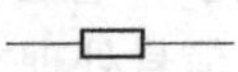	固定电阻	R
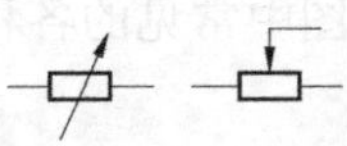	可变电阻器 滑线变阻器	RP	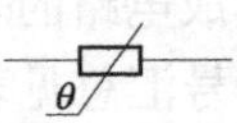	热敏电阻器	RT
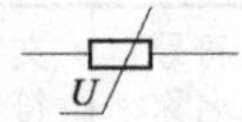	压敏电阻器	RV		光敏电阻	RG（RL）
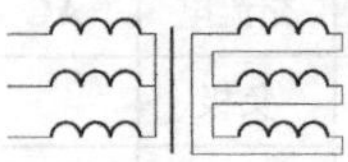	三相变压器	TM		电流互感器	TA
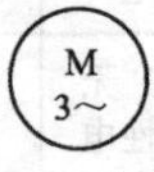	三相异步电动机	M	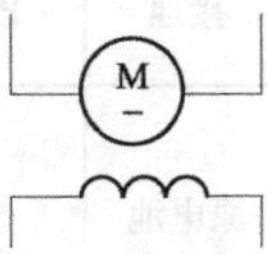	他励直流电动机	M
	串励直流电动机	M		熔断器	FU
	信号灯（指示灯）	HL		插头	XP
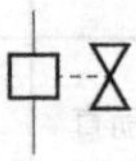	电磁阀	YV	 (a) (b)	（a）瞬时闭合的动合触点 （b）瞬时断开的动断触点	KT

续表

图形符号	符号名称	文字符号	图形符号	符号名称	文字符号
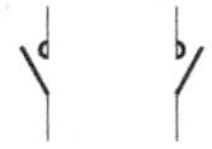 (a) (b)	(a)接触器动合触点 (b)接触器动断触点	KM	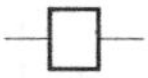	接触器线圈	KM
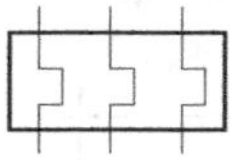	热继电器	RF		断路器	QF
	隔离开关	QS	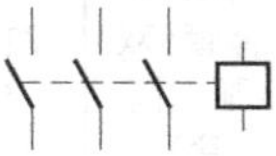	自动开关	QA
	照明灯	EL		插座	XS
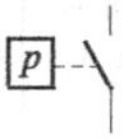	压力继电器动合触头	KP	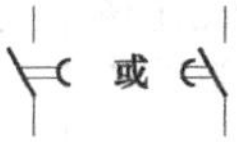	延时闭合的动合触点	KT
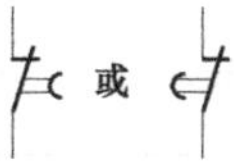	延时断开的动断触点	KT		延时断开的动断触点	KT
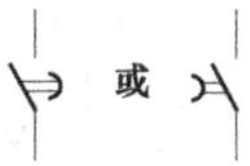	延时断开的动合触点	KT	 (a) (b)	(a)位置开关动合触点 (b)位置开关动断触点	SQ
 (a) (b)	(a)起动按钮开关（动合） (b)停止按钮开关（闭锁）	SBst SBss		接机壳或接底板	GND

续表

图形符号	符号名称	文字符号	图形符号	符号名称	文字符号
	电流表	A		频率表	Hz
	二极管	V		光敏二极管	V
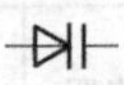	变容二极管	V	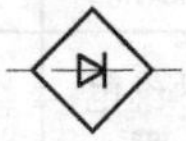	桥式整流器	V
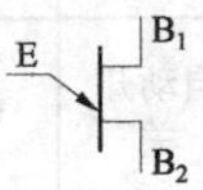	单结晶体管（双基二极管）	VT 或 Q	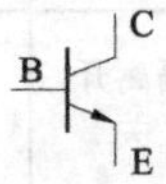	NPN 型晶体管	
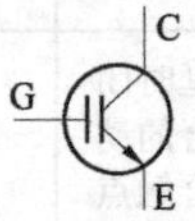	IGBT 场效应管	VT	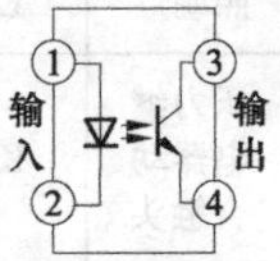	四端光耦合器	IC
	电压表	V		转速表	n
	稳压管（稳压二极管）	VS		发光二极管	LED
	双向触发二极管	V		双向晶闸管	VT
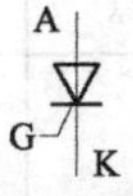	晶闸管	VT	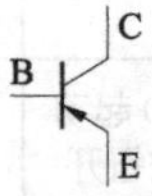	PNP 型三极管	
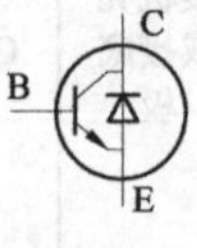	带阻尼二极管 NPN 型三极管	VT	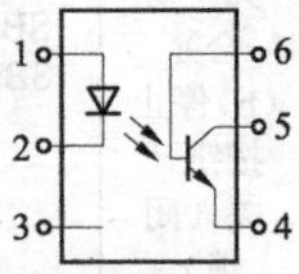	六端光电耦合器	IC

电路图主要有整机或系统方框图、板块或系统电路原理图、印制电路板图和板块连线图等类型。这些电路图各有各的用途和特点，但又有内在联系。在识读这些电路图时，可以按照由“整体”到“具体”的顺序来识读。“整体”是指整机或系统的大体结构，还有信号的主要处理过程；所谓“具体”，是指具体的电路、元器件和连线等。

以简单的 BX1–330 型弧焊变压器的电路图为例，如图 1–43 所示，它的二次绕组分成四个部分：W_{21}、W_{22} 串联，单独放置在一个铁心柱（左侧）上；W_{23}、W_{24} 和一次绕组放置在另一个铁心柱（右侧）上。

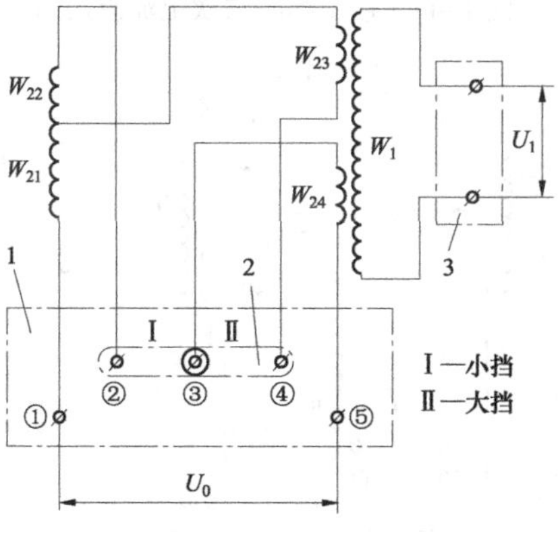

图 1–43　BX1–330 型弧焊变压器电路图

当接 I 挡（小挡）时，其二次电流流向如图 1–44 所示，接线柱②与③连接起来，二次绕组 $W_{21}+W_{22}+W_{24}$ 串联在一起工作，此时一次绕组和二次绕组的耦合效果差、漏抗较大，从而获得小电流。

当接 II 挡（大挡）时，③和④两点接线柱连接起来，其二次电流流向如图 1–45 所示，这时 $W_{21}+W_{23}+W_{24}$ 串联在一起作为二次工作绕组，这样一次绕组和二次绕组耦合得较好，漏抗小，可获得大电流。

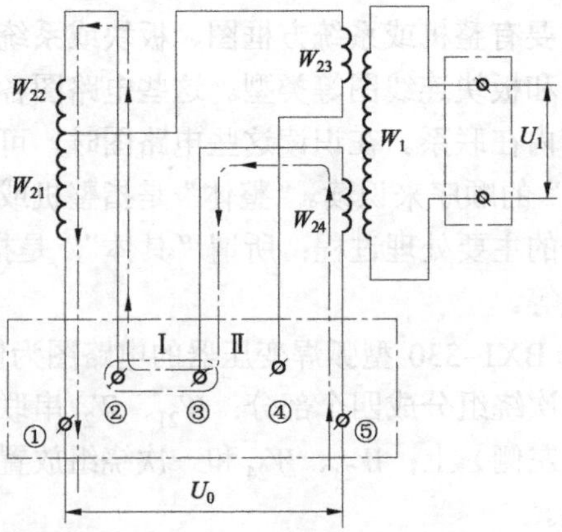

图 1–44 接Ⅰ挡时二次电流流向图

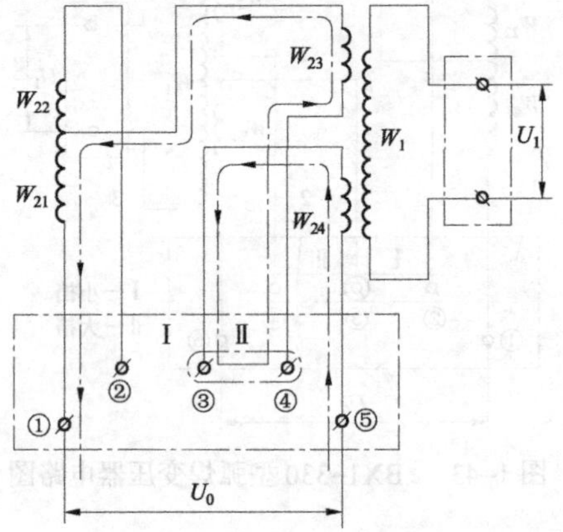

图 1–45 接Ⅱ挡时二次电流流向图

这样，在看懂电路图后，就可针对 BX1–330 型弧焊变压器焊接时不起弧、无空载电压、焊接电流无法调节等故障现象进行分析，查找故障源头进行有的放矢地进行维修。

由于集成化水平日益提高，大量的单元电路已进入集成芯片内，因而目前剖析实用电路图主要是剖析系统电路图和板块电路图。实际上，识读系统电路和板块电路主要是识读集成电路，即识读集成块的类型功能、信号处理过程以及引出脚的功能，还要识读各集电电路之间的联系、集成电路与外围电路或元器件的联系等。

系统电路原理图由元器件的符号和连线构成的。在原理图中，画出各个部分具体电路构成、元器件作用、详细的信号走向和被处理的过程等。弄清楚各部分原理图，整机的工作原理即可理解。印制电路板图不是表述工作原理，而是表述如何把原理图变成实际应用。它主要考虑的是元器件如何安排更好，连线如何走向更合理，使走线既不交叉，元器件之间又没有互相干扰。装配时照图施工，维修时照图找出可疑的元器件，加以测试和判断，找出故障原因。

此外，电路图分很多类型，一般有主电路、整流电路、控制电路、触发电路、稳压电路、逆变电路、滤波电路、反馈电路（正、负反馈）以及检测回路和辅助设备等，具体参见以后章节。

第二章

弧焊电源分类与选用

第一节 弧焊电源的分类与型号

一、弧焊电源的分类

根据电弧焊工艺特点不同，可将其分为焊条电弧焊、埋弧焊、气体保护焊和等离子弧焊等，不同的电弧焊工艺方法需要相应的电弧焊机。弧焊电源是电弧焊机的主要部分，是对焊接电弧提供电能的装置。弧焊电源习惯上按其输出的焊接电流波形的形状，可分为交流弧焊电源、直流弧焊电源、逆变式和脉冲弧焊电源，如图 2–1 所示。

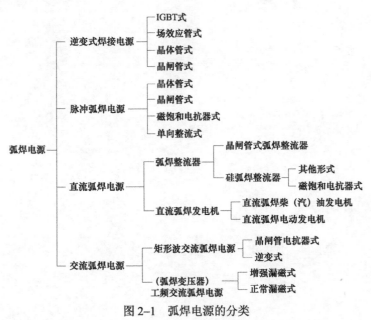

- 弧焊电源
  - 逆变式焊接电源
    - IGBT式
    - 场效应管式
    - 晶体管式
    - 晶闸管式
  - 脉冲弧焊电源
    - 晶体管式
    - 晶闸管式
    - 磁饱和电抗器式
    - 单向整流式
  - 直流弧焊电源
    - 弧焊整流器
      - 晶闸管式弧焊整流器
      - 硅弧焊整流器
        - 其他形式
        - 磁饱和电抗器式
    - 直流弧焊发电机
      - 直流弧焊柴（汽）油发电机
      - 直流弧焊电动发电机
  - 交流弧焊电源
    - 矩形波交流弧焊电源
      - 晶闸管电抗器式
      - 逆变式
    - （弧焊变压器）工频交流弧焊电源
      - 增强漏磁式
      - 正常漏磁式

图 2–1　弧焊电源的分类

常见的弧焊电源主要有弧焊变压器、直流弧焊发电机、弧焊整流器、逆变式焊接电源、脉冲弧焊电源和矩形波交流弧焊电源，其中直流弧焊发电机由于制造复杂、噪声及空载损耗大、效率低、价格高的缺点，我国在1992年已停止生产直流弧焊电动发电机。

1. 弧焊变压器

弧焊变压器是把电网的交流电变成适于电弧焊的低压交流电，由主变压器及所需的调节装置和指示装置等组成。其优点是结构简单、易造易修、成本低、适应性强；但它的电弧稳定性差、功率因数低，一般用于焊条电弧焊、埋弧焊和钨极惰性气体保护电弧焊等方法。它属于交流弧焊电源，外特性调节方式则为机械调节式。

2. 弧焊整流器

弧焊整流器由变压器、整流器、获得所需外特性的调节装置及指示装置等组成。它把电网交流电经降压整流后获得直流电，与直流弧焊发电机相比，具有制造方便、价格低、空载损耗小、噪声小等优点。弧焊整流器可分为硅弧焊整流器和晶闸管弧焊整流器两类，均可作为各种电弧焊的电源。

3. 逆变式焊接电源

逆变式焊接电源又称弧焊逆变器。它把单相（或三相）交流电经整流后，由逆变器转变为几千至几万赫兹的中高频交流电，经降压后输出交流或直流电。整个过程由电子电路控制，使电源获得符合要求的外特性和动特性。它具有高效节能、质量轻、体积小、功率因数高等优点，可应用于各种电弧焊或电阻焊，是一种很有发展前途的新型焊接电源。

4. 脉冲弧焊电源

焊接电流以低频调制脉冲方式馈送，一般由普通的弧焊电源与脉冲发生电路组成，具有效率高、输入线能量小、线能量调节范围宽等优点，主要用于气体保护电弧焊和等离子弧焊，对于焊接热敏感性大的高合金材料、薄板和全位置焊接具有独特的优点。

5. 矩形波交流弧焊电源

采用半导体控制技术来获得矩形波。矩形波交流电弧稳定性好、可调参数多、功率因数高。除了用于交流钨极氩弧焊来焊接铝及铝合金材料外，还可用于埋弧焊，甚至可代替直流弧焊电源用于碱性焊条电弧焊。

二、弧焊电源的型号

焊机型号是指技术文件中对产品名称、形式及规格等所使用的一种代号。

我国焊机型号根据国家标准 GB 10249 统一规定编制，采用汉语拼音字母和阿拉伯数字。其产品型号的编排次序如图 2–2 所示。型号中 1、2、3、6 各项用汉语拼音字母表示；4、5、7 各项用阿拉伯数字表示；如果 2、3、4、6、7 项不用时，其他各项排紧。

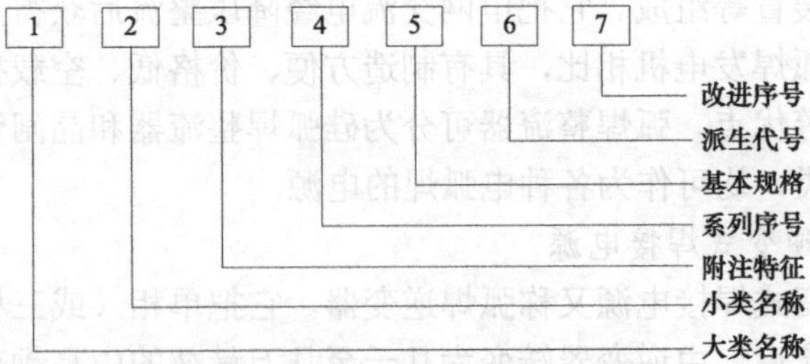

图 2–2 电焊机产品型号的编排次序

电焊机大类名称表示方法见表 2–1。当同时可兼作两大类焊机使用时，其大类名称的代表字母按主要用途选取。

产品型号中的第二字位代表小类名称。在 A、Z、B 三大类弧焊电源中，用 X、P、D 分别代表下降特性、平特性和多特性。在 M、W、N 三大类埋弧焊机和气保护焊机中，小类名称分别用字母表示为：Z—自动焊、B—半自动焊、S—手工焊、D—点焊、U—堆焊、G—切割。但在埋弧焊机中，D 则表示多用途。在等离子弧设备中，以 H 表示焊接，以 G 表示切割。在电阻焊机中，不论是点、凸、缝，对焊机一、二字位均以焊接电流性质加以区分：N—工频、R—电容储能、J—直流脉冲波、Z—二次整流、D—低频、B—变频。在电渣焊机中，以电极形式加以区分：S—丝极、B—板极、D—多用极、R—熔化嘴。

表 2–1　　电焊机大类名称表示方法

字母	电焊机类别	字母	电焊机类别	字母	电焊机类别
A	弧焊发电机	T	凸焊机	C	摩擦焊机
Z	弧焊整流器	F	缝焊机	Q	钎焊机
B	弧焊变压器	U	对焊机	P	高频焊机
M	埋弧焊机	L	等离子弧焊机和切割机	R	真空扩散焊机
W	不熔化极气保护焊机	S	超声波焊机	J	其他焊机
N	熔化极气保护焊机	E	电子束焊机	K	控制设备
H	电渣焊机	G	光束焊机		
D	点焊机	Y	冷压焊机		

附注特征和系列序号用于区别同小类的各系列和品种，包括通用和专用产品，派生代号以汉语拼音字母的顺序编排，改进序号则按生产改进次数连续编号，特殊环境用的产品在型号末尾加注代表字母，其中，用“T”代表热带环境，“TH”代表湿热带环境，“TA”代表干热带环境，“G”代表高原环境。

弧焊电源的主要技术参数主要有额定焊接电流、工作电流调节范围、额定工作电压、工作电压、空载电压、负载持续率等，其具体意义见表 2–2 和表 2–3。

表 2–2　弧焊电源的主要技术参数

参数	符号	参数的意义	备　注
额定焊接电流	I_e	弧焊电源在额定工作条件下运行时，温升极限、电流稳定性等能符合标准而输出的电流	它决定了弧焊电源的功率及使用范围等，所以也可称为基本参数
工作电流（焊接电流）调节范围	I_2	弧焊电源在焊接电弧稳定燃烧时，能调节的输出电流范围	用最大焊接电流和最小焊接电流对额定焊接电流之比表示。一般要求： $I_{max}/I_e \geqslant 1$ I_{min}/I_e 对于直流 TIG 焊机≤10% 对其他焊机≤20%
额定工作电压	U_e	与额定焊接电流相应的工作电压	
工作电压	U_2	弧焊电源保持电弧稳定燃烧时，所输出的端电压，即电源有负载时的电压	工作电压与焊接电流应大致符合如下关系： 焊条电弧焊 $U_2=20+0.04I_2$ TIG 焊 $U_2=10+0.04I_2$ MIG 或 MAG 焊 $U_2=14+0.05I_2$
空载电压	U_0	弧焊电源无负载时，输出端的电压	从既易引弧稳弧，又经济、安全的角度出发： 交流电源 $U_0 \leqslant 80V$ 整流电源 $U_0 \leqslant 90V$
负载持续率	FS	工作周期对焊条电弧焊规定为 5min，对自动或半自动焊机规定为 10min。 FS=（负载运行持续时间/工作周期）×100%	

表 2–3　电焊机技术参数名称及含义

技术参数名称	含　义
一次电压、一次电流、功率和相数	这些技术参数说明焊接电源接入网路时的要求。例如 AX1–500 的功率为 26kW，接三相电源。BX3–300 应接入单相 380V 网路，容量 20.5kVA
空载电压（U_0）	表示焊接电源的空载电压。例如：AX1–500 的空载电压 60～90V，BX3–300 的空载电压有 75V 和 60V 两挡

续表

技术参数名称	含 义
负载持续率/暂载率（FS）	负载持续率定义见表 2–2，额定负载持续率（FS_e）规定为 35%、60%、100%三种，当焊机在某一负载持续率下实际运行时，允许的焊接电流 I_2 与额定焊接电流 I_e 的关系式为 $I_2=\sqrt{\frac{FS_e}{FS}}I_e$。焊接时焊机发热、温升过高会使绝缘烧坏，负载持续率就是用来表示焊机连续工作状态的参数，即焊机工作周期中有负载时间所占的百分比。例如 AX1–500 焊机额定负载持续率 65%，允许焊接电流 500A，当用于埋弧焊时，由于焊接过程是连续的，负载持续率接近 100%，这时允许焊接电流只能是 400A
容量	焊机容量根据实际负载持续率而变化。例如：BX3–300 的暂载率为 100 时，容量 15.9kVA；暂载率为 35 时，容量 27.8kVA

第二节 焊 接 电 弧

一、焊接电弧的构造

通过两个电极之间的气体中产生持久而强烈的放电现象称为焊接电弧，焊接电弧由阴极区、阳极区、弧柱三个部分组成，如图 2–3 所示。

（1）阴极区。在阴极区的阴极表面有一个明亮的斑点，称为阴极辉点。电子就是从阴极辉点发射出来的，受到阳极吸引，很快离开阴极向阳极移动。电弧中被电离的阳离子也受到阴极的吸引向阴极移动。但阳离子的质量比电子大，活动速度较小，所以在阴极表面每一瞬间阳离子的浓度都比电子的浓度大得多，使阴极表面附近的空间形成了一层阳离子层。

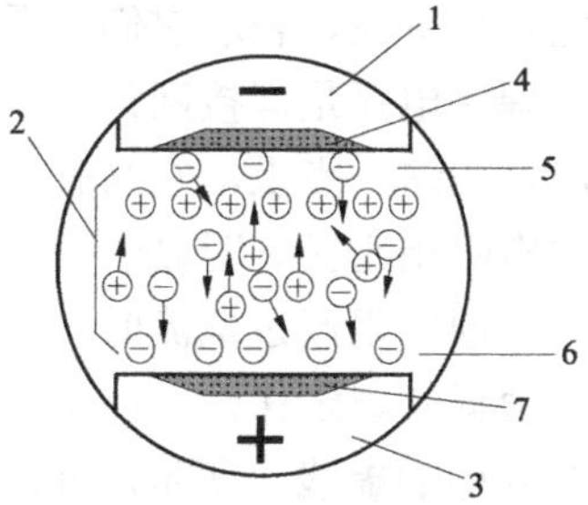

图 2–3 焊接电弧的构造

1—焊条；2—弧柱；3—焊件；4—阴极辉点；5—阴极区；6—阳极区；7—阳极辉点

（2）阳极区。在阳极区的阳极表面有一个明亮斑点，称为阳极辉点。阳极辉点是由电子对阳极表面的撞击而形成的。由于电子的质量小、运动速度大，电子在阳极表面附近聚集的浓度比阳离子在阴极表面附近聚集的浓度相应要小。但阳极区的厚度与阴极区的厚度相近似。

（3）弧柱。弧柱是处于阴极区和阳极区之间的区域。它是电子和阳离子的混合物，也有一些阴离子和中性微粒。弧柱的温度由于不受材料沸点的限制，通常高于阴极辉点和阳极辉点的温度。

（4）电弧电压。电弧电压是由阴极区电压（$U_{阴}$）、阳极区电压（$U_{阳}$）和弧柱电压（$U_{柱}$）三部分组成。即当弧长一定时，电弧电压$=U_{阴}+U_{阳}+U_{柱}$。

由于阴极区和阳极区的电弧长度方向很小，可视二者之和为一定值 a，则

$$U_{弧}=a+U_{柱}=a+bl_{柱}$$

式中：b 为单位长度的弧柱电压，一般为 20～40V/cm；$l_{柱}$为弧柱长度。

由此可见，电弧电压与弧柱长度成正比关系。

二、焊接电弧的静特性

在电弧长度一定时，电弧燃烧电压与焊接电流之间的关系称为电弧静特性。表示它们关系的曲线称为电弧的静特性曲线。

焊接电弧是焊接回路中的负载，它起着把电能转变为热能的作用，在这一点上，它与普通的电阻有相似之处。但是，它与普通的电阻相比又有明显的特点。

普通电阻通过电流时，电阻两端的电压与通过的电流值成正比。根据欧姆定律，其比值基本是不变的，称为电阻静特性，如图 2–4 中的虚线 1 所示。而焊接电弧在燃烧时，电弧两端的电压与通过电弧的电流值不成正比关系，其比值是随着电流值的不同而变化的，如图 2–4 中的曲线 2 所示。其中：

（1）ab 段是在电流很小情况下的变化。电流小，电弧电压增

高；电流增大时使电弧的温度升高，气体电离和阴极电子发射增强，所以维持电弧所需的电弧电压就降低。

（2）*bc* 段为在正常工艺参数焊接时，电流通常从几十安培到几百安培。加大电流只是增加对电极材料的加热和熔化程度，电弧电压却不再随着电流强度的改变而改变。

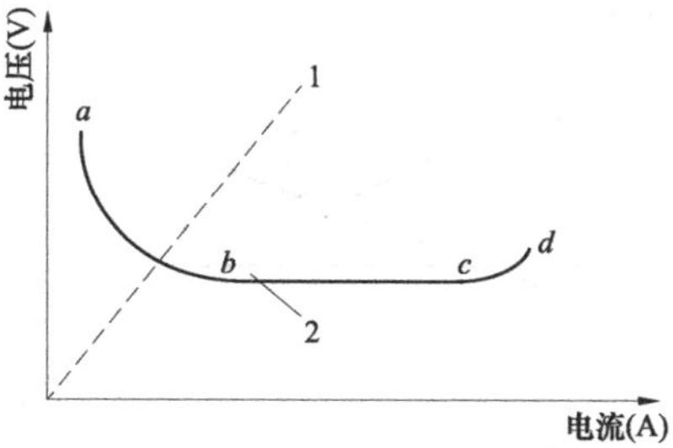

图 2–4 普通电阻静特性与电弧静特性

1—普通电阻静特性；2—电弧静特性

（3）当焊接电流从曲线 *c* 点继续增加时，如果电极直径仍然不变，则由于电极区电流密度过大，电极辉点受电极端面积限制而比正常状态有所压缩，使电极区的电压增大，于是维持电弧所需的电弧电压随着焊接电流的增加而增加，形成曲线 *cd* 段。

第三节 弧焊电源的电气特性

由于焊接电弧是弧焊电源的负载，电弧的负载特性与一般的电阻等负载特性不同，因此，弧焊电源还应具有满足电弧负载要求的电气特性。弧焊电源与普通的电力电源一样，其基本电气特性主要指弧焊电源的外特性、调节特性和动特性。

一、弧焊电源的外特性

弧焊电源的外特性主要表征稳态条件下电源的输出特性。在规定范围内，焊机稳态下输出电流与端电压之间的关系称为焊机的外特性。用来表示这一关系的曲线，就叫焊机外特性曲线，如图 2–5 所示。输出电流在运行范围内增加时，端电压随之显著降低的外特性称为下降特性。从图 2–5 可看到下降特性的特征为：当电流从零开始增加时，电压从空载电压 U_0 逐步下降，直至降到零。电压为零时的电流 I_a 称为短路电流。一般下降特性焊机的短路电流为焊接电流的 120%～130%，最大不超过焊接电流的

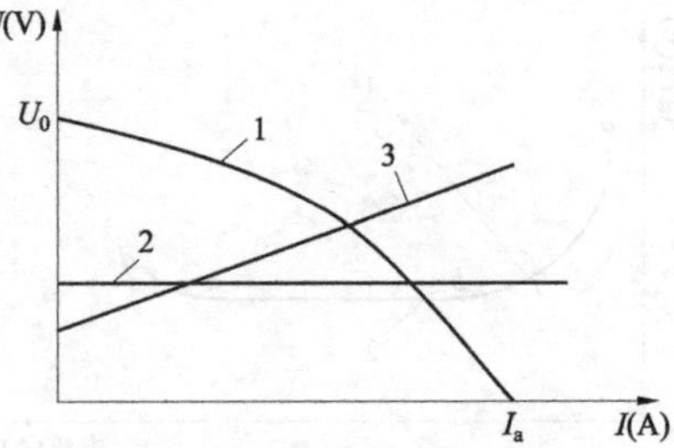

图 2-5 电源外特性曲线

1—陡降外特性曲线；2—平硬外特性曲线；3—上升外特性曲线

150%。

例如，焊条电弧焊时，电弧静特性曲线的交点就是电弧的燃烧工作点。为了减小电弧长度变化时造成的焊接电流变化，焊条电弧焊需采用具有陡降外特性焊机。关于弧长变化与焊接电流变化的关系，如图 2-6 所示。其中外特性曲线 1 比曲线 2 下降更陡，当电弧长度由 L_1 变到 L_2（弧长缩短）时，具有较陡外特性曲线 1 的焊接电流变化量 ΔI_1 比 ΔI_2 小，有利于保持焊接规范的稳定。

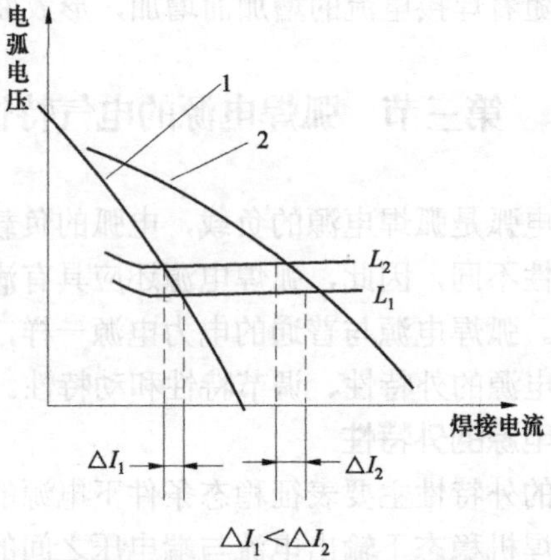

图 2-6 弧长变化时焊接电流的变化

1、2—焊机外特性曲线；L_1、L_2—电弧静特性曲线

弧焊电源与焊接电弧构成供电—用电系统，只有保证“电源—电弧”系统的稳定，才能保证焊接电弧稳定燃烧和焊接参数稳定。当电弧的静特性曲线形状一定时，系统的稳定性取决于电源的外特性曲线形状，即要保证“电源—电弧”系统的稳定，必

须根据电弧的静特性曲线形状确定合适的弧焊电源外特性曲线形状。表 2–4 是常用焊接电弧的静特性和相应弧焊电源外特性形状对照表。

表 2–4　　常用焊接电弧的静特性与弧焊电源外特性

焊接方法	SMAW	GTAW	PAW	SAW	GMAW
电弧静特性	水平段				略上升段
电源外特性	下降或陡降	陡降或恒流	陡降或恒流	平/陡降	平/陡降

不同的弧焊工艺方法有不同的特点，需要采用不同外特性的弧焊电源。表 2–5 为常用弧焊电源的外特性曲线特点及应用。

表 2–5　　常用弧焊电源的外特性曲线特点及应用

外特性	下降特性				平特性		双阶梯形特性
	斜特性	缓降特性	恒流特性	恒流带外拖	恒压特性	平缓特性	
特点	曲线形状接近于一条斜线	曲线形状接近于1/4 椭圆	工作区段内，焊接电流保持不变	工作区段内，焊接电流不变，外拖斜率、拐点可调	工作区段内，焊接电压保持不变	工作区段内，焊接电压随电流增加略有下降	由“┏”和“┗”形特性组合构成
适用范围	焊条电弧焊、粗丝 CO_2 焊、埋弧焊	焊条电弧焊、变速送丝埋弧焊	钨极氩弧焊、等离子弧焊	焊条电弧焊	等速送丝熔化极气体保护焊、埋弧焊	等速送丝熔化极气体保护焊、埋弧焊	脉冲熔化极气体保护焊

二、弧焊电源的调节特性

弧焊电源的调节特性主要表征电源输出的可调节性能。为了适应各种焊接工作的需要，电焊机的输出电流应能在较宽范围内均匀调节，一般最大输出电流应为最小输出电流的 5 倍以上。电流调节应方便、灵活、可靠，使用中电流的数值稳定不变。因此弧焊电源必须具备焊接电流或电压可调的性能，以适应各种焊接的需要。要求弧焊电源能输出不同焊接电流、电压的可调性能称为弧焊电源的调节特性。

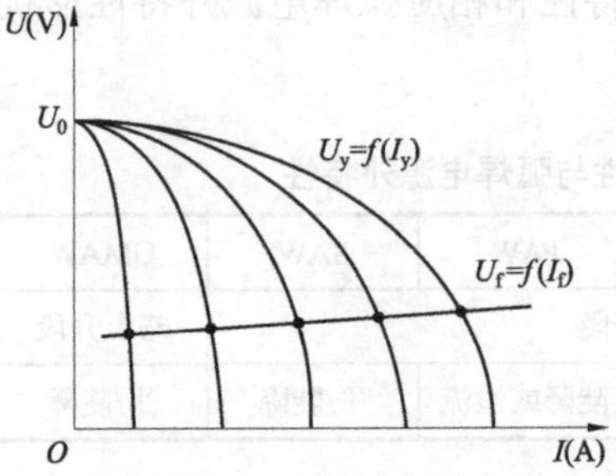

图 2–7 弧焊电源调节特性

电弧静特性和电源外特性曲线相交的稳定工作点决定了焊接电流和电压。对于一定弧长的电弧，只有一个稳定工作点。因此，根据焊接实际，要获得多组焊接电流和电压参数，必须有多条外特性，才能与电弧静特性曲线有多个交点，如图 2–7 所示。可见，弧焊电源输出电流或电压的调节是通过调节电源的外特性来实现的。也就是说，弧焊电源具有一组外特性曲线或具有无数条外特性曲线。外特性曲线的调节总是有一定的范围、精度和分辨率，这就是弧焊电源的调节特性。

弧焊电源的负载不仅包括焊接电弧，而且还包括焊接回路的电缆等形成的阻抗。正常工作条件下，弧焊电源负载的电压和电流之间的关系称为负载特性。根据生产经验对弧焊电源的负载特性进行了约定，符合约定关系的负载特性称为约定负载特性，相应的负载电压和负载电流称为约定负载电压（U_2）和约定焊接电流（I_2）。常用弧焊方法的约定负载特性见表 2–6。

表 2–6 常用弧焊方法的约定负载特性

焊条电弧焊	$U_2=20+0.04I_2$（V）、$I_2\leqslant 600A$
	$U_2=44V$、$I_2>600A$
TIG 焊	$U_2=10+0.04I_2$（V）、$I_2\leqslant 600A$
	$U_2=34V$、$I_2>600A$
MIG 焊	$U_2=14+0.05I_2$（V）、$I_2\leqslant 600A$
	$U_2=44V$、$I_2>600A$
埋弧焊	$U_2=20+0.04I_2$（V）、$I_2\leqslant 600A$
	$U_2=44V$、$I_2>600A$

根据电焊机的国家标准，在焊接过程中，弧焊电源输送的电流称为焊接电流，用 I_2 表示；弧焊电源在输送焊接电流时，其输出端之间的电压称为负载电压，用 U_2 表示，从而这与约定负载特性曲线的电压、电流符号相一致。

三、弧焊电源的动特性

弧焊电源的动特性主要表征动态变化条件下电源的输出特性。电弧的引燃和燃烧是复杂的、变化的。例如，焊条电弧焊引弧时，焊条与焊件相碰，焊机要迅速提供短路电流；焊条抬起时，焊机要很快达到空载电压。焊接过程中焊条金属熔滴过渡到熔池时，很频繁地发生上述短路和重新引弧过程（每秒钟过渡金属约为 20～50 滴）。如果焊机输出电流和电压不能很快地适应电弧焊过程中的这些变化，电弧就不能稳定燃烧，甚至熄灭。我们把焊机适应焊接电弧变化的特性叫做动特性。由于焊机都有带铁心的线圈，电流流过这些线圈时受到一定阻碍，特别在电流变化的一瞬间受到阻碍最大，这种阻碍称为感抗。焊机动特性的好坏取决于焊机的感抗大小。感抗过大或过小都使电弧稳定性变差，如引弧困难、飞溅严重、电弧不稳等。所以要求焊机应保证有良好的动特性。

我国对弧焊整流器规定的动特性指标见表 2–7，对于弧焊变压器、晶闸管式弧焊整流电源、逆变式直流弧焊电源很容易达到该动特性指标。

表 2–7　　弧焊整流器动特性指标

项目	整定值		指标
空载至短路	额定值	I_{sd}/I_2	≤3
	20%额定值		≤5.5
负载至短路	额定值	I_{fd}/I_2	≤2.5
	20%额定值		≤3

第四节 弧焊电源的选择

弧焊电源在电弧焊机中是决定电气性能和焊接性能的关键部分。合理选择使用弧焊电源，才能确保焊接过程的顺利进行，获得既经济而又性能良好的焊接效果。通常根据焊接电流的种类、焊接工艺方法、弧焊电源的功率、工作条件和节能要求等方面来选择弧焊电源。

一、根据焊接电流种类选择

焊接电流有直流、交流和脉冲三种基本种类，因而相应有直流弧焊电源、交流弧焊电源和脉冲弧焊电源，此外还有可输出各种电流类型的逆变式焊接电源。

（1）对于一般低碳钢材料，或对焊接质量要求不高的非受力部件焊接，则可以选用弧焊变压器进行交流电弧焊接。

（2）对于铝镁及其合金材料的焊接，由于材料的特殊性，一般需采用正弦波交流或方波交流弧焊电源。

（3）对于合金钢、铸铁等材料以及桥梁、船舶等重要结构部件的焊接，为了保证接头质量，需要采用稳定的直流电弧，因此需选用弧焊整流器、弧焊逆变器等直流弧焊电源。

（4）对于焊接热敏感性大的合金钢材料，焊接薄板结构、厚板的单面焊双面成型、管道以及全位置自动焊，则需选用脉冲电弧焊电源进行焊接。

（5）在下述情况下，只能选用弧焊整流器。焊接合金钢、铸铁和有色金属等结构，使用某些焊接材料如碱性焊条 E5015 等，CO_2 焊采用活性气体保护且没有稳弧剂等。

二、根据焊接工艺方法选择

不同的焊接工艺方法所需弧焊电源的空载电压、外特性、动特性及焊接工艺参数不同，具体见表 2–8。

表 2–8　　不同焊接工艺方法的弧焊电源选用

序号	焊接工艺方法	选 用 原 则
1	焊条电弧焊（SMAW）	要求弧焊电源为下降的外特性，从工艺上看，各种弧焊变压器及具有下降外特性的硅弧焊整流器、晶闸管弧焊整流器和逆变式焊接电源均可满足要求。一般金属钢结构可选弧焊变压器，但推荐使用弧焊整流器，特别是逆变式焊接电源。重要钢结构及铸铁、铝合金等必须采用弧焊整流器
2	埋弧焊（SAW）	等速送丝时，宜选用下降特性较平缓的弧焊电源；变速送丝时，选用陡降外特性的弧焊电源。一般选用容量较大的串联电抗器式弧焊变压器。如果产品质量要求较高时，则选用弧焊整流器或矩形波交流弧焊电源。随着逆变式焊接电源的大功率化，逆变式焊接电源将成为埋弧焊的首选电源
3	钨极氩弧焊（TIG）	要求陡降特性或恒流特性的弧焊电源。焊接铝、镁及其合金时，可采用弧焊变压器，但最好采用矩形波交流弧焊电源。其他材料应选用弧焊整流器或逆变式焊接电源
4	熔化极气体保护焊（MIG/MAG/CO_2）	应采用弧焊整流器或逆变式焊接电源，其中等速送丝时采用平特性，变速送丝时采用下降特性。对要求较高的氩弧焊必须选用脉冲弧焊电源
5	等离子弧焊	选用恒流特性的弧焊整流器或逆变式焊接电源
6	脉冲弧焊	脉冲等离子弧焊和脉冲氩弧焊可选用单相整流式脉冲弧焊电源

此外，在要求高的场合，则选用晶闸管式、晶体管式或逆变式脉冲弧焊电源。

三、根据弧焊电源功率选择

1. 额定焊接电流

弧焊电源在断续工作时，可以用负载持续率 FS 来表示焊机负荷的状态，即

$$FS=\frac{\text{负载持续运行时间}}{\text{负载持续运行时间}+\text{休止时间}}\times 100\%=\frac{t}{T}\times 100\%$$

式中：T 为弧焊电源的工作周期，等于负载持续时间 t 与休止时间之和。国家标准规定，工作周期 T 为 10min。额定负载持续率

FS_N 为 20%、35%、60%、80%、100%。

焊接时的主要工艺参数是焊接电流。而弧焊电源型号后面的数字表示该型号电源在额定负载持续率下的额定焊接电流，如 ZX5–400 表示该晶闸管弧焊整流器的额定焊接电流为 400A。

选择电源时，只要额定负载持续率下的焊接电流不超过该值即可。如果电源不是在额定负载持续率下工作，则可按下式换算某负载持续率下的最大许用电流

$$I = I_N\sqrt{\frac{FS_N}{FS}}$$

式中：FS_N 为额定负载持续率；FS 为某实际负载持续率；I 为 FS 下的最大许用电流；I_N 为额定负载持续率下的最大许用电流。

弧焊电源的实际负载持续率越大，即连续焊接时间越长，设备温升将越高，故允许使用的最大焊接电流应减小，以避免因温升过高而带来的弧焊电源绝缘遭破坏，甚至烧坏有关元件或整机等危险。

2. 额定输入容量（S_N）

弧焊电源铭牌上标明的额定输入容量是电网必须向弧焊电源供应的额定视在功率。据此可以推算出额定一次电流，以便选择动力线直径及熔断器规格。

四、根据工作条件和节能要求选择

在维修性的场合，因连续使用的时间较短，可选用负载持续率较低的弧焊电源，如抽头式弧焊变压器。

弧焊电源耗电量很大，从节能角度出发，应优先选用高效节能的弧焊电源，如首选逆变式焊接电源，其次为晶闸管弧焊整流器、硅弧焊整流器、弧焊变压器。

一种焊接工艺方法有不止一种能适合其工艺要求的弧焊电源。选用时应综合考虑设备投资、节能情况等其他因素。表 2–9 是常用材料及板厚适用的焊接方法。

表 2–9　　常用材料及板厚适用的焊接方法

材料	厚度（mm）	焊接方法							
		焊条电弧焊	埋弧焊	熔化极气体保护焊				钨极氩弧焊	等离子弧焊
				射流过渡	潜弧	脉冲电弧	短路电弧		
碳钢	～3	※	※			※	※	※	
	3～6	※	※	※	※	※	※	※	
	6～19	※	※	※	※	※			
	＞19	※	※	※	※	※			
低合金钢	～3	※	※			※	※	※	
	3～6	※	※	※		※	※	※	
	6～19	※	※	※		※			
	＞19	※	※	※		※			
不锈钢	～3	※	※			※	※	※	※
	3～6	※	※	※		※	※	※	※
	6～19	※	※	※		※			※
	＞19	※	※	※		※			
铝及铝合金	～3			※		※		※	※
	3～6			※		※		※	
	6～19			※				※	
	＞19			※					
钛及钛合金	～3					※		※	※
	3～6			※		※		※	※
	6～19			※		※		※	※
	＞19			※		※			
镁及镁合金	～3					※		※	
	3～6			※		※		※	
	6～19			※		※			
	＞19			※		※			

注　“※”表示推荐。

第五节 弧焊电源的安装与使用

一、焊接回路附件的选用

焊接主回路中除了焊接电源外，还有电缆、熔断器、开关等附件。

1. 电缆的选择

电缆包括从电网电路到弧焊电源的动力线和从弧焊电源到工件、焊钳的焊接电缆。电缆截面面积选得太大，则不能充分发挥电缆的作用，并会增加电缆投资；电缆截面面积选得太小，则会导致电缆上的压降和温升过高，影响焊接质量。

动力线一般选用耐压为交流500V的电缆。单芯铜电缆导线截面按电流密度 5～10A/mm^2 选取，多芯电缆或电缆长度大于30m时，则以3～6A/mm^{2}的标准选择。当电缆长度在20m以下时，焊接电缆按电流密度4～10A选择导线截面。当电缆较长时，对按电流密度选择的导线截面适当加大，以考虑电缆压降的影响。

2. 熔断器的选择

（1）弧焊变压器和弧焊整流器熔丝额定电流 I_{er} 略大于弧焊电源额定一次电流 I_{1r}，一般取 $I_{er}=1.1I_{1r}$。

（2）因一般的熔断器熔断时间较长，对整流元件起不到保护作用。故对弧焊整流器整流元件的过载保护，宜选用银质熔丝的快速熔断器，并按元件额定电流的1.57倍选取，串入电路进行保护，此外，也可采用针对整机的过载保护装置。

3. 开关的选择

开关是把弧焊电源接到电网电路上必不可少的低压连接电器。对弧焊变压器、弧焊整流器、逆变式焊接电源，开关额定电流不小于弧焊电源的一次额定电流。

二、弧焊电源的安装

1. 弧焊整流器、逆变式焊接电源和晶体管弧焊电源

（1）新的或长期未用的电源，安装前必须检查绝缘情况，

可用 500V 绝缘电阻表测定。测定前必须先用导线将整流器或硅整流元件或大功率晶体管组短路，以防止上述元件被过电压击穿。焊接回路、二次绕组对机壳的绝缘电阻应大于 2.5MΩ。整流器、一次绕组对机壳的绝缘电阻应不小于 2.5MΩ。一次绕组和二次绕组之间绝缘电阻也应不小于 5MΩ。与一、二次回路不相连接的控制回路与机架或其他各回路之间的绝缘电阻不小于 2.5MΩ。

（2）安装前检查电源内部是否损坏，各接头处是否松动。检查电网电源功率是否足够大，开关、熔断器和电缆的选择是否正确无误。确保在额定负载时动力线电压不大于电网电压的 5%，焊接回路电缆线总电压不大于 4V。

（3）注意采取防潮措施，并安装在通风良好的场所。

（4）外壳接地和接零。如果电网电源为三相四线制，应把外壳接到中性线上。如果电网电源为不接地的三相三线制，则把机壳接地，严格按产品说明书的要求和步骤进行安装。

2. 弧焊变压器

弧焊变压器一般是单相，多台安装时，应分别接在三相电网上，尽量使三相平衡。弧焊变压器的一次电压有 380、220V 两种，接线时严格按出厂铭牌上所标示的一次电压值进行接线。其他要求与弧焊整流器相同。

三、弧焊电源的使用

使用前仔细阅读产品说明书，并与弧焊电源相对照，了解其工作原理。焊接前对弧焊电源各部分进行检查，确保正确无误。弧焊电源必须在规定的额定电流范围内工作。调节焊接电流或换挡必须在空载下或切断电源时进行。要建立严格的管理和使用制度。使用时要注意安全用电。

安全用电包括防止焊机损坏和预防触电。

焊接过程中工作场地所有的网路电压为 380V 或 220V，焊机的空载电压一般在 60V 以上。所以焊机的电源电压、二次空载电压都远超过安全电压（36V），故应采取防止触电的安全措施。

（1）避免接触带电器件，如电源带电的裸露部分和转动部分必须有安全保护罩，电源的带电部分与机壳间应有良好的绝缘，连接焊钳的导线应使用绝缘导线等。

（2）焊机使用的一次导线，必须使用专用的焊接电缆线，而连接焊钳的导线必须采用专用的焊接电缆软线。

（3）弧焊电源的空载电压不能太高。

（4）用高频引弧或稳弧时应对电缆进行屏蔽。

（5）机壳保护接地或接零。

第三章

弧焊变压器

第一节　弧焊变压器工作原理与分类

一、弧焊变压器的工作原理

弧焊变压器主要用于焊条电弧焊、埋弧焊和钨极氩弧焊，应具有下降的外特性。弧焊变压器和一般电力变压器一样，具有变电压、变电流、变阻抗的功能。根据变压器的原理，作为一种弧焊电源，弧焊变压器的外特性方程为

$$U_h=\sqrt{U_0^2-I_h^2X_z^2} \text{ 或 } I_h=\frac{\sqrt{U_0^2-U_h^2}}{X_z}$$

$$X_z=X_L+X_K$$

式中：U_h为电弧电压；U_0为空载电压；I_h为焊接电流；X_z为变压器的总等效阻抗；X_L为变压器的漏抗值；X_K为电抗器的感抗值。

从上式可以看出，要使弧焊变压器获得下降的外特性，即电弧电压 U_h 随焊接电流 I_h 的增大而减小，变压器的总等效阻抗 X_z 必须不能等于零。而要使弧焊变压器获得陡降的外特性，X_z必须比较大。然而，弧焊变压器要具有一定的总等效阻抗X_z，可以使变压器的漏抗值很小（$X_L \approx 0$），靠串联电抗器得到较大的电感值X_K；或使变压器具有较大的漏抗X_L，而不用串联电抗器（$X_K=0$）。当焊接电流增大时，在总等效阻抗X_z上产生较大的电压，从而获得下降的外特性，满足焊接工艺要求。当改变X_L或X_K时，可得到一系列陡降度不同的外特性，以便于焊接参数的调节。

二、弧焊变压器的分类

根据获得下降外特性的不同方法，可将弧焊变压器分成如下两大类，具体见表3–1。

表 3–1 弧焊变压器的分类

	依据	分类		特点
弧焊变压器	获得下降外特性的不同方法	正常漏磁式弧焊变压器（由一台正常漏磁式的变压器串联一个电抗器组成，又称串联电抗器式弧焊变压器）	分体式弧焊变压器	变压器与电抗器是相互分开的，两者之间没有磁的联系，仅有电的联系，例如BN系列和BN10系列弧焊电源
			同体式弧焊变压器	变压器与电抗器组成一个整体，两者之间不仅有电的联系还有磁的联系，例如BX、BX2系列弧焊电源
			多站式弧焊变压器	由一台三相平特性变压器并联多个电抗器组成，例如BP–3×500型弧焊电源
		增强漏磁式弧焊变压器	动圈式弧焊变压器	其一次绕组和二次绕组相互独立且有一定的距离。改变一次绕组与二次绕组之间的距离，使漏抗发生变化，从而达到调节焊接参数的目的，例如 BX3 系列弧焊电源
			动铁式弧焊变压器	其结构特点是在一次绕组与二次绕组之间加一个活动铁心作为磁分路，以增大漏磁，即加大漏抗。通过改变动铁心的位置可调节漏磁的大小，从而改变焊接参数，例如BX1系列弧焊电源
			抽头式弧焊变压器	它的特点是靠一次绕组与二次绕组之间耦合不紧密来增大漏抗，通过变换抽头改变漏抗，从而调节焊接参数，例如BX6系列弧焊电源

第二节 常用弧焊变压器

常用的典型弧焊变压器主要有同体式弧焊变压器、动圈式弧焊变压器和动铁式弧焊变压器和抽头式弧焊变压器。

一、同体式弧焊变压器

同体式弧焊变压器的结构如图 3–1 所示，下部是变压器，上部是电抗器，变压器与电抗器共用了一个磁轭。为便于理解，图中将变压器一、二次绕组成上下叠绕形式，实际上是同轴缠绕，一次绕组在内层，二次绕组在外层，均匀分布在两个侧柱上，因此漏磁很少。与分体式不同之处在于，将电抗器叠加于变压器之上共用中间磁轭，以达到省料的目的。一次绕组 W_1 两部分串联后接入电网，二次绕组 W_2 两部分串联后再与电抗器绕组 W_k 串联向焊接电弧供电。电抗器铁心留有空气隙δ，δ的大小可通过螺杆机构来进行调节。

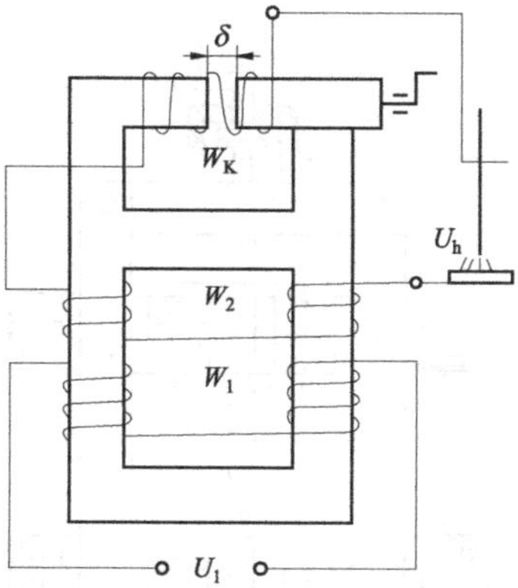

图 3–1 同体式弧焊变压器结构图

同体式弧焊变压器的变压器和电抗器之间不仅有电的联系，而且还有磁的联系。这是因为变压器的二次绕组 W_2 与电抗器绕组 W_k 串联，有电的联系；由于变压器和电抗器共用一个磁轭使变压器的二次绕组 W_2 与电抗器绕组 W_k 磁通相互耦合，所以有磁的联系。

同体式弧焊变压器的参数调节主要是指焊接电流的调节。它主要靠调节电抗器铁心空气隙δ大小来调节焊接电流。当δ减小时，X_K（电抗器的感抗值）增大，从而 I_h（焊接电流）减小；同理，δ增大，I_h 增大。

由于同体式弧焊变压器采用动铁心式电抗器调节焊接电流，所以当焊接电流调节到小电流范围时，这时空气隙长度δ较小，空气隙的磁感应强度增大，电抗器动、静铁心之间的电磁作用力增加，铁心振动大，容易导致焊接电流波动和电弧不稳等现象。因此，同体式弧焊变压器不宜在中、小电流范围使用，这类弧焊变压器适用于作为大容量的焊接电源。目前的国产产品有两种系列：BX 系列和 BX2 系列。BX 系列有 BX–500 型弧焊变压器，适用于焊条电弧焊；BX2 系列有 BX2–1000、BXZ–2000 等主要作为埋弧自动焊的电源。

二、动圈式弧焊变压器

动圈式弧焊变压器的结构如图 3–2 所示。它的铁心形状特点

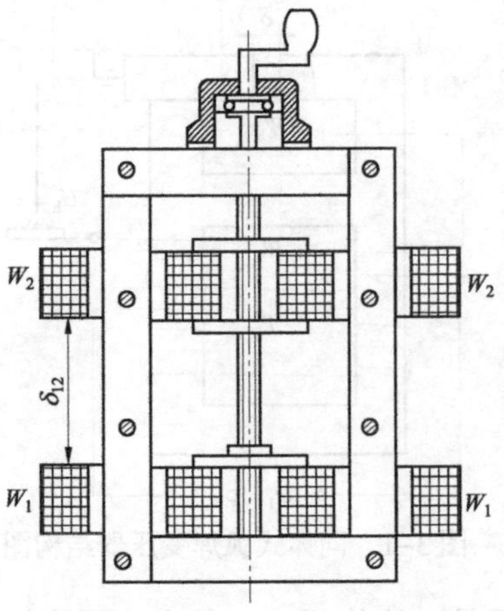

图 3-2 动圈式弧焊变压器结构

是高而窄，在两侧的心柱上套有一次绕组 W_1 和二次绕组 W_2。一次绕组和二次绕组是分开缠绕的。一次绕组在下方固定不动，二次绕组在上方是活动的，摇动手柄可令其沿铁心柱上下移动，以改变其与一次绕组之间的距离 δ_{12}，由于铁心窗口较高，δ_{12} 可调范围大。这种结构特点使得一、二次绕组之间磁耦合不紧密而有很强的漏磁。由此所产生的漏抗就足以得到下降的外特性，而不必附加电抗器。由于漏抗与电抗的性质相同，故用变压器自身的漏抗代替电抗器的电抗。

动圈式弧焊变压器焊接工艺参数的调节，可通过调节 X_L 来实现

$$X_L = KN_2^2(\delta_{12} + A)$$

式中：K、A 为与变压器结构有关的常数；N_2 为二次绕组的匝数；δ_{12} 为一、二次绕组之间的距离。

可见，当动圈式弧焊变压器的结构一定时，调节漏抗 X_L 只能通过改变变压器二次绕组的匝数 N_2 和一、二次绕组之间的距离 δ_{12} 来实现。

1. 调节 δ_{12}

摇动手柄，通过螺杆带动二次绕组 W_2 上下移动，使一、二次绕组之间的距离 δ_{12} 发生变化。由于 δ_{12} 与漏抗 X_L 成正比，因此当二次绕组 W_2 上移使 δ_{12} 增大时，X_L 增加，焊接电流 I_h 减小；反之，δ_{12} 减小时，则焊接电流 I_h 增加。δ_{12} 连续变化，则焊接电流 I_h 可获得连续调节。从而，调节 δ_{12} 可以实现焊接电流 I_h 的细调节。

2. 改变 N_2

由于 X_L 与 N_2 的平方成正比，所以改变 N_2 可以在较大的范围内调节焊接电流 I_h。单独改变 N_2 会使空载电压受到影响。为了在改变 N_2 的同时保持空载电压不变，可将一、二次绕组各自分成匝数相等的两盘。如果使用小电流时，同时将一、二次绕组各自接成串联形式；如果使用大电流时，同时将一、二次绕组各自接成并联形式。由各自串联换成各自并联时，输出的电流可增大 4 倍。这样就扩大了电流调节范围。因此，这种串并联的方法可用作焊接电流的分挡粗调节。

动圈式弧焊变压器调节焊接电流主要靠调节一、二次绕组之间的距离 δ_{12} 进行，如果要求电流的下限较小，势必将矩形铁心做得很高，消耗硅钢片较多。因此，从经济性考虑，这类弧焊变压器适合制成中等容量的。目前国产动圈式弧焊变压器的产品有 BX3–120、BX3–300、BX3–500、BX3–1–300、BX3–1–500 等型号。前三种适用于焊条电弧焊，后两种适用于交流钨极氩弧焊。

三、动铁式弧焊变压器

动铁式弧焊变压器的结构如图 3–3 所示，它是由静铁心Ⅰ、动铁心Ⅱ、一次绕组 W_1 和二次绕组 W_2 组成。动铁心和静铁心之间存在空气隙 δ。动铁心插入一次绕组和二次绕组之间，提供了一个磁分路，以减小漏磁磁路的磁阻，从而使漏抗显著增加。动铁心可以移动，进出于静铁心的窗口，用以调节焊接电流的大小。

动铁式弧焊变压器和动圈式弧焊变压器都属于增强漏磁式弧焊变压器，这种弧焊变压器由于一、二次绕组分别绕在静铁心两边的芯柱上，会产生很大的漏磁；同时在静铁心中间有一个活动铁心，焊接时，活动铁心形成磁分路，造成更大的漏磁，从而使二次

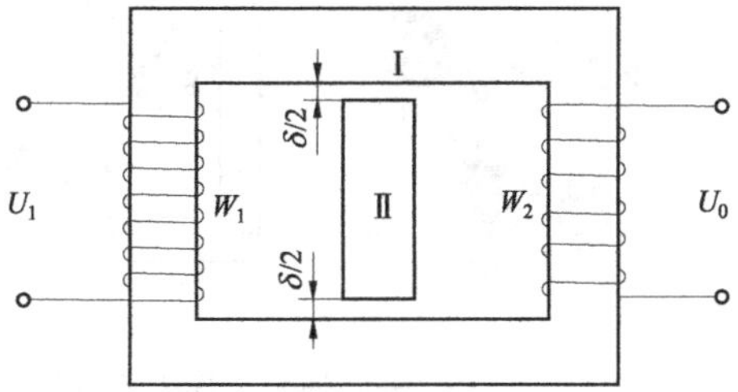

图 3–3 动铁式弧焊变压器的结构

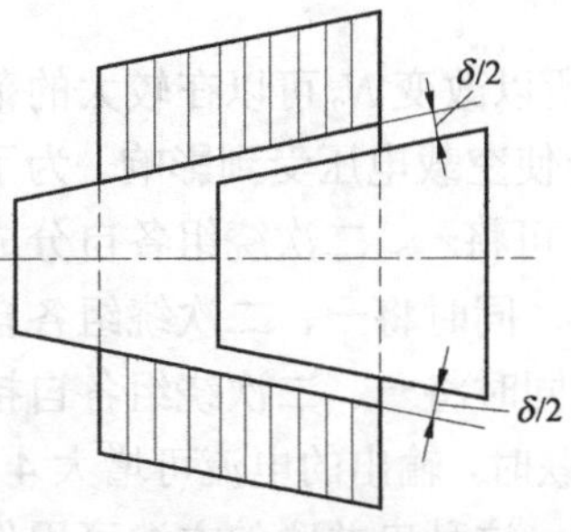

图 3–4 梯形动铁心与静铁心配合图

电压迅速下降，以获得较为陡降的外特性。

动铁心的形状有矩形和梯形两种，由于梯形动铁心调节焊接电流的范围比矩形动铁心大，所以目前主要采用梯形动铁心的结构。梯形动铁心与静铁心的配合如图 3–4 所示。

动铁心弧焊变压器焊接工艺参数的调节方式有粗调和细调。粗调通过改变二次绕组的匝数粗调焊接电流，细调通过摇动手柄使动铁心在静铁心之间的位置发生变化，达到均匀改变焊接电流的目的。

动铁式弧焊变压器国产产品有 BX1–135、BX1–300、BX1–500、BX1–330 等型号，其中前三种型号为梯形动铁心式弧焊变压器，后一种型号为矩形铁心式弧焊变压器。动铁式弧焊变压器通常做成中、小容量的，多制成 400A 以下的弧焊变压器。

四、抽头式弧焊变压器

普通抽头式弧焊变压器是一种供单人操作的交流焊机，它的空载电压为 75V，工作电压为 40V，焊接电流调节范为 120～550A，具有体积小、质量轻、效率高以及性能良好等特点，其外形及电路接线结构如图 3–5 所示。

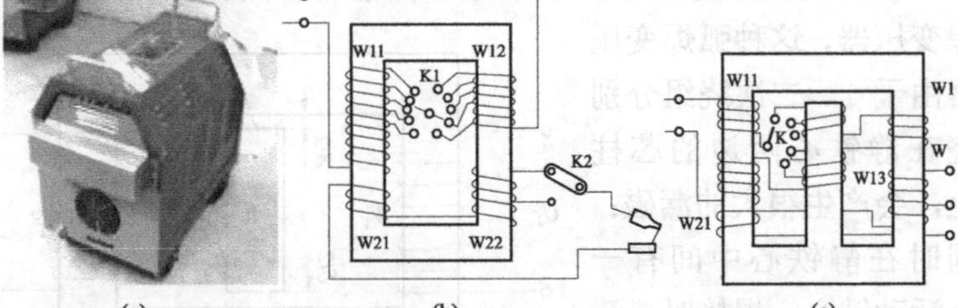

图 3–5 抽头式焊机典型外形及电路接线结构

（a）外形；（b）两芯柱式；（c）三芯柱式

抽头式弧焊变压器是一台具有两只或三只铁心柱的降压变压器。其一、二次绕组分装于主铁心两侧，通过调整一次抽头调整电流，可使焊接电流在较大范围内调节，以适应焊接规范的需要。

第三节 弧焊变压器的故障维修与案例

一、弧焊变压器的维护

弧焊变压器的维护分为日常维护和定期维护。

1. 日常维护

日常保养和维护包括经常用压缩空气吹净尘土，保持弧焊变压器内外清洁。机壳上不应堆放金属或其他物品，以防止弧焊变压器在使用时发生短路和损坏机壳。弧焊变压器应放在干燥通风的地方，注意防潮等。

2. 定期维护

（1）在开机工作之前检查及维护内容。包括电源开关、调节手柄、电流指针是否正常，焊接电缆连接处是否接触良好，开机后观察冷却风扇转动是否正常等。

（2）在一周工作结束前的检查和维护内容。包括内外除尘，擦拭机壳；检查转动和滑动部分是否灵活，并定期上润滑油；检查电源开关接触情况及焊接电缆连接螺栓、螺母是否完好以及检查接地线连接处是否接触牢固等。

（3）每年一次的综合检查及维护内容。包括拆下机壳，清除绕组及铁心上的灰尘及油污，更换损坏的易损件，对机壳变形及破坏处进行修理并涂油漆，检查变压器绕组的绝缘情况，对焊钳进行修理或更换，检修焊接电流指针及刻度盘，对破坏的焊接电缆进行修补或更换等。

二、弧焊变压器的常见故障与维修

弧焊变压器产生故障的原因是多种多样的，除设计问题、制造质量问题外，绝大部分原因是由于使用和维护不当所造成的。弧焊变压器一旦出现故障，应能及时发现，立即停机检查，利用各种仪器或仪表按一定的顺序方法对焊机电气线路进行检查，迅速准确地判定故障产生的原因，并及时排除故障。弧焊变压器的常见故障及维修方法见表 3–2～表 3–4。

表 3–2　动圈式弧焊变压器常见故障及维修

故障现象	产生原因	维修方法
引线接线处过热	接线处接触电阻过大或接线处紧固件太松	松开接线，用砂纸或小刀将接触导电处清理出金属光泽，然后拧紧螺钉或螺母
焊机过热	（1）变压器过载 （2）变压器绕组短路 （3）铁心螺杆绝缘损坏	（1）减小使用电流，按规定负载运行 （2）撬开短路点加垫绝缘，如果短路严重应重新更换绕组 （3）恢复绝缘
焊机外壳带电	（1）一次绕组或二次绕组碰壳 （2）电源线碰壳 （3）焊接电缆碰壳 （4）未接地或接地不良	（1）检查碰触点，并断开触点 （2）检查碰触点，并断开触点 （3）检查碰触点，并断开触点 （4）接好接地线并使接触良好
焊机电压不足	（1）二次绕组有短路 （2）电源电压低 （3）电源线太细，压降太大 （4）焊接电缆过细，压降太大 （5）接头接触不良	（1）消除短路处 （2）调整电压达到额定值 （3）更换粗电源线 （4）更换粗电缆 （5）使接头接触良好
焊接电流过小	（1）焊接电缆过长 （2）焊接电缆盘成盘状，电感大 （3）电缆线有接头或与工件接触不良	（1）减小电缆长度或加大电缆直径 （2）将电缆由盘形放开 （3）使接头处接触良好，与工件接触良好
焊接电流不稳定	焊接电缆与工件接触不良	使焊接电缆与工件接触良好
焊机输出电流反常过大或过小	（1）电路中起感抗作用的线圈绝缘损坏，引起电流过大 （2）铁心磁路中绝缘损坏产生涡流，引起电流过小	（1）检查电路绝缘情况，排除故障 （2）检查磁路中的绝缘情况，排除故障
熔丝熔断	（1）电源线接头处相碰 （2）电线接头碰壳短路 （3）电源线破损碰地	（1）检查并消除短路处 （2）检查并消除短路处 （3）更换或修复电源线

续表

故障现象	产生原因	维修方法
焊接强烈嗡嗡响	（1）二次绕组短路 （2）二次绕组短路或使用电流过大过载	（1）检查并消除短路点 （2）检查并消除短路，降低使用电流，避免过载使用
焊机有不正常的噪声	（1）安全网受电磁力产生振动 （2）箱壳固定螺钉松动 （3）侧罩与前后罩相碰 （4）机内螺钉、螺母松动	（1）检查并消除振动产生的噪声 （2）拧紧箱壳固定螺钉 （3）检查并消除相碰现象 （4）打开侧罩检查并拧紧螺钉螺母

表 3–3　　动铁心弧焊变压器常见故障及维修

故障现象	产生原因	维修方法
焊机无焊接电流输出	（1）焊机输入端无电压输入 （2）内部接线脱落或断路 （3）内部线圈烧坏	（1）检查配电箱到焊机输入端的开关、导线、熔丝等是否完好，各接线处是否接线牢固 （2）检查焊机内部开关、线圈的接线是否完好 （3）更换烧坏的线圈
焊机电流偏小或引弧困难	（1）网络电压过低 （2）电源输入线截面积太小 （3）焊接电缆过长或截面积太小 （4）工件上有油漆等污物 （5）焊机输出电缆与工件接触不良	（1）待网络电压恢复到额定值后再使用 （2）按照焊机的额定输入电流配备足够截面积的电源线 （3）加大焊接电缆截面积或减少焊接电缆长度，一般不超过 15m （4）清除焊缝处的污物 （5）使输出电缆与工件接触良好
焊机发烫、冒烟或有焦味冒出	（1）焊机超负载使用 （2）输入电压过高或接错电压（对于可用 220V 和 380V 两种电压的焊机，错把 380V 电压按 220V 接入） （3）线圈内部短路 （4）风机不转（新焊机初次使用时，有轻微绝缘漆味冒出属于正常）	（1）严格按照焊机的负载持续率工作，避免过载使用 （2）按实际输入电压接线和操作 （3）检查线圈，排除短路故障 （4）检查风机，排除风机故障

续表

故障现象	产生原因	维修方法
焊机噪声大	（1）线圈短路 （2）线圈松动 （3）动铁心振动 （4）外壳或底架紧固螺钉松动	（1）检查线圈，排除短路点 （2）检查线圈，紧固好松动点 （3）调整动铁心顶紧螺钉 （4）检查紧固螺钉，消除松动现象
外壳带电	（1）电源线或焊接电缆线处碰外壳 （2）焊接电缆绝缘破损处碰工件 （3）线圈松动后碰铁心 （4）内部裸导线碰外壳或机架	（1）检查接线处，排除碰外壳现象 （2）检查焊接电缆，用绝缘带包好破损处 （3）检查线圈，调整和紧固好松动的线圈 （4）检查内部导线，排除碰外壳处
使用时焊接电流忽大忽小	（1）电网供电电压波动太大 （2）电流细调节机构的丝杠与螺母之间因磨损间隙过大，使动铁心振动幅度增大，导致动、静铁心相对位置频繁变动 （3）动铁心与静铁心两边间隙不等，使焊接时动铁心所受的电磁力不等，产生振动过大，也同样使动、静铁心的相对位置经常变动 （4）电路连接处有螺栓松动，使焊接时接触电阻时大时小地变化	（1）电网电压是否波动可用电压表测量得出。如果确属电网电压波动的原因，可避开用电高峰使用焊机 （2）对动铁心与静铁心之间的间隙进行调整 （3）调节丝杠与螺母的间隙，可用正、反摇动调节手柄方法检查。用手能感觉出间隙的大小，确是间隙过大不能使用时，应更换新件 （4）将螺栓拧紧接牢便可
冷却风机不转	（1）风机接线脱落断线或接触不良 （2）风叶被卡死 （3）风机上的电动机损坏	（1）检查风机接线处，排除故障点 （2）轻轻拨动风叶，检查是否转动灵活 （3）更换电动机或整个风机

表 3–4　　抽头式弧焊变压器常见故障及维修

故障现象	产生原因	维修方法
焊机不起弧	（1）电源没有电压 （2）焊机接线错误 （3）电源电压太低 （4）焊机绕组有断路或短路 （5）电源线或焊接电源线截面太小 （6）地线和工件接触不良	（1）检查电源开关、熔断器及电源电压，修复故障 （2）检查变压器一次绕组和二次绕组接线是否错误，如有接错应按正确接法重新接线 （3）可用大功率调压器调压或改变一次绕组组成抽头接线，以提高二次电压 （4）断路找到断路点用焊接方法焊接，短路撬开短路点加垫绝缘，如短路严重应重新更换绕组 （5）正确选用截面足够的导线 （6）使地线和工件接触良好
焊机绕组过热	（1）焊机长时间过载 （2）焊机绕组短路或接地 （3）通风机工件不正常 （4）绕组通风道堵塞	（1）按照正确操作和负载持续率及焊接电流正确使用 （2）重绕绕组，更换绝缘 （3）如果反转应改变接线端使风机正转，不转，检查风机供电及风机是否损坏，损坏后更换 （4）清理绕组通风道，以利于散热
焊机铁心过热	（1）电源电压超过额定电压 （2）铁心硅钢片短路，铁损增加 （3）铁心夹紧螺杆及夹件的绝缘损坏 （4）重绕一次绕组后，绕组匝数不足	（1）检查电源电压，并与焊机铭牌电压相对照，给输入电压降压，选择合适挡位，进行调压，使之相符 （2）清洗硅钢片，并重刷绝缘漆 （3）修复或更换绝缘 （4）检查绕组匝数，并验算有关技术参数，添加绕组
电源侧熔体经常熔断	（1）电源线有短路或接地 （2）一次端子板有短路现象 （3）一次绕组对地短路 （4）一、二次绕组之间短路 （5）焊机长期过载，绝缘老化以致短路 （6）大修后绕组接线错误	（1）检查更换 （2）清理、修复或更换 （3）检查绕组接地处，修复并增加绝缘 （4）查找短路点，撬开加好绝缘 （5）处理绝缘可涂绝缘漆或重绕绕组 （6）检查绕组接线，并改正错误接线

续表

故障现象	产生原因	维修方法
焊接电流不可调	电抗器绕组重绕后与原匝数不符，匝数少	按原有匝数绕制
焊接电流过小	（1）焊接电缆截面不足或距离过长，使电压过大 （2）二次接线端子过热烧焦 （3）电源电压不符，如应该接 380V 的焊机，错误接在 220V 的电源上 （4）地线与工件接触不良 （5）焊接电缆盘成绕组状	（1）正确选用电缆截面，重新确定长度，应在焊机要求的距离内工作 （2）修复或更换端子板和接线螺栓等，并应紧固 （3）检查电源电压，并与焊机铭牌上的规定相符 （4）将地线与工件搭接好 （5）尽量将焊接电缆放直
焊接过程中电流不稳	（1）电源电压波动太大 （2）可动铁心松动 （3）电路连接处螺栓松动，使焊接时接触电阻时大时小	（1）检测结果确属电网电压波动太大，可避开用电高峰使用焊机；如果是输入线接触不良，应重新接线 （2）紧固松动处 （3）检查焊机，拧紧松动螺栓
焊机外壳漏电	（1）绕组对地绝缘不良 （2）电源线不慎碰机壳 （3）焊接电缆线不慎碰机壳 （4）一、二次绕组碰地 （5）焊机外壳无接地线，或有接地线，但接触不良	（1）测量各绕组对地绝缘电阻，加热绝缘 （2）检查碰触点，并断开触点 （3）检查碰触点，并断开触点 （4）查找碰地点撬开，加热绝缘 （5）安装牢固的接地线
焊机振动及响声过大	（1）动铁心上的螺杆或拉紧弹簧松动、脱落 （2）铁心摇动手柄等损坏 （3）绕组有短路	（1）加固动铁心、拉紧弹簧 （2）修复摇动机构、更换损坏零件 （3）查找短路点，并加热绝缘或重绕绕组
焊机绕组绝缘电阻太小	（1）绕组太脏或受潮 （2）绕组长期过热，绝缘老化	（1）彻底清除灰尘，积垢或烘干 （2）浸漆或更换绝缘或重绕绕组
调节手柄摇不动或动铁心、动绕组不能移动	（1）调节机构上油垢太多或已锈住 （2）移动线路上有障碍 （3）调节机构已磨损	（1）清洗或除锈 （2）消除障碍物 （3）检修传动机构，更换已磨损零件

三、弧焊变压器维修案例

1. 维修案例一

【故障症状】

某厂一台 BX3–350 型弧焊变压器（动圈式），其他功能正常，但电流调节达不到标牌标示的最大电流，需维修以使其正常工作。

【原因分析】

BX3–350 型弧焊变压器的电流调节机构如图 3–6 所示。

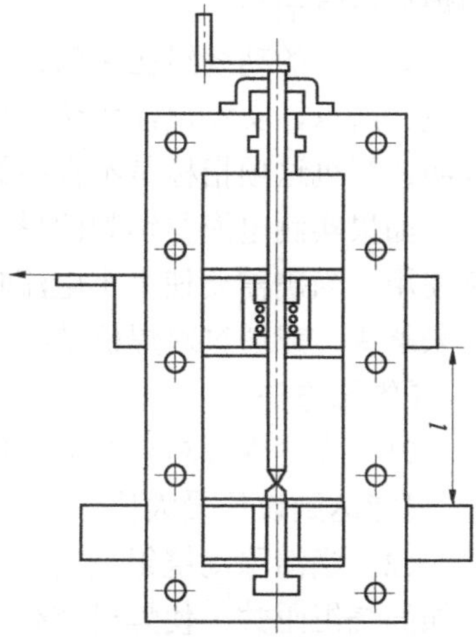

图 3–6 BX3–350 型弧焊变压器的电流调节机构

当动、静绕组的间距 l 最小时焊机的电流最大。如果焊机的动绕组活动空间受阻，使两绕组的间距没有达到设计的最小值时，焊接电流便不会达到标志的最大值；另外，焊机动绕组各接头处如果接触不良，也会因接触电阻增大而使电流减小。BX3 系列的弧焊变压器分为大小两挡，经转换开关变更接线接法，如果转换开关及其接线头接触不良，也会因接触电阻增大而使焊机的电流减小。

【维修方法】

（1）清理动绕组滑道上的障碍，使两绕组的间距可调到设计的最小值。

（2）清理动绕组各接头的接触面，并拧紧螺钉，使接触电阻最小。

（3）更换不合格的转换开关，清理各接头接触面，拧紧接线螺钉。

2. 维修案例二

【故障症状】

某厂一台动圈式 BX3–350 型弧焊变压器，使用正常，但电流调节达不到标示的最小值，需维修以使其满足焊接生产需要。

【原因分析】

动圈式交流焊机的电流调节，是靠改变动、静绕组的间距 l（见图 3–6）来调节弧焊变压器输出电流的。当 l 最小时，变压器的漏抗最小，所以焊机电流最大；反之，当 z 最大时，漏抗最大，而焊机电流最小。

该焊机的动绕组在调到最高处情况下，却没达到设计的 l 最大值，所以，实测电流仍达不到焊机铭牌上标志的最小电流值，说明该焊机这项指标是不合格的。

如果实测电流与铭牌的最小电流相差不大，不需调整可以继续使用。当确需要使用小电流时，可用在焊接电路中串联电阻方法来解决，或通过对焊机结构做某些调整来实现。

【维修方法】

（1）在确保焊机质量的前提下，清除动绕组调高的障碍，使 l 尽可能达到设计最大值。

（2）当清除动绕组调高的障碍后，仍达不到要求时，可适当增加静绕组匝数，使焊机空载电压适当降低，可以实现焊机最小电流的减小。需要注意，这样做的弊端是焊机的最大电流会相应下降一些。

3. 维修案例三

【故障症状】

某厂有一台废旧 BX6–250 型焊机，打开机壳发现内部变压器铁心损坏但绕组完好，其他零件均正常，需进行维修以使其正常工作。

【原因分析】

该焊机故障只要重新制造铁心即可修复焊机。

【维修方法】

绝大多数电焊机里的铁心部件都是用硅钢片制作的。硅钢片的冲剪和叠装技术决定铁心的质量。硅钢片的制作成型设备有各种规格的剪板机，不同吨位的冲床等。剪切是制作硅钢片的首选方法，可以使硅钢片的片长与轧制方向一致，这一点对冷轧有取向的硅钢片更为重要。

为了剪后的硅钢片尺寸准确、无毛刺、质量好，必须使剪床上下刀刃的间隙合理，可通过调整剪床上的调节螺栓，并配合定位板来保证。剪切时，试剪切的硅钢片，要用卡尺测量尺寸和角度。不符要求时，要调整剪床的定位板或刀刃间隙，直到达到要求时为止。剪切和冲压的硅钢片，都要求毛刺要小于 0.05mm。

硅钢片的长度与宽度，可用卡尺或专用工具测量。硅钢片的角度偏差，可取两片同样的硅钢片反向对叠比较测量。如图 3–7 所示，角度偏差值越小，质量越好。

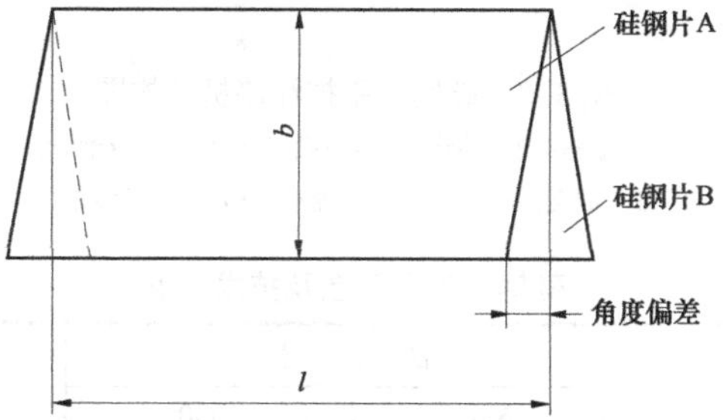

图 3–7 硅钢片角度偏差的测量

b—宽度；*l*—长度

修理所用的硅钢片，如果需涂漆，则片数不多可用手涂刷或喷涂法来涂漆，但手涂刷漆膜厚度难以控制。如果需涂漆的硅钢片数较多时，可以自制图 3–8 所示专用的手摇硅钢片涂漆机，其中淋油管下方每隔 15mm 设置一个 ϕ1mm 的淋油孔。如果使用焊机变压器原有的硅钢片，其绝缘漆膜破坏时，必将引起铁心涡流损耗增大，使铁心发热。铁心修理时，硅钢片上必须清除残漆膜，重新涂漆；否则，另涂新漆会使硅钢片厚度增加，叠成铁心必然尺寸扩张，套不进绕组线圈，必须清除旧残漆膜。清除硅钢片残漆膜可采用化学处理法。将 10%的苛性钠或 20%磷酸钠溶液加热到 50℃，苛性钠全部溶解后将硅钢片散开浸泡，待漆膜都膨胀起来并开始脱落时可将硅钢片移到热水中刷洗，洗净后再放到清水中冲净、晾干或烘干，最后再涂新漆。硅钢片涂漆工艺及技术要求列于表 3–5。

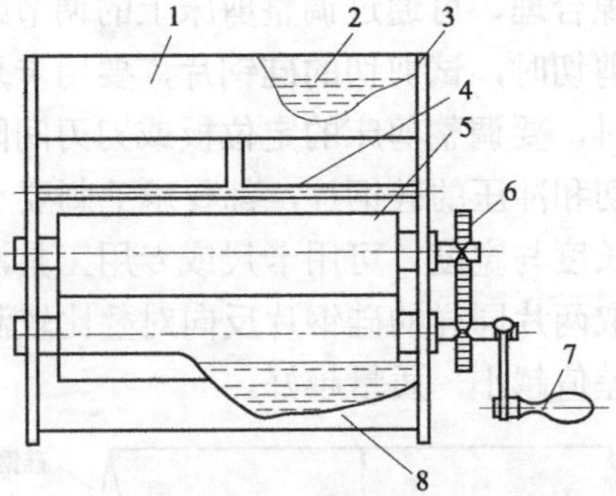

图 3–8　硅钢片手摇涂漆机结构图

1—上漆槽；2—绝缘漆；3—机架支板；4—淋油管；5—钢辊；6—齿轮；7—摇动手柄；8—下漆槽

表 3–5　　硅钢片涂漆工艺及技术要求

工艺要求	漆标号		技术要求
	1611	1030	
稀释剂	松节油		漆中不应有杂质和不溶解的粒子，漆膜干燥后应光滑、平整、有光泽，无皱纹、烤焦及空白点、漆包和气泡等缺陷
黏度（Pa・s）	采用 4 号黏度计，在（20±1）℃时为 50～70	采用 4 号黏度计，在（20±1）℃时为 30～50	
干燥温度（℃）	200	105±2	
干燥时间（min）	12～15	120	
漆膜厚度（mm）	两面厚度之和为 0.01～0.15		

铁心叠装时，要求硅钢片边缘不得有毛刺，每一叠层的硅钢片片数要相等，夹件与硅钢片之间要绝缘，夹件与夹紧螺栓间要绝缘，铁心硅钢片与夹紧螺栓间要绝缘。铁心硅钢片的叠厚不得倾斜，应时刻检查。要控制叠片接缝间隙在 1mm 以内，间隙太大会使空载电流增加。铁心叠装时用到的工具有铜锤、黄铜撞块、

拨片刀等。

铁心硅钢片的片数是根据图样尺寸、硅钢片厚度和叠片系数计算的，硅钢片的叠片系数ξ与硅钢片表面漆膜厚度、硅钢片的波浪性、切片质量及夹紧程度有关。叠片系数越大，一定厚度的叠片数就越多。弧焊电源变压器和电抗器铁心硅钢片的叠片系数见表 3–6。

表 3–6　　弧焊电源用硅钢片叠片系数（ξ）

序号	硅钢片类型	硅钢片厚度（mm）	叠片系数ξ
1	冷轧、热轧硅钢片，表面涂漆	0.5	0.93
2	冷轧、热轧硅钢片，表面不涂漆	0.5	0.95
3	冷轧硅钢片，表面不涂漆	0.35	0.94
4	热轧硅钢片，表面不涂漆	0.35	0.91

弧焊电源变压器、电抗器的铁心大都采用双柱或三柱铁心结构。铁心的叠装采用交叉叠装方式，有双柱铁心交叉叠装和三柱铁心交叉叠装两种形式，如图 3–9 和图 3–10 所示。叠片打底时可以使用一面的夹件，将夹件平放里面向上，外面向下使之垫平，然后在夹件上面垫上一层绝缘垫片，其后便在绝缘垫片上面按图 3–9 或图 3–10 所示的形式，一层一层地叠片。每层硅钢片的片数可取 3 片或 4 片，按着硅钢片叠装技术要求进行。当铁心的片数达到要求后进行整形，装绝缘垫片，装另一面夹件，在夹件紧固过程中进行最后整形。

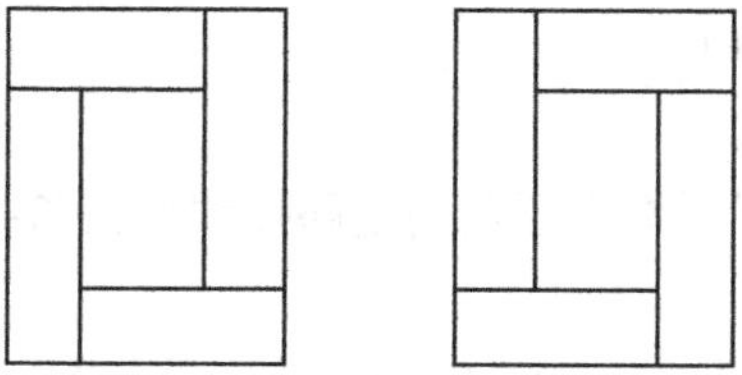

(a)　　(b)

图 3–9　双柱铁心交叉叠装

（a）单层数；（b）双层数

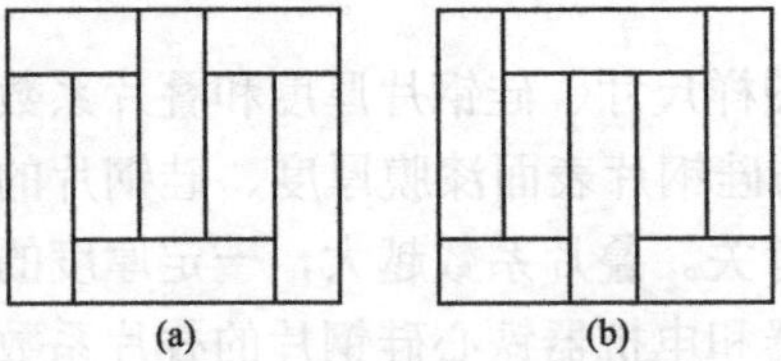

图 3–10　三柱铁心交叉叠装

（a）单层数；（b）双层数

叠片过程中，铁心的形状和尺寸一定要达到要求，硅钢片相对的缝隙要小而且均匀，不得相互叠压，硅钢片叠层要夹紧。铁心组装的最后工序是防锈处理，即对铁心硅钢片侧面的剪切口均涂防锈漆；也可以在以后绕组套装铁心后，将变压器或电抗器整体浸漆一次，以提高焊机的绝缘强度和防锈能力。

变压器或电焊机的铁心，是由夹件、绝缘板、硅钢片等用螺栓夹紧的。螺栓的螺杆与铁心、铁心与夹件、夹件与螺栓之间都互相绝缘，否则在变压器工作时螺杆中会产生涡流而发热，严重情况下能将铁杆烧红，影响变压器或电焊机的质量。绝缘的方法是夹件与硅钢片间放置绝缘板，垫片与夹件间放置绝缘垫，螺杆除端头的螺母、垫片位置外，均放在绝缘管内，与夹件和硅钢片进行绝缘处理。

4. 维修案例四

【故障症状】

某厂有一台废旧 BX6–250 型焊机，其机壳完好，内部变压器铁心完整但绕组损坏，其他零件均正常，需进行维修以使其正常工作。

【原因分析】

该焊机故障实际上在变压器铁心已知的情况下，通过设计制作绕组来修复焊机。

【维修方法】

BX6–250 型弧焊变压器的电路接线如图 3–11 所示，首先进行绕组的设计。

将铁心拧紧夹实，测量铁心柱的宽度 a（cm）、厚度 b（cm），计算得铁心柱的横截面积为

$$S_{ab}=ab\ (\mathrm{cm}^2)$$

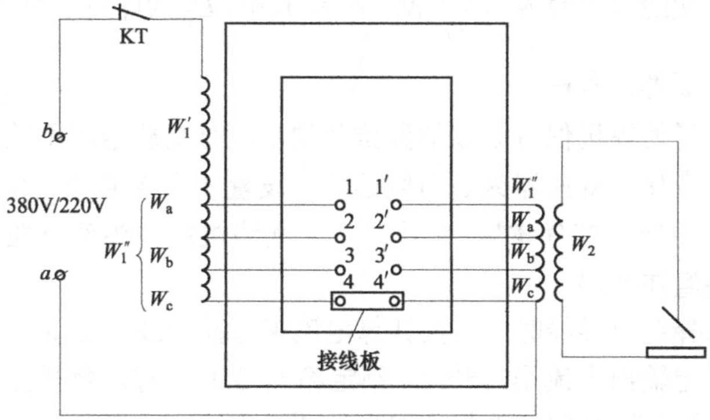

图 3–11　BX6–250 型弧焊变压器的电路接线图

KT—温度继电器；W_1'—一次基本绕组；W_1''—抽头绕组总和；

W_a、W_b、W_c—抽头绕组；W_2—二次绕组

铁心叠片厚度 b 是实际尺寸，用于计算时，要乘以硅钢片的叠片系数ξ（见表 2–40），将实测的厚度尺寸换算成净厚度尺寸用于计算，所以，铁心柱的计算截面积 S 为

$$S=\xi S_{ab}=\xi ab\ (\mathrm{cm}^2)$$

一次绕组 W_1 的匝数（N_1）按变压器的电磁感应公式计算，即

$$N_1=\frac{U_1}{4.44fSB_m10^{-4}}\ （匝）$$

式中：U_1 为额定一次电压，按焊机标牌的标定取，V；f 为电网频率，为 50Hz；S 为铁心柱的计算截面，cm^2；B_m 为铁心硅钢片的磁感应密度的极大值，由硅钢片的质量而定。一般冷轧硅钢片，取 B_m=1.5～1.7（T），常用在便携式焊机上；热轧硅钢片，取 B_m=1.2～1.4（T）。

变压器的左侧芯柱只设置一次绕组 W_1，W_1 由两部分构成，其中，无抽头的基本部分 W_1' 占 2/3，其余 1/3 为有抽头部分 W_1''，设 4～6 个头，即 $W_1= W_1'+W_1''=W_1'+W_a+W_b+W_c$。其中，$W_1$ 绕组制作时，W_1' 绕在里层，而 W_1'' 绕在外层。

二次绕组匝数 $N_2=\frac{U_0}{U_1}N_1$（匝），其中，U_0 为焊机的空载电压，在焊机标牌上有标示。

为了使焊机保持必须的漏抗和调电流时空载电压不致有大起大落的变化。变压器铁心右侧芯柱上设置二次绕组 W_2 和重复一次绕组的抽头部分 W_1''。制作时，一次绕组的抽头部分在里层，二次绕组在外层。

选择绕组导线时，需要计算电流来选择导线。BX6–250 型焊机的额定输出电流是 250A，额定输入 380V 时，负载持续率是 20%，电流为 216A。选择绕组导线要把焊机 20%负载持续率时的电流换算成负载持续率 100%情况下的电流，再根据最终折算电流进行导线的选择

$$I_1=216\sqrt{20/100}=216\times0.45=97.2\text{（A）}$$

$$I_2=250\sqrt{20/100}=250\times0.45=112.5\text{（A）}$$

式中：I_1、I_2 分别是一、二次绕组的折算电流。

根据折算电流和选定的电流密度计算导线的截面积 S_1 和 S_2

$$S_1=I_1/j_1;\quad S_2=I_2/j_2$$

式中：S_1 和 S_2 分别是一、二次绕组导线的计算截面积，mm^2；j_1 和 j_2 分别是一、二次绕组导线的电流密度，A/mm^2。

确定焊机变压器用导线电流密度时，要考虑电焊机的容量等级、绝缘等级、该绕组的散热条件以及绕组的具体结构。对于铜导线的绕组，可按表 3–7 选取。绕组的结构设计不同时，电流密度的选取将不同，如单层裸导线或具有导风沟槽的绕组，其电流密度可按表 3–7 取数值的上限；而多层密绕的绕组又无风道时，则电流密度可取下限值或更低一些。

表 3–7 焊机变压器绕组的电流密度

电流密度 绝缘（A/mm²） 等级与冷却方式	焊机容量（kV·A）		
	1～10	10～100	＞100
B 级，自冷	2～2.8	1.8～2.6	1.6～2.4
B 级，风冷	3.5～5.5	3.5～4.5	3～3.5
F 级，风冷	4～6	3.5～5	3～4
H 级，风冷	5～7	4～5.5	3.5～5

对于铝导线的绕组，由于其电阻率高于铜，所以其电流密度的选取可按上述铜导线的选取条件和因素去考虑，将按表 3–7 选取的数值乘以 0.85。

一般小功率焊机，B 级绝缘材料、空气自冷方式时，绕组电流密度可选 2～2.8A/mm^2（见表 3–7）。

根据计算的导线截面积，查表 1–8 和表 1–9 选取合适导线规格。

根据变压器铁心尺寸和导线规格进行绕组结构设计并制作绕组。一般电焊机变压器的一次绕组，都是多层密绕的结构形式，采用双玻璃丝包扁线绕成。

使用绕线模可以使绕组绕制得规整。绕线模的材料，如果一次性地修理，可以用硬质的木材制作；如果经常使用，应采用钢、铝金属材料或层压绝缘板制作。

绕线模的结构和尺寸应按绕组的图样尺寸要求来设计。它是由模芯和模板构成，为了卸模方便，模芯做成两个相同的楔形体的半模芯，使用时两个半模芯对成一个整模芯（见图 3–12），要保持转轴孔贯通和模芯的尺寸。

绕组的绕制在专用的绕线机上进行，如果条件不允许或一次性修理的绕组，可自制简易的木架（或钢架）支撑和转动绕线模，如图 3–13 所示，也可以利用卧式车床当绕线机，在慢车状态下进行绕制。

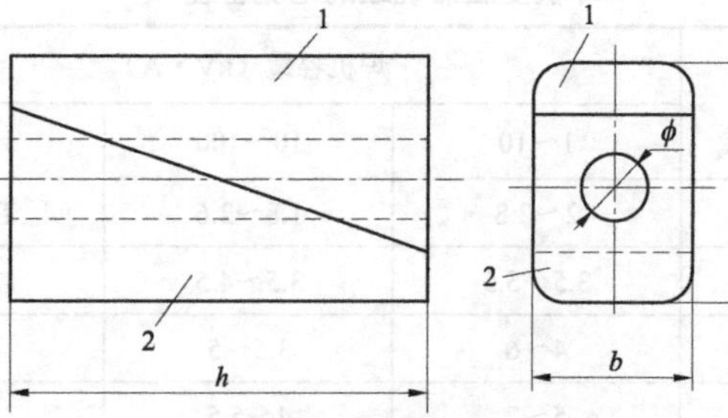

图 3–12 绕线模的模芯结构

1—上半模芯；2—下半模芯

a—模芯长度；*b*—模芯宽度；*h*—模芯高度

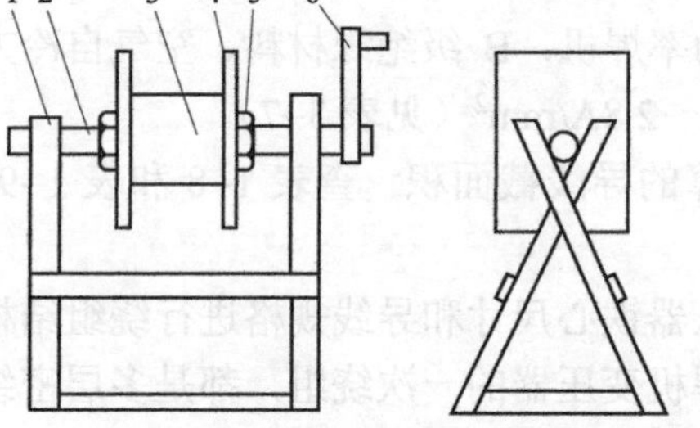

图 3–13 简易绕线支架

1—支架；2—转轴；3—绕组模芯；4—模板；5—紧固螺母；6—摇把

大、中功率焊机的绕组制作不用骨架，其与铁心的绝缘是使用撑条。250A 以下的中、小功率焊机的绕组要使用骨架。焊机的骨架一般采用注塑件。在焊机的修理或单机的试制工作中，如果注塑骨架搞不到，可用 0.5～2mm 厚的酚醛玻璃丝布板自制矩形铁心的骨架，具体如图 3–14 所示，其中 *t* 的尺寸与夹板的厚度一致。

弧焊变压器中的二次绕组流过较大的电流，通常采用扁铜线立绕结构（见图 3–15），以保证绕组散热良好、节约成本并保证有足够的机械强度。

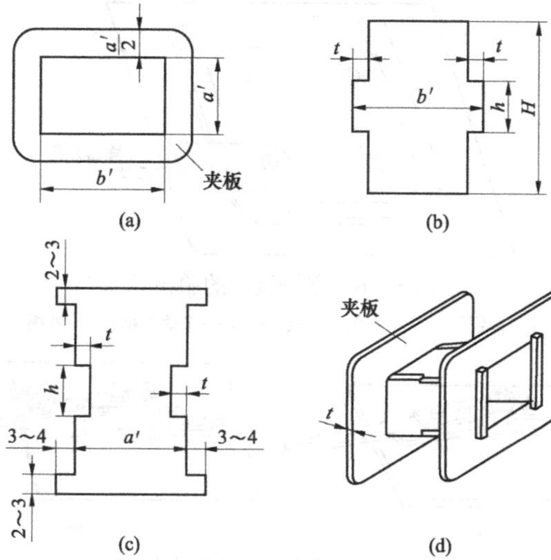

图 3-14 绕组骨架的制作

（a）夹板；（b）侧板 1；（c）侧板 2；（d）组装形式

立绕绕组的绕制需在专门的立绕绕线机上进行。条件不允许时，也可以人工在胎模具上一匝匝地锤击绕制（见图 3-16）。铜线在折弯时应使用夹具夹住，防止其扭曲不平。扁铜线在绕制过程中，绕组扁线外角边缘会因受拉而变薄些，而内角边缘又会因受挤压而变厚，可在绕组退火后进行绕组整形，即用平锉将其高出的部分锉平。整形后，可在绕组匝间垫上浸过虫胶漆的石棉纸板条，然后装夹固定。

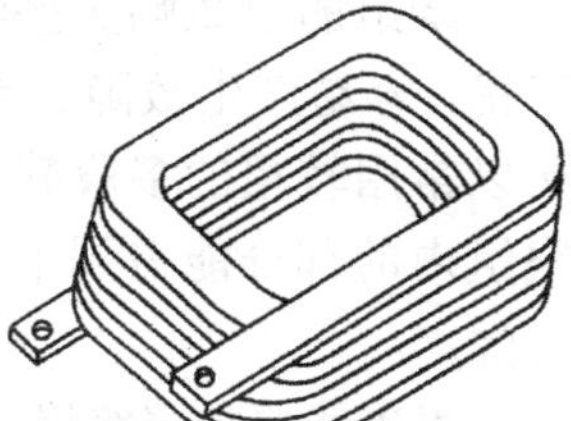

图 3-15 扁铜线立绕绕组

扁铜线绕制的绕组，其起头和尾头的引出线在折弯处是 90°立向折曲的。这种扁线的立向 90° 的弯曲必须使用图 3-17 所示的专用工具进行制作。小截面的扁铜线可以直接立向折弯；而大截面的扁线折弯，为保证质量和美观，应用火焰加热（600℃），进行局部退火，效果会更好。

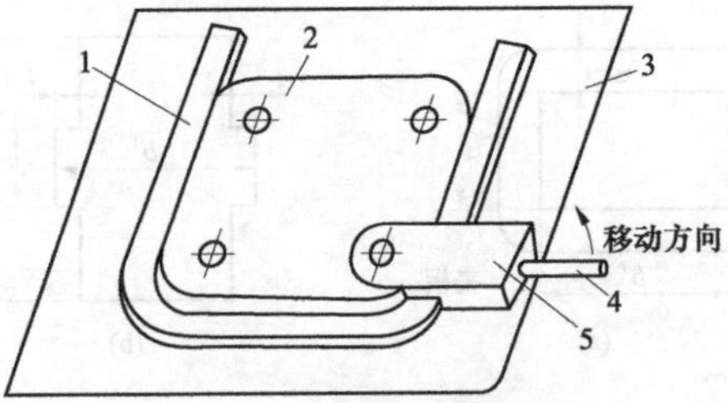

图 3–16 立绕绕组的胎模具

1—扁铜线；2—内模；3—底座；4—移动手柄；5—外模

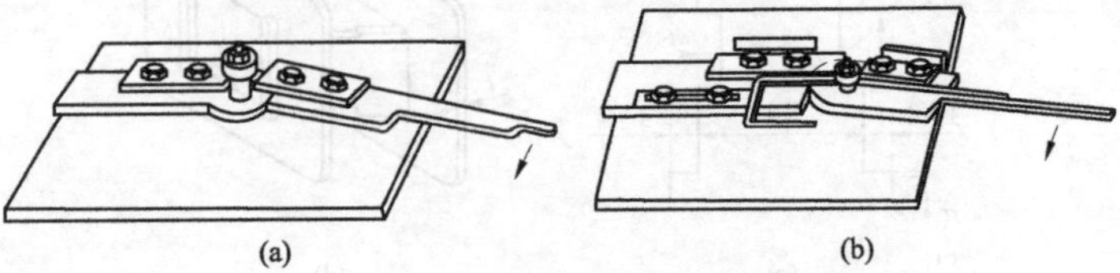

图 3–17 扁铜线立绕折弯专用工具

（a）小尺寸；（b）大尺寸

绕组的出线端头接输入或输出线，由于温升高且受机械力干扰，容易产生故障。当绕组的导线在ϕ2mm 以下时较易折断，所以常用较粗的多股软线作为引出线。引出线的长度要保证在绕组内的部分能占到半圈以上。导线与引出线的接头可采用银钎焊。

引出线要加强绝缘，一般都采用在引出线外再套上绝缘漆管的方法。漆管的长度要大于引出线，并能把引出线与绕组导线的焊接接头也套入内。当绕组的导线较粗时，就不用另接引出线了，用绕组的导线直接引出，同样套上绝缘漆管。

无骨架绕组的首端和末端，在最边缘的一匝起点和终点折弯处，应采用从其邻近数匝线下面用绝缘布拉紧带固定，如图 3–18（a）所示，导线较粗时，可多设几处拉紧带固定点。

有骨架的绕组，其首端和末端的引出线不用固定，只在骨架一端板上适当位置设穿线孔便可，如图 3–18（b）所示。有骨架绕组的引出线同样要套上绝缘漆管。

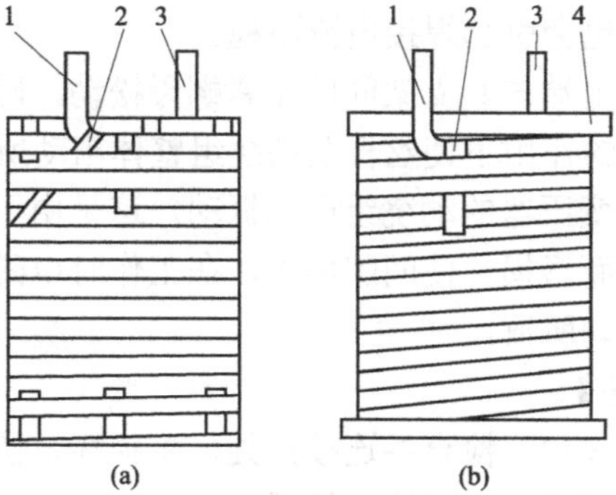

图 3–18　扁线绕组引出线示意图

（a）有骨架绕组；（b）无骨架绕组

1—末端；2—拉紧带；3—首端；4—骨架端板

绕组制作完成后，可转入浸漆绝缘工序。无论有骨架或无骨架的绕组，加了绝缘漆管的引出线，将随绕组整体一并浸漆，以使绕组结构固化，绝缘加强。绕组主要浸渍 1032 漆和 1032–1 漆，都属于 B 级绝缘，主要有预热、浸漆和烘干三个步骤。

预热一般应在 100℃以下炉中进行，目的是驱除绕组中的潮气。预热的绕组冷却至 70℃时浸入到绝缘漆中，当绝缘漆液面不再有气泡时便浸透了，取出绕组沥干后放入烘干炉烘干，然后进行第二次浸漆、沥干、烘干。1032 和 1032–1 漆的烘干温度均可加热 120℃，但 1032 漆需烘 10h，而 1032–1 漆只要烘干处理 4h。

5. 维修案例五

【故障症状】

某厂一台动圈式 BX3–350 型弧焊变压器，焊机使用时电流不稳定，忽大忽小，难以进行正常焊接施工，需维修以使其正常工作。

【原因分析】

经检测，电网供电正常，则该弧焊变压器工作时，在电弧长度不变的条件下焊接电流产生忽大忽小的原因可能是：

（1）焊机长期使用，其输入、输出电路中连接点处螺钉松动，接触电阻变化也会引起焊接电流不稳。

（2）丝杆上端与其支架间的压紧螺母松动，碟形弹簧失去作用，在电磁力的作用下使丝杆及动绕组整体窜动所致。

（3）弧焊变压器的动绕组产生振动，这是由于调节丝杆与螺母间长期使用而磨损，使间隙增大，在工作时电磁力的作用下使动绕组连续滑动所致。

【维修方法】

针对故障（1），检查各连接点处，将损坏、锈蚀和松动的接头清理干净并修好，将螺栓拧紧即可。

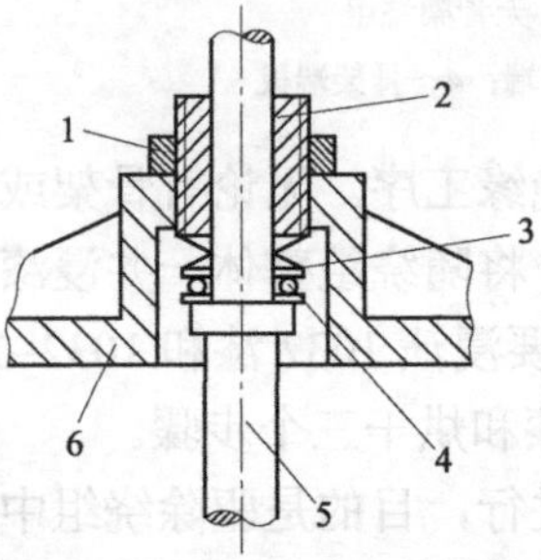

图 3–19 丝杆与支架间的减振机构

1—锁紧螺母；2—调节用空心螺钉；3—蝶形弹簧；4—推力轴承；5—丝杆；6—机壳支架

针对故障（2），如图 3–19 所示，应调整丝杆与机壳支架之间的减振装置，支架是固定的，将调节用的空心螺钉旋紧并压在碟形弹簧上，这时再将锁紧螺母锁紧，丝杆就不会滑动。如果蝶形弹簧失效，应及时更换。

针对故障（3），如图 3–20 所示，应调整丝杆与动绕组间的减振装置。组装时，应预先将调节螺母向上抬起 4mm 左右，使弹簧有一个压缩量，再将丝杆旋入，借助弹簧力消除间隙而起到减振作用。但是，当丝杆与螺母间磨损严重，间隙增大时，应更换新的丝杆和螺母。

6. 维修案例六

【故障症状】

某厂一台动铁心式 BX1–330 型弧焊变压器，使用时焊接电流不稳定，忽大忽小，无法保证正常焊接使用。

【原因分析】

图 3–21 所示为是 BX1–330 型弧焊变压器动铁心调节机构。BX1–330 型弧焊变压器属动铁心式交流焊机，该类焊机的电流调

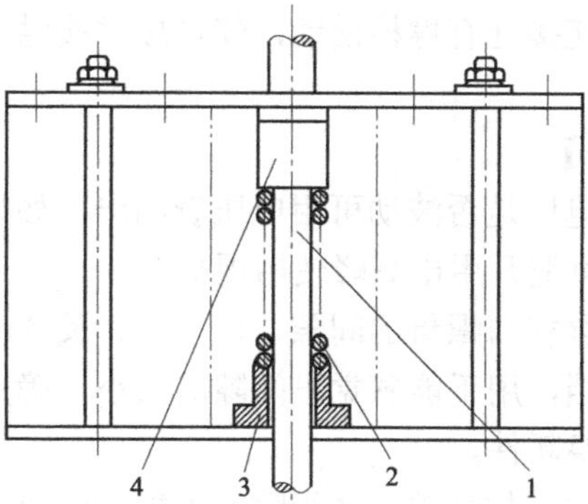

图 3-20 丝杆与动绕组间的减振机构

1—丝杆；2—弹簧；3—调节螺母；4—螺母

节是采用粗调（分大小两挡）和细调相配合的方法实现的。其电流细调节，是用移动活动铁心来改变动、静铁心的相对位置来获得所需的焊接电流。

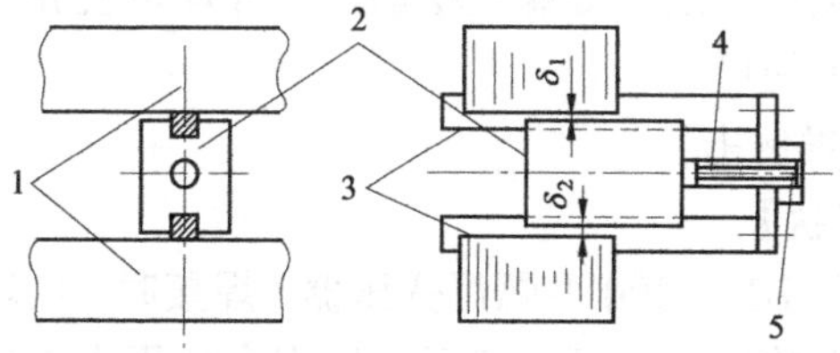

图 3-21 BX1-330 型弧焊变压器动铁心调节机构

δ_1、δ_2—动铁心与静铁心之间的间隙

1—静铁心；2—动铁心；3—导轨；4—丝杠；5—螺母

引起该类焊机焊接电流不稳定的原因可能是：

（1）电网供电的电压波动较大引起的。

（2）电流细调节机构的丝杠与螺母之间因磨损间隙过大，使动铁心振动幅度增大，导致动、静铁心相对位置频繁变动所致。

（3）动铁心与静铁心两边间隙不等，即δ_1与δ_2数值不等，使焊接时动铁心所受的电磁力不等，产生振动过大，也同样致使动、静铁心相对位置的经常变动所致。

（4）电路连接处有螺栓松动，使焊接时接触电阻时大时小地变化。

【维修方法】

（1）电网电压是否波动可用电压表测出，如果确属电网电压波动的原因，可避开用电高峰使用焊机。

（2）调节丝杠与螺母的间隙，可用正、反摇动调节手柄方法检查。因有空档，用手能感觉出间隙的大小。确实间隙过大不能使用时，应更换新件。

（3）活动铁心与静铁心之间隙，可根据图 3–21 所示结构进行调整。为防止振动，应保证动铁心与静铁心之间两面的间隙相等。除了用导轨保证外，维修时可用适当厚度的玻璃丝布板垫在活动铁心下面。这样活动铁心下沉时也可以保证间隙相等。只要间隙相等，振动就会最小。另外，导轨起着活动铁心的导向作用，因此，导轨要固定牢固，不可松动。

（4）如果电路连接处螺栓松动，打开焊机机壳便可发现，将螺栓拧紧接牢便可。

7. 维修案例七

【故障症状】

某厂一台 BX1–300 型弧焊变压器，焊接时，机箱内发出打火的“滋、滋”响声，拆开机箱后，发现在使用小电流时，动铁心与静铁心之间打火，需维修以防止产生更大故障。

【原因分析】

该焊机为斜形动铁式，如图 3–22 所示，焊机在采用小电流焊接时，斜形动铁心处于静铁心内部。电流越小，动、静铁心之间的间隙δ也越小。由于气隙的磁阻小，所以这时动铁心与静铁心之间的电磁作用力很大。

如果由于维修或搬运等其他原因造成间隙不均匀，会使铁心产生振动，形成动铁心与静铁心之间的碰撞接触，在铁心接触的瞬间，使铁心硅钢片的局部形成了电磁感应回路而产生火花。另外，支持动铁心的滑道一般都是用金属（黄铜或铸铝）制成，滑

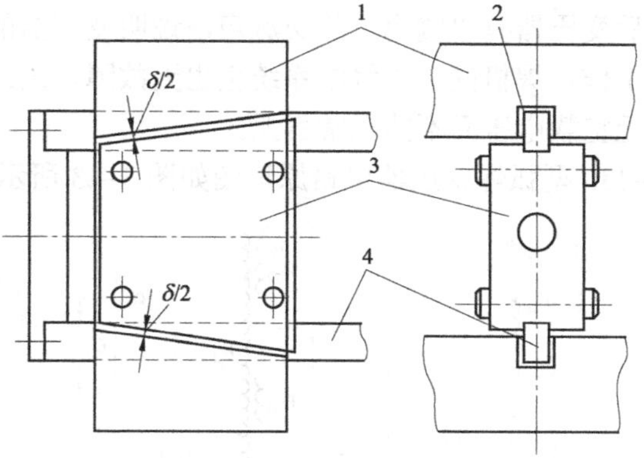

图 3–22 动铁心与静铁心的位置示意图

1—静铁心；2—绝缘；3—动铁心；4—滑道

道与静铁心之间的绝缘如果损坏，火花将会更大。如果不及时排除故障，将造成铁心发热，绕组损坏而焊机无法使用。

【维修方法】

（1）首先检查静铁心与滑道的绝缘是否损坏，如破损应更换新的绝缘。

（2）再将焊机的动铁心移动到最内部，检查动、静铁心间隙上下两边是否均匀，每边应为$\delta/2$，发现不均匀应调整支撑动铁心的滑道位置。间隙调整均匀后，再将滑道固定牢固。只要保证间隙均匀，上下两边产生的电磁力大小就会相等，动铁心的振动基本可消除。

8. 维修案例八

【故障症状】

一台 BX1–330 型弧焊变压器，电流粗调节位于小挡位置（Ⅰ挡）。焊机接入电网，合上电源刀开关以后，弧焊变压器有“嗡嗡”声，但焊接时不起弧。

【原因分析】

首先测试该焊机通电状态下的输入电压及空载电压，发现其无空载电压，可以判断电网电源的供电正常，供电没问题；其次，焊机合闸后变压器有“嗡嗡”的交流声，说明变压器的一次绕组能够正常工作，焊机的一次绕组系统里也无故障。因此，可以判断是因为无空载电压而不能正常引弧。

BX1–330 型弧焊变压器电路原理图如图 3–23 所示。

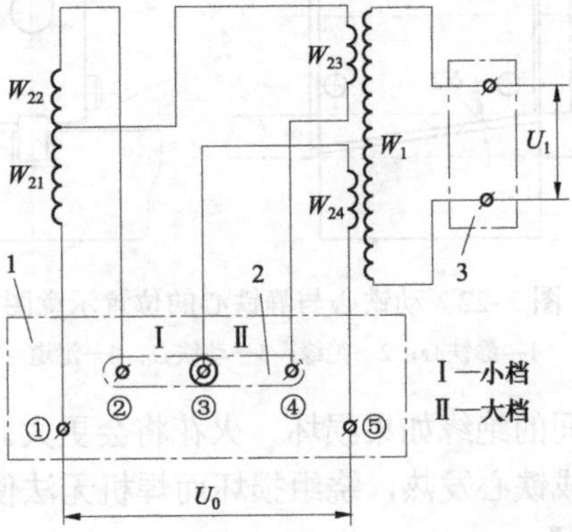

图 3–23　BX1–330 型弧焊变压器电路原理图

1—二次端子；2—换挡接线导电板；3—一次端子板；

U_1—一次电压；W_1—一次绕组；W_{21}、W_{22}、W_{23}、W_{24}—二次绕组

焊机产生无空载电压的原因可能是：① 弧焊变压器的二次绕组 W_{24} 和起漏抗作用的二次绕组（$W_{21}+W_{22}$）有断线处；② 绕组 W_{21}、W_{22}、W_{24} 的引线、连线及其接头断路。以上两种故障，任何一种都可致使焊机无空载电压。其中前者不易发生，而后者则经常发生，尤其使用时间长的焊机，接线螺钉常易松动而脱落。

【维修方法】

首先可感官目测检查后者所述故障原因，也可用分段测量电压确定。如果出现引线、连线及其接头断路等故障，应将断线、掉头的连线、接头重新接好、焊牢及拧紧螺钉，故障便能消除。

其次，可用万用表的交流电压挡测 W_{21}、W_{22}、W_{24} 绕组两端的电压便能找出断线的绕组。这种故障检修时，应对焊机进行大修。即打开变压器铁心的一端磁轭硅钢片，拆下损坏的绕组重新绕制，新绕组要经浸漆干燥后再组装变压器（具体可参见 BX6–250

焊机维修，维修案例四）。

9. 维修案例九

【故障症状】

某厂一批时间较长，仍在投入使用的 BX1–330 型弧焊变压器，有的在大挡电流时使用正常，在小挡电流时电弧不稳；有的在小挡电流时使用正常，但在大挡电流时电弧不能正常燃烧。

【原因分析】

BX1–330 型弧焊变压器电路原理图如图 3–23 所示。

焊机接大挡时，接线板将接线柱③、④连接起来，二次绕组 W_{21}、W_{23}、W_{24} 进入工作状态；接小挡时，接线板将接线柱②、③连接起来，二次绕组 W_{24}、W_{22}、W_{21} 进入工作状态。

当焊机大挡使用正常，小挡不正常时，说明二次绕组 W_{21}、W_{23}、W_{24} 部分没有故障。故障应在绕组 W_{21} 和 W_{22} 的连接点和接线板②、③的连接处，即连接点没焊牢、连接处松动、接触面有锈污等，所以导电接触不良，导致在小挡电流使用时不能引弧。

当焊机小挡使用正常，大挡不正常时，说明二次绕组 W_{21}、W_{22}、W_{24} 及其电路也没故障。焊机调大挡电流时，是二次绕组 W_{21}、W_{23}、W_{24} 进入工作状态，接线板将③与④连接，此时焊机出现上述故障即是出在绕组 W_{21} 与 W_{22} 的抽头接点和接线板的④号螺钉上，如果这些地方接触不好、有锈污、螺钉松动等都会产生上述故障。

【维修方法】

当大挡电流使用正常，小挡电流不能引弧时，检查 W_{21} 和 W_{22} 的连接点是否焊牢，没焊牢固应重新用磷铜钎焊焊牢，并包扎绝缘；将接线板在②、③的连接处打开，去除接触面的锈污，然后重新连接并拧紧；测量小挡时焊机的空载电压是否与铭牌相符，电压符合即检修完成。

当小挡电流使用正常，大挡电流不能引弧时：① 检查 W_{21} 与 W_{22} 间的抽头是否焊接牢靠，没有焊牢应重新焊好，如果该抽头是螺钉连接，应打开接头清除锈污后再重新接好拧紧；② 将④

号接头打开，清除锈污后重新接好拧紧；③ 将电流大挡接好，测焊机的空载电压与铭牌相符便检修完成。

10. 维修案例十

【故障症状】

某厂一台BX1–300型弧焊变压器，经检测，其焊接回路连接良好，但在焊接施工时焊接电流不稳定，忽大忽小，影响正常焊接施工。

【原因分析】

图3–24是BX1–300型弧焊变压器斜形动铁心调节机构。由于该焊机活动铁心是斜（梯）形的，所以这种焊机也叫斜铁式。它没有换挡，只是动铁心一种方式调节，调节范围宽、刻度均匀、使用方便。

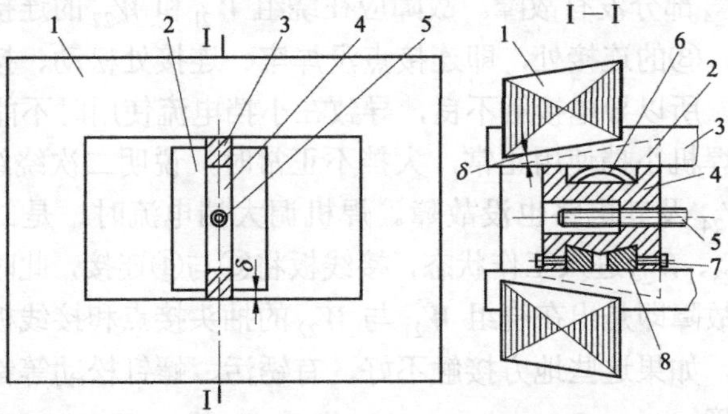

图3–24 BX1–300型弧焊变压器斜形动铁心调节机构

1—静铁心；2—动铁心；3—导轨；4—黄铜垫块；5—丝杠；6—弹簧板；7—调整螺钉；8—楔块；δ—动、静铁心的间隙

如果斜动铁心与静铁心的相对间隙装配不好，或焊机使用受到强烈振动使调节机构有关零件松动，如丝杠与黄铜垫块的螺母的松动、动铁心与导轨间的间隙过大、减振的弹簧板弹力减弱等，则动铁心与静铁心的调节间隙δ就会随动铁心的振动而改变，从而使焊接电流不稳定，忽大忽小地变化，有时甚至不能焊接。

【维修方法】

为了减少动铁心的振动，在动铁心上导轨与黄铜垫块之间装有弧形的弹簧板，这样就保证了动、静铁心两边的间隙，焊机使用时不会产生振动，能够保证焊接时电流的稳定。

如图 3–24 所示，先将活动铁心调节到最里面位置，即电流最小的位置，此时动、静铁心的单面间隙应保持δ为 1～1.5mm，然后将动铁心的导轨固定好，上下导轨应保持平行位置，将螺钉拧入后顶住楔块（在动铁心中间黄铜垫块的下面，设有两块楔块），使动铁心与导轨保持紧密，防止动铁心在导轨上的滑动太松弛。这样，通过调整螺钉，便能调节动铁心在导轨中的松紧。

11. 维修案例十一

【故障症状】

某单位一台 BX6–120 型焊机，在焊接电流 80A 条件下进行焊接施工，初期一切正常，但焊接 10min 左右，不能进行正常焊接，而且不能引弧，放置 30min 左右仍能正常焊接，但不到 3min 即不能正常引弧焊接。

【原因分析】

BX6–120 型交流弧焊变压器是一种结构简单、质量轻、便于移动，适合于维修工作使用的便携（手提）式电焊机。为了减轻质量，电焊机的电流调节采用抽头式有级调节方式，电焊机的负载持续率选定在 10%～20%的低水平，可使铁心、绕组用料最少。BX6–120 型交流弧焊变压器的结构、电路原理图如图 3–25 所示。

由图 3–25 可知，电焊机的一次绕组 W_1 是由基本绕组和抽头绕组所组成的，所以，一次绕组在另一个铁心柱上同样重复绕制，以供抽头选择。一次绕组 W_1 完整地绕在左侧铁心柱上，约占 W_1 的 2/3（设置六个抽头），而 W_1 在右侧的另 1/3 部分也设置六个抽头，以便和左侧相匹配。二次绕组 W_2 绕在右侧铁心柱上 W_1 绕组外侧。

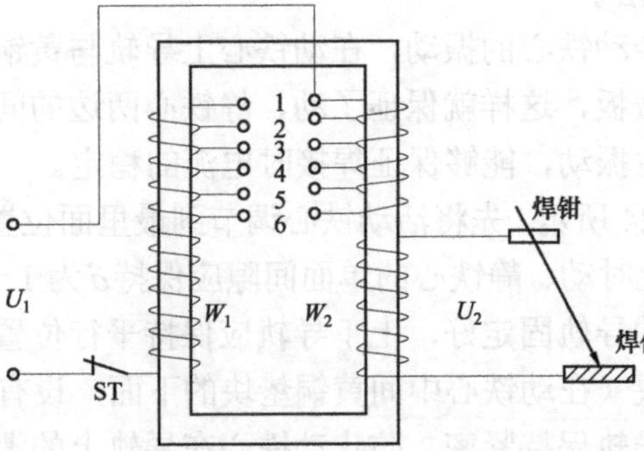

图 3–25　BX6–120 型弧焊变压器结构及电气原理图

W_1—一次绕组；W_2—二次绕组；ST—温度继电器；U_1—一次电压（电源 220/380V）；U_2—空载电压（二次电压）；1～6—抽头调节开关的触点

由图 3–25 可见，该弧焊变压器在一次电路里串接了温度开关（即温度继电器）ST，它放置在工作温度最高的地方（即绕组处），当电焊机工作一段时间之后，绕组发热。当温度达到预定值时，温度开关 ST 的触点打开，切断了输入电路致使电焊机停止工作，从而防止绕组由于温升过高而烧坏，使电焊机得到保护。停一段时间，绕组热量散发之后，温度开关重新复位，又自动接通电焊机的一次电路（电源），电焊机又重新投入工作。

因此，该台 BX6–120 型焊机有可能是绕组发热导致温度开关切断电源使焊接停止工作造成的。

【维修方法】

检查通风机供电及风机是否损坏，发现风机供电电源接线虚焊脱落，重新焊接后风机正常工作，进行正常焊接后焊机工作正常，未出现中断焊接现象，检修完成。

12. 维修案例十二

【故障症状】

某单位新购一台 BX6–120 型弧焊变压器，接线接好后合上电源开关投入使用，在焊接施工不长时间就发现焊机有强烈焦烟味传出，而且焊接电流特别大，不能正常使用。

【原因分析】

虽然焊机有强烈焦煳味，但由于是新购焊机，排除电焊机本身存在内部短路故障的影响因素。我国生产的交流焊机一般一次输入电压为380V，而使用便携式电焊机（BX6–120）的一次电源电压为220V（380/220V两用）。此次故障明显是出在电源上，在使用前没有弄清楚BX6–120便携式电焊机的一次电源电压为220V（380/220V两用），就接电源通电。另外，可以肯定电焊机一次电压为220V接到了380V的电源上。此时，电焊机的空载电压、电流都提高了1.73倍，所以起弧电流很大，焊机过载而产生焦味，如果BX6–120内部的温度开关不灵敏的话，很快就会造成电焊机烧损事故。

【维修方法】

打开机壳，检查绕组及绝缘状况，如果其绝缘电阻在0.5MΩ以上就可以再使用。经检查一次绕组与二次绕组之间的绝缘电阻都在3MΩ以上，所以绝缘合格，按正确接线方法连接焊机的电源输入线后，投入使用，未出现焊机伴有焦煳味和焊接电流特别大的现象，焊接工作正常，检修完成。

第四章

硅弧焊整流器

第一节　硅弧焊整流器的组成与分类

硅弧焊整流器是一种直流弧焊电源，它以硅二极管作为整流元件，将工频交流电变为直流电。硅弧焊整流器是将 50Hz 的工频单相或三相电网电压，利用降压变压器将高电压降为焊接时所需的低电压，经整流器整流和输出电抗器滤波，从而获得直流电，对焊接电弧提供电能。为了获得脉动小、较平稳的直流电采用三相整流电路。硅弧焊整流器的电路一般由主变压器以及使电网三相负载均衡的外特性调节机构、整流器、输出电抗器等几部分组成。图 4–1 所示为硅弧焊整流器的组成。

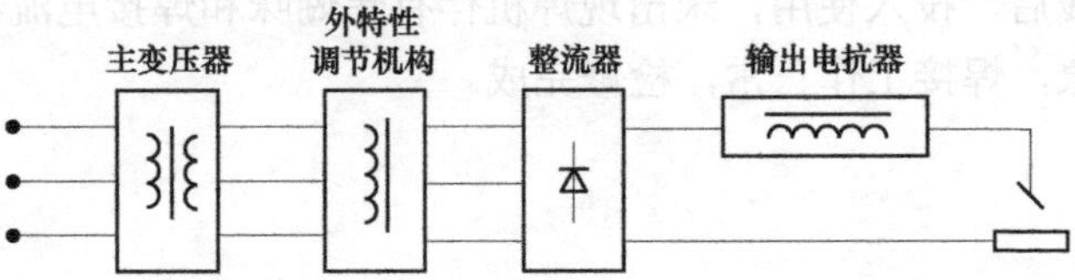

图 4–1　硅弧焊整流器的组成

硅弧焊整流器中都装有风扇和指示仪表。风扇用以加强对上述各部分，特别是硅二极管的散热，仪表用以指示输出电流或电压值。其中，主变压器是把三相 380V 的交流电变换成几十伏的三相交流电。外特性调节机构的作用是使硅弧焊整流器获得形状合适，并且可以调节的外特性，以满足焊接工艺的要求；整流器是把三相交流电变换成直流电，通常采用三相桥式整流电路；输出电抗器是接在直流焊接回路中的一个带铁心并有气隙的电感线圈，其作用主要是改善硅弧焊整流器的动特性和滤波。

在以硅为整流器件的磁饱和电抗器式弧焊整流器中，磁饱和电抗器是其中重要组成部分之一，有单铁心式磁饱和电抗器和双铁心式磁饱和电抗器。

如图 4–2 所示，单铁心式磁饱和电抗器主要由三部分组成：闭合铁心、匝数较多的直流控制绕组 W_k、匝数较少的交流工作绕组 W_j。W_k 两端加直流控制电压 U_k，则流过直流控制电流 I_k，I_kN_k 便产生控制磁通 Φ_K。W_j 接在交流电路中，流过它的电流为负载电流 I_k，由 I_hN_j 产生工作磁通 Φ_j。Φ_K、Φ_j 均通过铁心而闭合。直流磁动势 I_kN_k 与交流磁动势，I_hN_j 共同磁化铁心。图 4–2 中，黑点“●”表示各绕组的同名端。当电流都从同名端流进或流出时，两个绕组产生的磁通 Φ_K 与 Φ_j 方向相同。实际应用中，控制电流 I_k 从零到几安变化，可以引起交流电流 I_h 从几十安到几百安的变化。所以，磁饱和电抗器也称为“磁放大器”。

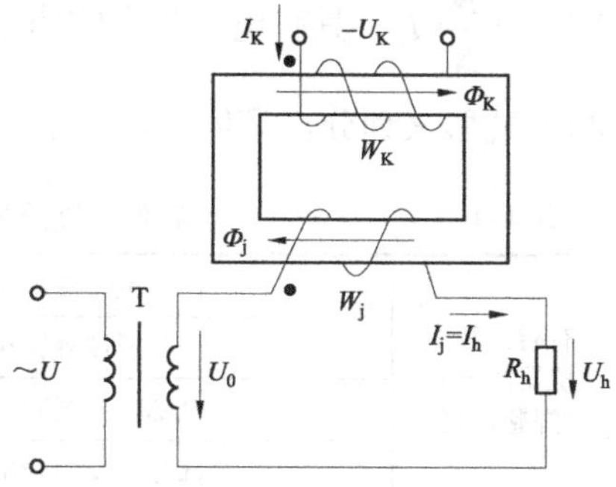

图 4–2 单铁心式磁饱和电抗器结构

双铁心式磁饱和电抗器的结构如图 4–3 所示，它是由两个单铁心式磁饱和电抗器通过不同的接线方式组合而成。接线时，W_k 绕组应串联且同名端接在一起，这样可使直流控制电路中感应的交流电动势相互抵消。

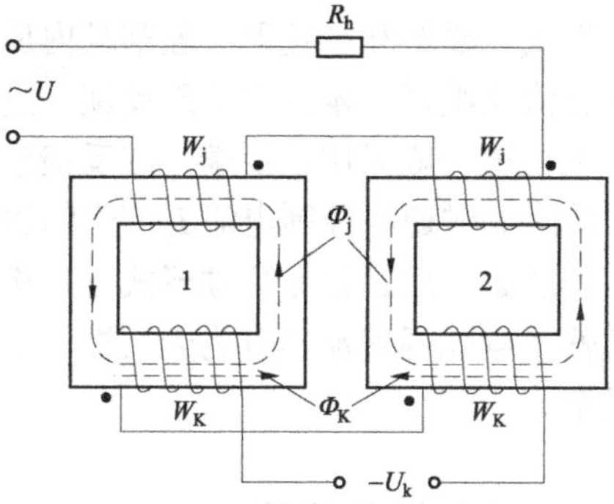

图 4–3 双铁心式磁饱和电抗器的结构

总之，在以硅为整流器件的磁饱和电抗器式弧焊整流器中，磁饱和电抗器是核心部分，它通过改变控制电流 I_k 就可改变铁心的饱和程度，从而实现负载电流 I_h 的调节，并且控制绕组中的直流控制电流 I_h 较小的变化能引起负载电流较大的变化，即$I_h=\frac{N_k}{N_j}I_k$，具有电流放大的作用。硅弧焊整流器可按有无磁饱和电抗器来划分，具体见表 4–1。

表 4–1　　硅弧焊整流器的分类

<table>
<tr><td rowspan="4">有磁饱和电抗器的硅弧焊整流器</td><td colspan="2">无反馈磁饱和电抗器式硅弧焊整流器</td></tr>
<tr><td colspan="2">外反馈磁饱和电抗器式硅弧焊整流器</td></tr>
<tr><td colspan="2">全部内反馈磁饱和电抗器式硅弧焊整流器</td></tr>
<tr><td colspan="2">部分内反馈磁饱和电抗器式硅弧焊整流器</td></tr>
<tr><td rowspan="6">无磁饱和电抗器的硅弧焊整流器</td><td rowspan="3">变压器为正常漏磁
（外特性是近于水平）</td><td>抽头式</td></tr>
<tr><td>辅助变压器式</td></tr>
<tr><td>调压器式</td></tr>
<tr><td rowspan="3">变压器为增强漏磁</td><td>动圈式</td></tr>
<tr><td>动铁式</td></tr>
<tr><td>抽头式</td></tr>
</table>

所谓反馈，就是将输出量的部分或全部回馈到输入端用以增强（或削弱）输入量。反馈有正反馈和负反馈、电流反馈和电压反馈、内反馈和外反馈等多种形式。磁饱和电抗器一般都是内反馈，即输出量经过整流后通过交流绕组形；本身来实现反馈，没有提供附加反馈绕组。磁饱和电抗器一般采用正反馈，即反馈量电流（或电压）在铁心中产生的附加磁通与控制电流 I_k 产生的磁通方向一致，增强了控制电流的励磁作用。根据反馈形式与结构特点的不同，可将磁饱和电抗器式硅弧焊整流器分为无反馈、全反馈、部分内反馈三种主要类型。

第二节　典型硅弧焊整流器

磁饱和电抗器式硅弧焊整流器，它们的基本原理都是利用磁化曲线的非线性，通过调节其控制绕组中的控制电流，来改变磁饱和电抗器铁心的饱和程度、磁导率和交流绕组的感抗，以达到调节输出电流（无反馈和部分内反馈）和电压（全部内反馈）的目的。

一、无反馈磁饱和电抗器式硅弧焊整流器

无反馈磁饱和电抗器式硅弧焊整流器主要由三相正常漏磁式平特性主变压器 T、三相无反馈式磁饱和电抗器 AM、硅整流器件组 UR 和输出电抗器 L 组成。每相的两个交流绕组 W_j 多采用串联结构，有时也可以采用并联的结构，如图 4–4 所示。

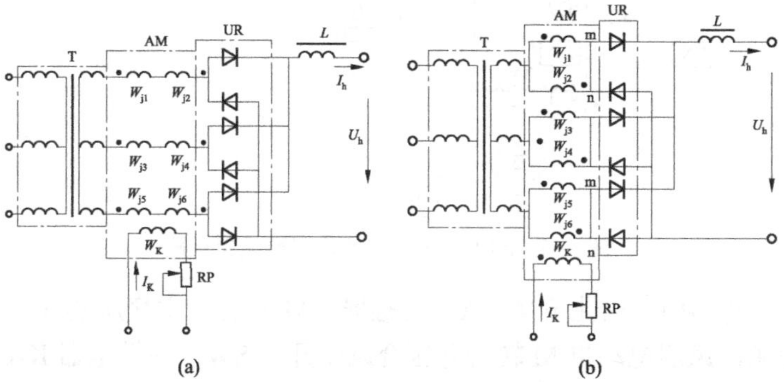

图 4–4 无反馈磁饱和电抗器式硅弧焊整流器基本电路图

（a）交流绕组串联结构；（b）交流绕组并联结构

无反馈磁饱和电抗器式硅弧焊整流器具有陡降外特性，这主要是靠无反馈磁饱和电抗器获得。国产的无反馈式磁饱和电抗器硅弧焊整流器有 ZXG7–300、ZXG7–500 及 ZXG7–300–1 型，这三种都可用于焊条电弧焊，最后一种还可用于钨极氩弧焊。无反馈磁饱和电抗器式硅弧焊整流器的缺点是电流放大倍数小，控制电流较大。

典型的 ZXG7–300 型硅弧焊整流器电路如图 4–5 所示。其主变压器与无反馈磁饱和电抗器做成一体，组成主变压器一磁饱和电抗器组。主变压器为三相变压器，其二次端部较长，延伸到磁饱和电抗器铁心上，兼起交流工作绕组的作用。这种结构比较紧凑，可以减轻质量和节省材料，并且这个组件的内感抗比较大，

可以不用输出电抗器。

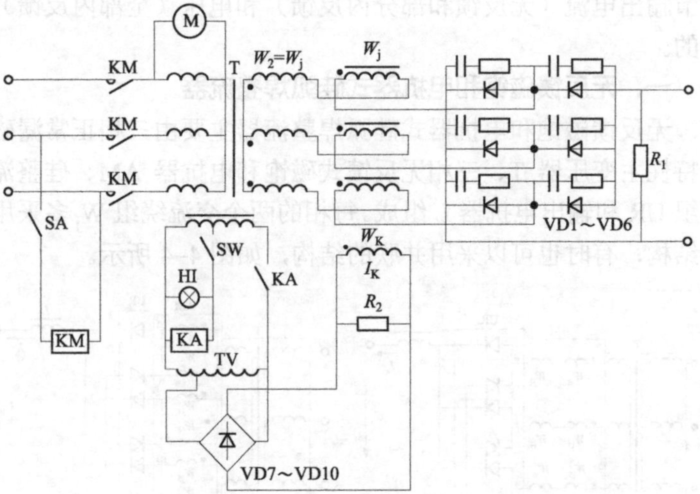

图 4–5　ZXG7–300 型硅弧焊整流器电路

焊接时，合上开关 SA，接触器 KM 吸合，主变压器 T 接通电源，风扇电动机 M 转动并压合风压开关 SW，使继电器 KA 吸合，指示灯 HL 亮，调压器 W 通电，控制绕组接通，可以进行焊接。

调压器 W 用以调节控制电流 I_k，从而调节焊接电流。风压开关 SW 起保护作用：当风扇因故障而停转时，风压开关自动断开，继电器 KA 释放，控制电流降为零，焊接电流也降到趋于零，因而保护了硅弧焊整流器。电阻 R_1、R_2 起过电压保护作用。这种硅弧焊整流器的外特性是近于垂直陡降的，当弧长变化时，焊接电流变化很小，适用于薄板焊条电弧焊、钨极氩弧焊。

二、全部内反馈磁饱和电抗器式弧焊整流器

为了提高磁饱和电抗器的电流放大倍数和获得所需要的外特性，可以采用带有正反馈的磁饱和电抗器。全部内反馈磁饱和电抗器式硅弧焊整流器就是采用这种带有正反馈的磁饱和电抗器来获得所需的外特性。

全部内反馈磁饱和电抗器式硅弧焊整流器的基本电路如图 4–6 所示，与无反馈的基本电路图相比较，二者有相同之处，都由主变压器 T、硅整流元件组 UR 和输出电抗器 L 组成，主要差别就在于磁饱和电抗器 AM，在无反馈磁饱和电抗器中 m、n 两点是用一根导线短接的，而全部内反馈磁饱和电抗器中 m、n 两点是断开的。

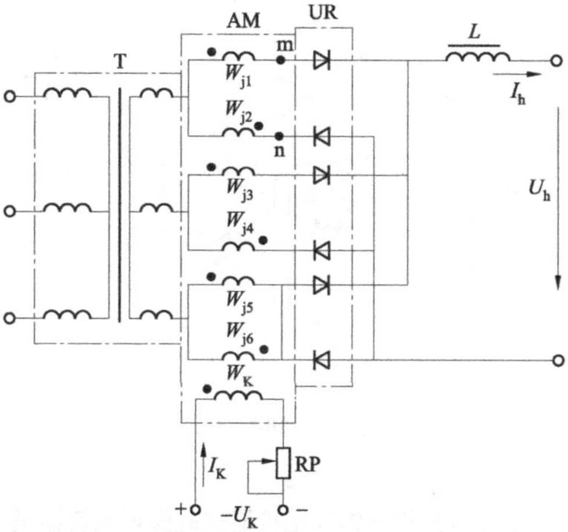

图 4–6 全部内反馈磁饱和电抗器式硅弧焊整流器的基本电路

全部内反馈磁饱和电抗器式硅弧焊整流器的外特性是水平的，即输出电压基本保持不变。全部内反馈磁饱和电抗器式硅弧焊整流器国内定型产品有 ZPGI–500、ZPGI–1500、ZPGZ–500、GD–500 等型号。这种弧焊整流器适用于二氧化碳或惰性气体及混合气体保护下的熔化极电弧焊。ZPGI–500 型硅弧焊整流器可用于焊丝直径为 0.8～2mm 的二氧化碳气体保护焊或混合气体保护焊等。它的电弧自调性能良好，输出电压可以远距离无级调节，而且可以补偿网络电压的波动，使工作电压比较稳定。

三、部分内反馈磁饱和电抗器式弧焊整流器

部分内反馈磁饱和电抗器式硅弧焊整流器基本电路如图 4–7

所示。全部内反馈与部分内反馈磁饱和电抗器式硅弧焊整流器在结构上的差别，主要是磁饱和电抗器中的交流绕阻形之间 m、n 两点的接法不同。无反馈的 m、n 两点是短路连接，全部内反馈的 m、n 两点是开路，部分内反馈的 m、n 两点间接了一个内桥电阻 R_n。

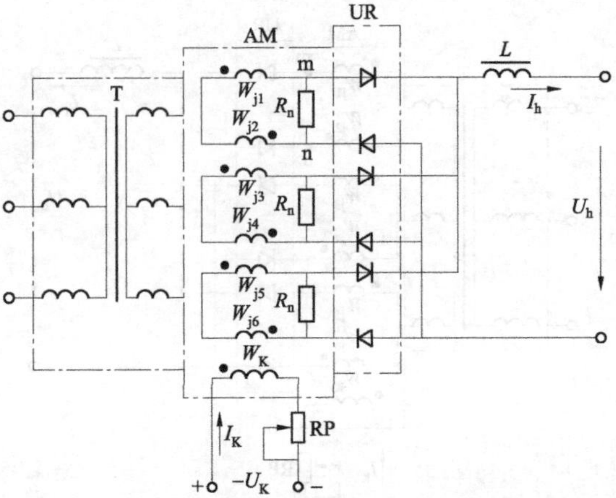

图 4–7　部分内反馈磁饱和电抗器式硅弧焊整流器基本电路

部分内反馈磁饱和电抗器式硅弧焊整流器的外特性介于无反馈和全部内反馈磁饱和电抗器式硅弧焊整流器之间，即具有缓降的外特性，并且随着内桥电阻 R_n 由零逐渐增大时，外特性将由陡降逐渐趋于平缓。

部分内反馈磁饱和电抗器式硅弧焊整流器，国内定型产品有 ZXG–300、ZXG–400 及 ZXG–500 等型号。以上产品具有下降外特性，可用作焊条电弧焊、钨极氩弧焊的直流电源。另外，还有可兼获下降和平外特性的多特性弧焊整流器，定型产品有 ZDG–500–1、ZDG–1000R、ZPC–1000 等型号产品，可用于焊条电弧焊、埋弧焊、二氧化碳气体保护电弧焊等。

第三节 硅弧焊整流器的故障维修与案例

一、硅弧焊整流器的维护与故障维修

硅弧焊整流器要定期检查焊机的绝缘电阻（在用绝缘电阻表测量绝缘电阻前应将硅整流元件的正负极用导线短路）。焊机不得在不通风的情况下进行焊接工作，以免烧毁硅整流元件。安放焊机的附近应有足够的空间使排风良好。保持焊机清洁与干燥，定期用低压干燥的压缩空气进行清扫工作。焊机切忌剧烈振动，更不允许对焊机敲击，因这样会损坏磁饱和电抗器的性能，使焊机性能变坏，甚至不能使用。此外，要避免焊条与焊件长时间短路，以免烧毁焊机。硅弧焊整流器的常见故障及维修方法见表 4–2。

表 4–2 硅弧焊整流器的常见故障及维修

故障现象	产生原因	维修方法
焊机外壳带电	1. 电源线误碰机壳 2. 变压器、电抗器、风扇及控制线路元件等碰机壳 3. 未接安全地线或接触不良	1. 检查并消除碰机壳处 2. 消除碰机壳处 3. 接妥接地线
空载电压过低	1. 电网电压过低 2. 变压器绕组短路 3. 磁力起动器接触不良 4. 焊接回路有短路现象	1. 调整电压至额定值 2. 消除短路现象 3. 使之接触良好 4. 检查焊机地线和焊枪线，消除短路处
运行时电源熔丝烧断	1. 硅整流元件被击穿造成短路 2. 电源变压器一次绕组与铁心短路 3. 焊机动力线接线板因灰尘堆积，受潮后将板面击穿而短路	1. 更换损坏的硅整流元件 2. 修复变压器，消除短路 3. 更换接线板或将接线板表面碳化层刮干净
焊接电源调节失灵	1. 控制绕组短路 2. 控制回路接触不良 3. 控制整流回路元件击穿	1. 消除短路处 2. 使接触良好 3. 更换元件

续表

故障现象	产生原因	维修方法
机壳发热	1. 主变压器一次绕组或二次绕组匝间短路 2. 相邻的磁饱和电抗器交流绕组间相互短接，可能是卡进了金属杂物 3. 一个或几个整流二极管被击穿 4. 某一组（3只）整流二极管散热器相互导通，散热器之间不能相连接，如中间加的绝缘材料不好，或是散热器上留有螺母等金属物，造成短路	1. 排除短路情况，二次绕组绕在线圈外层，导线上不带绝缘层，出现短路的可能性更大 2. 消除磁饱和电抗器交流绕组间隙中卡进的螺栓、螺钉等金属物 3. 更换损坏的整流二极管 4. 更换二极管散热器间的绝缘材料，清除散热器上留有的螺栓、螺母等金属物
焊接电流不稳定	1. 主回路交流接触器抖动 2. 风压开关抖动 3. 控制回路接触不良，工作失常	1. 消除交流接触器抖动 2. 消除风压开关抖动 3. 检修控制回路
按下启动开关，焊机不启动	1. 电源接线不牢或接线脱落 2. 主接触器损坏 3. 主接触器触头接触不良	1. 检查电源输入处的接线是否牢固 2. 更换主接触器 3. 修复接触处，使之良好接触或更换主接触器
工作中焊接电压突然降低	1. 主回路全部或部分短路 2. 整流元器件击穿短路 3. 控制回路断路或电位器未整定好	1. 修复线路 2. 更换元器件，检查保护线路 3. 检修调整控制回路
风扇电机不转	1. 熔断器熔断 2. 电动机引线或绕组断线 3. 开关接触不良	1. 更换熔断器 2. 接妥或修复 3. 使接触良好或更换开关
电流表无指示	1. 电表或相应接线短路或断线 2. 主回路故障 3. 饱和电抗器和交流绕组断线	1. 修复电表及线路 2. 排除故障 3. 排除故障
硅弧焊整流器电流冲击不稳定	1. 推力电流调整不合适 2. 整流器件出现短路，交流成分过大	1. 重新调整推力电流值 2. 更换被击穿的硅整流器件

续表

故障现象	产生原因	维修方法
硅弧焊整流器引弧困难	1. 空载电压不正常，故障在主电路中，整流二极管断路 2. 交流接触器的三个主触头有一个接触不良	1. 更换已损坏的整流二极管 2. 修复交流接触器，使接触良好或更换新的交流接触器
硅弧焊整流器输出电流不稳定	1. 焊接回路中的机外导线接触不良 2. 调节电流的传动螺杆螺母磨损后配合不紧，在电磁力作用下，动线圈由一个部件移到另一个部件	1. 通过外观检查或根据引弧情况来判断焊接回路的导通情况，紧固连接部位 2. 查找并更换磨损的螺杆螺母

二、硅弧焊整流器的维修案例

1. 维修案例一

【故障症状】

一台 ZXG–300 型硅整流焊机，接通电源起动后，风机正常转动，但焊机起弧困难，难以焊接。

【原因分析】

经测量，焊机空载电压为 46.6V，而 ZXG–300 型硅整流焊机正常是其空载电压 U_0=70V。

图 4–8 是 ZXG–300 型硅整流焊机的电路原理，该焊机主电路的三相全波整流桥是由六只二极管组成的全波整流电路，其正常工作时，整流后的直流电压，即焊机的空载电压 U_0=70V。但如果输入交流电压缺少一相，由三相交流输入变为两相输入，其整流结果电压必然减少 1/3，即正常时的空载电压 70V 减小 1/3 后就等于 46.6V，与故障焊机的故障现象相符。

该焊机电路中的风机是单相 220V，由 L3 相供电，焊机的起动电路是由 L2 相供电，焊机起动正常，风机转动正常，显然，该焊机所缺之相必是 L1 相。

造成该焊机整流输入缺一相的可能原因如下。

（1）电网或铁壳开关中缺一相（如 L1 相熔丝烧断）。

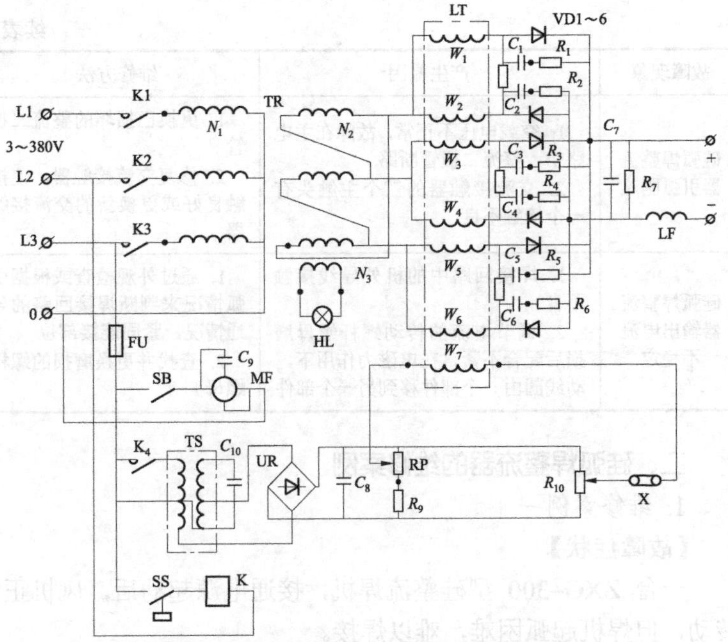

图 4–8　ZXG–300 型硅整流焊机电路原理

K—接触器线圈；TR—整流变压器；HL—信号灯；LT—三相饱和电抗器；LF—电抗器；FU—熔断器；SB—拨动开关；MF—风机；TS—稳压器；UR—单相整流桥；SS—风力微动开关；X—接线片；RP—电位器；VD1～VD6—三相全波整流桥

（2）整流变压器的 L1 相绕组内有断线，或连接导线接头松脱等均会使该相电源无输出。

（3）由于长时间的满载运行，接触器 L1 相主触点（K1）烧化故障，使接触器吸合时该相触点未闭合，致使整流变压器该相未接入电网电源。

【维修方法】

对应故障原因分析分别采取以下维修方法。

（1）检查电网或铁壳开关中对应的 L1 相，更换容量合适的烧断熔丝。

（2）应检修变压器绕组，或将不导电的导线接头修好，并焊牢。

（3）接触器触点被烧坏，应更换接触器的触点，或者更换同规格型号的接触器。

2. 维修案例二

【故障症状】

一台新购置使用的 ZXG–300 型硅整流焊机（硅弧焊整流器），在接通电源后风机工作正常，但不能正常焊接，经测试，发现焊机无空载电压。

【原因分析】

如图 4–8 所示，该焊机的输入电源是电网的三相四线制，焊机由三相整流变压器 TR 将电网高压降至空载电压所需值后，采用三相饱和电抗器 LT 的降压作用获得下降外特性，三相全波整流桥 VD1～VD6 将交流电变成直流，最后经阻容（C_7、R_7）和滤波电抗器 LF 的双重滤波而输出。该焊机的焊接电流调节是由稳压器 TS 提供的交流，经单相整流桥 UR 整流后向饱和电抗器的直流控制绕组 W_7 进行励磁供电。

由于是新购置使用的焊机，一般不会有零部件故障，应从电网电源着手检查。起动后风机能够正常转动，说明 L3 相电源已经进入焊机，应检查 L1 相和 L2 相的接入情况，即是否存在缺相的故障。硅整流焊机在缺相状态下的故障显示状态汇总见表 4–3。

表 4–3 硅整流焊机缺相故障状态汇总

缺相情况	焊机故障显示状态				
	起动	风机	指示灯	空载电压（U_0）	焊接
L1 相断电	√	√	√	2/3 U_0	○
L2 相断电	√	√	×	×	×
L3 相断电	×	×	×	×	×
L1 和 L2 相断电	√	√	×	×	×
L2 和 L3 相断电	×	×	×	×	×

续表

缺相情况	焊机故障显示状态				
	起动	风机	指示灯	空载电压（U_0）	焊接
L1 和 L3 相断电	×	×	×	×	×
L1、L2、L3 相全断	×	×	×	×	×
0 相断开	×	×	×	×	×

注 √—工作；×—不工作或无；○—工作困难。

【维修方法】

经测试检查，电网电源正常，发现铁壳开关 L2 相熔丝烧断了，所以电源仅有 L1、L3、0 相有电。如图 4–8 所示，冷却风机是单相 220V，由 L3–0 供电，但由于 L2 相无电，接触器 K 并未动作，整流变压器 TR 并未接入电网，造成焊机无空载电压。更换适当匹配规格的熔丝并牢固接好，再次启动焊机，焊接工作正常，检修完成。

3. 维修案例三

【故障症状】

一台 ZXG–300 型硅整流焊机，焊机接通电源后，当用手指按着“起动”按钮不松开时焊机指示灯亮，风机转动，但当松开手时焊机便停止，指示灯灭，风机停止转动。反复起动后均出现该故障现象。

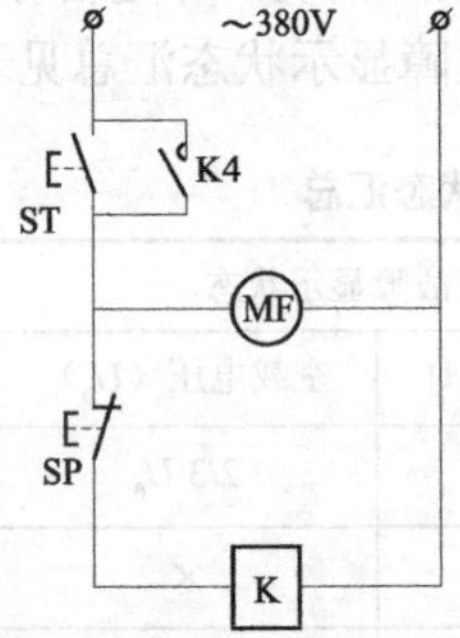

图 4–9 接触器起动、停止电路

MF—风扇；K—接触器线圈；ST—起动按钮；SP—停止按钮；K4—接触器 K 的辅助触点

【原因分析】

很明显，焊机的故障产生于焊机的起动接触器，其线圈电路出现故障。如图 4–9 所示，当并联在“起动”按钮 ST 两端的接触器自锁触点 K_4 本身产生触点烧坏、接触压力不足故障，或电路中螺钉松动、掉线、导线断头等连接故障，都会产生上述现象。

【维修方法】

检查起动焊机的接触器自锁触点 K4 的接触状况，检查该触点与起动按钮 ST 的连接电路，使自锁触点 K4 与起动按钮 ST 可靠并联。实际检查发现接触器触点 K4 间有障碍物，清理后重新起动焊机，焊机正常工作，检修完成。

4. 维修案例四

【故障症状】

一台 ZXG–300 型硅整流焊机，出现故障后检测，发现励磁电路整流桥块被短路击穿，更换新件后，又出现焊接电流很小，而且不能调节的故障，需进行再次维修。

【原因分析】

如图 4–8 所示，焊机的励磁电路整流桥块 UR 被短路击穿，这种故障常伴随着整流桥UR输入侧交流稳压器TS的二次绕组短路，这种短路持续久了还会使稳压器的一次绕组烧毁。因此，该焊机在更换整流桥块的同时，应检查稳压器是否完好。如果该稳压器因短路而烧毁，则二次电压为零，即使换上新的整流桥块后也不会有电流输出，励磁电流为零，就会出现焊机焊接电流最小且不可调节的故障现象。

【维修方法】

可将烧坏了的稳压器拆下来，购买一个同型号稳压器换上，接好电路故障即排除；也可以将其烧坏的绕组拆开，记下原有的匝数，按原绕组的线规，仿照原绕组的绕法重新绕制一个，并将绕好的新绕组浸上绝缘漆并烘干后，装到稳压器铁心上，装配好后进行调试到符合要求为止。

5. 维修案例五

【故障症状】

一台 ZXG–300 型硅整流焊机，接通电源起动后，焊接时发现焊接电流很小，而且不能调节，但风机正常工作。

【原因分析】

焊机故障出在焊接电流调节系统。如图 4–8 所示，饱和电抗器的励磁电路是承担焊接电流调节作用的元件，它是由饱和电抗器 LT 的直流控制绕组 W_7 和向它供电的带稳压器 TS 整流电源，以及调节该电路电流大小的电位器 RP 三部分构成。

焊机的焊接电流很小且不能调节。这说明在焊机饱和电抗器的直流控制绕组 W_7 中并无励磁电流（I_k=0），致使饱和电抗器的阻抗最大而又不能调节，造成焊机的输出电流就很小且不可调。因此，焊机产生无励磁电流的可能原因有：

（1）稳压整流电源中整流元器件的损坏或元器件连接线的断路。

（2）直流控制绕组 W_7 中有断头。

（3）滑动触点电位器 RP 的阻丝烧断或滑动接触点松动。

（4）连接以上三部分的导线断头、接点掉头、假焊或螺栓松动等。

【维修方法】

分别检测故障原因分析的四点因素，确定故障部位，修理或更换损坏的元器件，并重新接好电路，即可消除焊机故障，完成检修。

6. 维修案例六

【故障症状】

一台 ZXG–300 型硅整流焊机，接通电源起动后，风机正常转动，但焊机的指示灯未亮，再次起动时，仍是这种情形，而且起动时没有听到接触器吸合的声音，经检测，发现无空载电压。

【原因分析】

该焊机的电路图如图 4–8 所示。该焊机的起动过程是：拨动起动开关 SB→风机 MF 转动→风力微动开关 SS 闭合→接触器 K 吸合→接通整流变压器 TR→指示灯 HL 亮→有空载电压。由此可见，故障是在接触器的线圈电路中，原因如下：

（1）风力微动开关 SS 损坏。

（2）接触器 K 的线圈断线。

（3）连接接触器线圈电路的导线、导线接头连接处断开。

这些故障因素，只要一处有故障，焊机起动时接触器线圈电路就不会通，接触器也就不能吸合，因此听不到磁铁吸合声，焊机不能正常起动。

【维修方法】

（1）检查风力微动开关情况，拨动迎风叶片时看开关动合两点是否接通，可用万用表的电阻挡测量开关的动合两点，如果万用表显示电阻为零，那么证明该开关接通无损坏。同时还应对风力微动开关做如下检查：当焊机的风机转动后，风力是否能吹动叶片而接通开关，如果吹不动时，应加大迎风叶片的尺寸。

（2）检查接触器线圈情况，给接触器线圈接上额定的工作电压（380V），看接触器是否吸合，工作是否正常。

（3）检查连接导线和接线点情况，用万用表测量，或带电时用试电笔逐点逐段检测。

7. 维修案例七

【故障症状】

一台 ZXG–300 型硅整流焊机，焊机起动、引弧和焊接都正常，但焊工反映在焊接过程中感觉实际焊接电流比设定电流要小，经检测，调节到最大时，焊机最大输出电流 200A 左右，需维修以保证焊机正常使用。

【原因分析】

硅整流焊机的焊接电流大小由直流控制绕组中的励磁电流决定，一般是成正比的，焊机出厂时都已调整好。励磁电流最大时，则焊接电流应为最大 360A。可是最大电流变成不到 200A 左右，因此焊机励磁电流系统的整流电源出现故障，该电源就是单相整流桥 UR（见图 4–8）。当整流桥的二极管 VD1、VD3 或 VD2、VD4 损坏时，全波整流就变成半波整流了，单相半波整流的输出电压为全波整流电压的一半，这样，原来是全波整流桥供电的励磁电流因整流桥的半臂损坏而减小了一半，使焊机本应该输出 360A 的电流降为 180A，这就是故障产生的原因。

此外，电阻内桥接法的饱和电抗器，是ZXG型硅整流焊机的电流调节元件（见图4–10）。焊机输出电流的大小、电流调节范围，都可以不用增高空载电压和增大励磁电流，而只调整饱和电抗器的参数来达到。

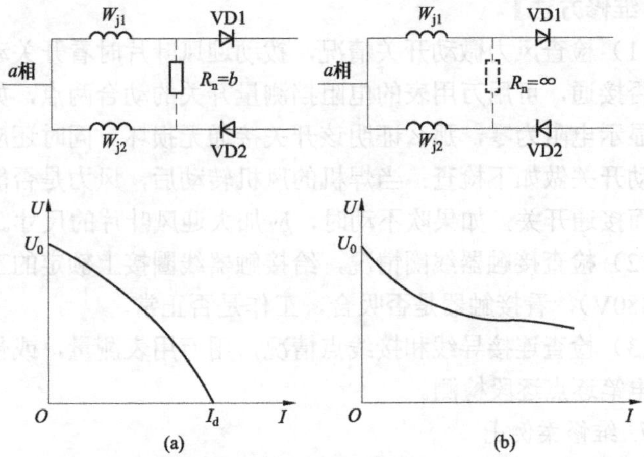

图4–10 饱和电抗器的电阻内桥接法及焊机外特性曲线

（a）R_n=b（常数）；（b）R_n=∞（开路）

R_n—内桥电阻；VD1、VD2—二极管；W_{j1}、W_{j2}—饱和电抗器交流绕组

现在该焊机的输出电流偏小，调节范围应达300A的焊机最大输出才200A左右，可能是焊机的饱和电抗器基础电抗值偏大所致。这种状况可以用改变内桥电阻阻值R_n的办法，即调整内桥的内反馈作用来解决。

【维修方法】

对于励磁电流系统的整流电源故障，可以在焊机的励磁电路中用万用表检测整流桥块或整流二极管，找出损坏的元器件，更换相同规格及型号的元器件，接通电路，故障便可排除。

焊机内桥电阻值R_n的增大和外特性曲线的变化趋势如图4–10所示。对于增大焊机的输出电流（即焊接电流），可将三相饱和电抗器的三个内桥电阻R_n同时更换成阻值更大且三个阻值要相等的电阻；或在三个内桥电阻电路内同时再串入一个相等的电阻，达到使内桥电阻阻值增大的目的，这样焊机外特性曲线的短路电流值便增大，曲线的陡度变小，焊机的输出电流会增大（见图 4–10）。这时测焊机的输出电流，如果大小可达到要求，即是调整成功。如果仍嫌电流增大的不够，那么继续增大内桥电阻 R_n，直至达到所需电流。

8. 维修案例八

【故障症状】

一台 ZXG1–300 型硅整流焊机，按下“起动”按钮，风机转动，但指示灯不亮，焊机未能启动，而按下“起动”按钮时，能够清晰地听到焊机内接触器吸合的声音。

【原因分析】

ZXG1–300 焊机的电路原理如图 4–11 所示，该焊机正常工作时，当按动起动按钮 ST 后，接触器 K 吸合，风机 MF 转动，焊机主变压器 TR 接通，焊机有空载电压，指示灯 HL 亮，焊机便正常工作。

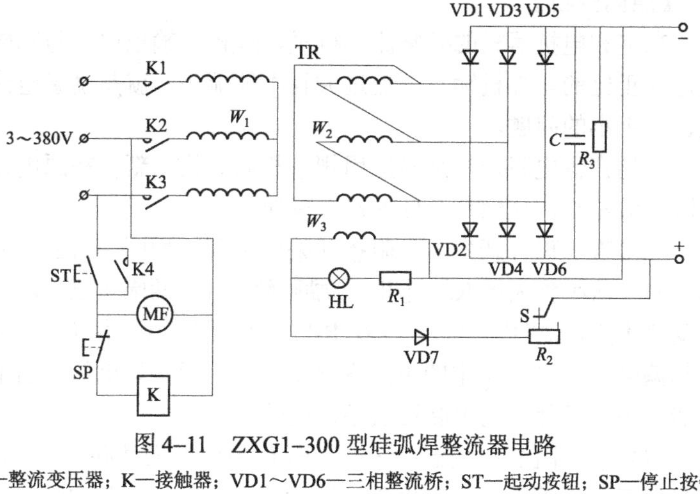

图 4–11　ZXG1–300 型硅弧焊整流器电路

TR—整流变压器；K—接触器；VD1～VD6—三相整流桥；ST—起动按钮；SP—停止按钮；MF—冷却风机；HL—指示灯；$R_{1\sim3}$—电阻；C—电容；VD7—二极管；S—转换开关

经测量，按下“起动”按钮后，焊机无空载电压，而焊机起动时风机转动，并听到接触器吸合声，指示灯 HL 不亮，这两方面说明主变压器并没接通，故障可能产生在接触器 K1～3 主触点的假吸合，并未真正接通电路。

造成接触器主触点 K1～3 假吸合的原因可能是：焊机过载，主触点 K1～3 因电流过大而烧化，触点的压力弹簧失去弹性，触点之间的间隙被小的绝缘物落入而绝缘隔离等。

【维修方法】

修理接触器，更换触点、更换弹簧或清理触点间的障碍物，修好后故障可除；或更换新接触器，购买该焊机同型号、规格的接触器换上，并正确连接线路，故障即可消除，完成检修。

9. 维修案例九

【故障症状】

一台 ZXG7–500 型硅整流焊机，在使用中瓷盘电阻器烧坏，将同规格电阻器换上后，但发现焊接电流过大且不能调小，还需进一步维修。

【原因分析】

在饱和电抗器式的硅整流焊机里，焊机的输出电流与励磁电流是成正比的。焊机输出电流过大且不能调小，就是励磁电流过大、调不小的问题。

新的瓷盘电阻规格是与原用规格相同。换上新件在原电路里电流就调不小，显然是新件的接法有误。

经检查发现，新瓷盘电阻接法采用串联，如图 4–12（a）所示，如果从小到大调 RP，同时测励磁绕组 W_K 两端电压，两端电压变化不大，说明整流桥电压在 RP 上没有降多少，使 W_K 上的电压都偏高，所以 W_K 中的电流变化不大。因而，焊机的输出电流不能调小。显然采用串联接法是错误的。

将瓷盘电阻 RP 的接法变更一下，由串联变为并联，如图 4–12（b）所示，如果改变瓷盘电阻的活动臂时，它可以将整流桥 UR 的输出电压从零到全电压获得，W_K 两端电压也相应变化。显然这种接法可以使励磁电流从零调到最大，焊机的输出电流即可从起始电流调到最大。

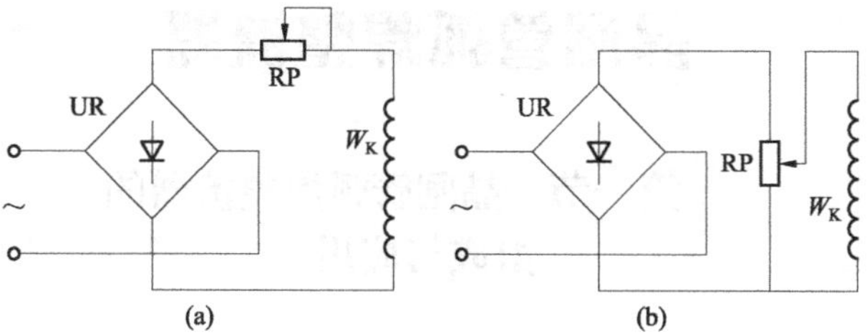

图 4–12 瓷盘电阻的连接方法

（a）串联；（b）并联

【维修方法】

将新瓷盘电阻 RP，由错误的串联接法改为并联接法，重新起动焊机，焊接正常，检修完成。

第五章

晶闸管弧焊整流器

第一节　晶闸管弧焊整流器的组成与应用

晶闸管弧焊整流器（即焊机）属于电子控制型弧焊电源，焊接参数的调节都可以通过改变晶闸管的导通角来实现，而不需要用磁饱和电抗器，具有理想的外特性和优良的动特性，容易实现遥控、网压补偿、过载保护、热起动以及具有引弧容易、性能柔和、电弧稳定、飞溅少等优点，性能更优于磁饱和电抗器式弧焊电源，是目前一种主要的直流弧焊电源，并在逐步取代磁饱和电抗器式弧焊整流器。

晶闸管式弧焊整流器的组成如图 5–1 所示。主电路由变压器 T、晶闸管整流器 UR 和输出电抗器 L 组成。C 为晶闸管的触发电路。当要求得到下降外特性时，触发脉冲的相位由给定电流 U_{gi} 和电流反馈信号 U 确定；当要求得到平外特性时，触发脉冲的相位则由给定电压 U_{gu} 和电压反馈信号 U_{fu} 确定，此外还有操纵和保护电路 CB。

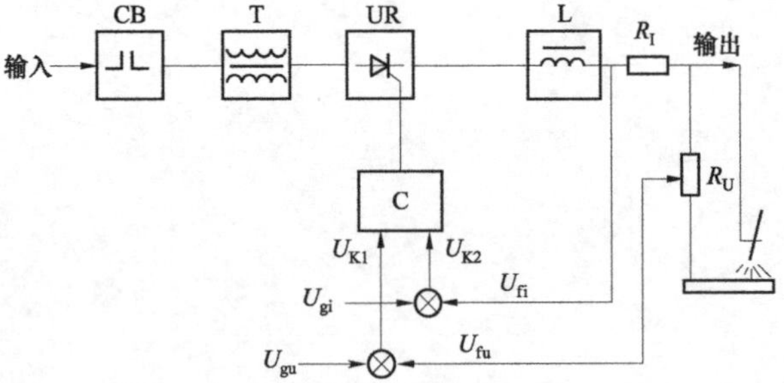

图 5–1　晶闸管式弧焊整流器的组成

平特性晶闸管弧焊整流器适用于熔化极气体保护焊、埋弧焊以及对控制性能要求较高的数控焊，还可作为弧焊机器人的电源；下降特性晶闸管弧焊整流器适用于焊条电弧焊、钨极氩弧焊和等离子弧焊。

国产晶闸管式弧焊整流器主要有 ZX5 系列和 ZDK 系列。

第二节 ZX5 系列弧焊整流器

ZX5 系列晶闸管弧焊整流器有 ZX5–250 和 ZX5–400 等型号，具有下降外特性。其动态响应迅速、瞬间冲击电流小、飞溅小、空载电压高、引弧方便可靠，此外，具有优良的电路补偿功能和自动补偿环节，还备有远程控制盒，以便远距离调节电流。ZX5 系列弧焊整流器原理如图 5–2 所示。

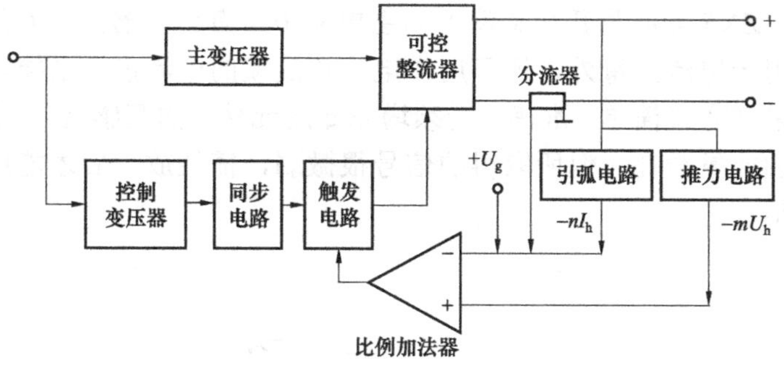

图 5–2 ZX5 系列弧焊整流器原理图

以 ZX5–400 弧焊整流器为例，其主要技术参数见表 5–1。

表 5–1 ZX5–400 弧焊整流器的主要技术参数

技术参数	数 值	技术参数	数 值
额定焊接电流	400A	额定负载持续率	60%
功率因数	0.75	空载电压	63V

续表

技术参数	数 值	技术参数	数 值
质量	200kg	外形尺寸	504mm×653mm×1010mm

一、主电路

ZX5–400 型弧焊整流器的主电路如图 5–3 所示。它的整流电路都采用带平衡电抗器的双反星形形式共阳极。在直流输出电路中的滤波电感 L 具有足够的电感量，它不仅可以减小焊接电流波形的脉动程度，而且使主电路具有电阻电感负载，因而当相电压变为负值时，晶闸管并不立即关断，这样焊机从空载到短路所要求的触发电路得以简化（用两套触发电路）。另外，滤波电感 L 在很大程度上可抑制短路电流冲击，对改善电源动特性有很好的作用。

ZX5–400 型弧焊整流器的主电路中接有分流器，分流器除了用于电流测量外，还可用作电流负反馈的电流信号采样。这种采样方式简单、准确，无须增添专用元件（如互感器），不会增加能量损耗；但所取得的信号很微弱，需经放大后才能用于控制。

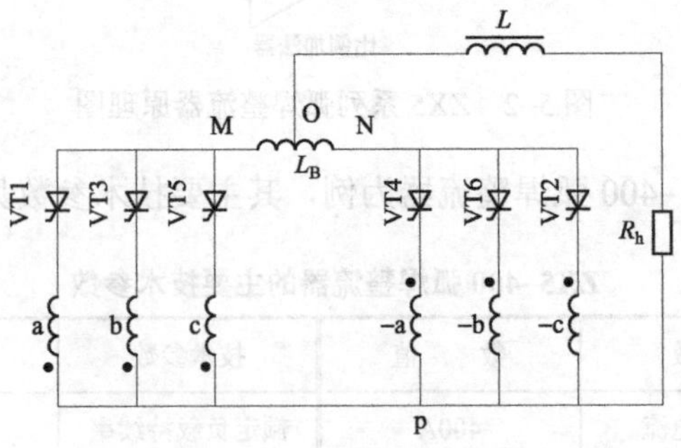

图 5–3 ZX5–400 型弧焊整流器的主电路

二、触发电路

ZX5–400 型弧焊整流器采用单结晶体管触发电路，产生两套触发脉冲分别触发主电路中的正极性组和反极性组中的晶闸管。单结晶体管触发电路结构较简单，有一定抗干扰能力，输出脉冲前沿较陡；但其触发功率较小、脉冲较窄，一般只能用于直接触发 50A 以下的晶闸管。在 ZX5 系列弧焊整流器中，该触发电路是用以触发脉冲分配器中的晶闸管，再通过后者去触发主电路中的晶闸管，因而触发功率还是足够的。但单结晶体管参数分散性较大，给调试工作带来一定困难。

三、控制电路

ZX5–400 型弧焊整流器简化控制电路如图 5–4。它主要包括运算放大器 N_1 和 N_2，其作用是控制外特性和进行电网电压补偿。

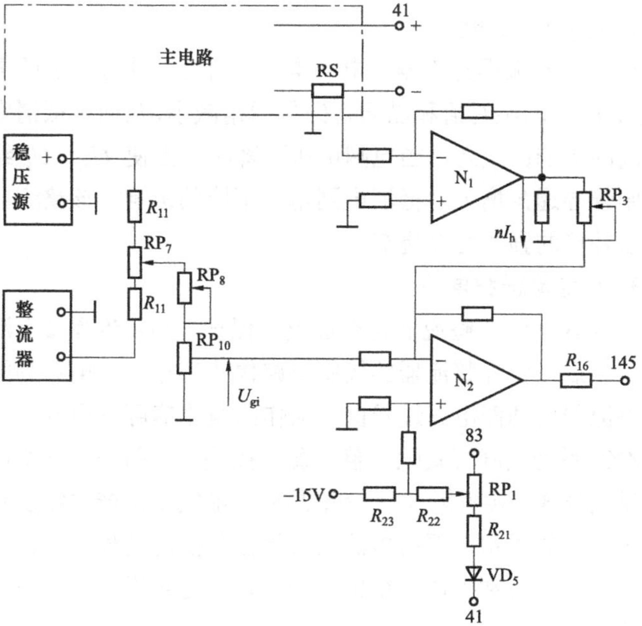

图 5–4 ZX5–400 型弧焊整流器简化控制电路简图

1. 外特性控制

电路根据输入的给定电压和电流反馈信号，产生控制电压送入触发电路，以便得到所要求的下降外特性。首先，将由主电路中的分流器 RS 采样得到正的电流反馈信号，送入反相放大器 N_1 进行放大后输出负信号$-nI_h$。再将$-nI_h$输入到反相比例加法器 N_2，与电位器 RP_{10} 上取出的给定电压 U_g 信号进行代数相加并放大。最后从 145 端点输出控制电压 U_k。

ZX5–400 弧焊整流器带有电弧推力控制环节。当弧焊整流器输出端电压 U_h 高于 15V 时，电弧推力控制环节起不了作用。当 U_h 低于 15V 时，电压负反馈起不了作用，使整流器的外特性在低压段下降变缓，出现外拖，短路电流增大，使焊件熔深增加并避免焊条被黏住。调节相应电位器可改变外特性在低压外拖段的斜率，以保证不同工件施焊时对电弧穿透力的要求。

2. 电网电压补偿

ZX5–400 弧焊整流器在电网电压上升时，通过合适的电路反馈作用使 U_k 的绝对值和晶闸管的导通角减小，从而可抵消电网电压升高的影响；反之，当电网电压下降时，则使 U_{gi}、U_k 绝对值和晶闸管导通角增大，抵消电网电压下降的影响。该整流器对电网电压补偿的强弱可以调节。

3. 过电流保护电路

ZX5–400 弧焊整流器含有过电流保护电路。当焊接电流超过一定限度后，弧焊整流器的控制电路停止工作，主电路晶闸管截止，整流器自动停电。过载保护动作的电流值可以调节。

ZX5 系列晶闸管式弧焊整流器可控整流电路是带平衡电抗器的双反星形式（共阴极），两套单晶体管触发电路产生触发脉冲改变晶闸管的导通角，采用电流负反馈获得陡降的外特性，电弧稳定、飞溅小，有利于进行全位置焊接，广泛用于直流焊条电弧焊及碳弧气刨。

第三节 ZDK–500 型弧焊整流器

ZDK–500 型弧焊整流器具有平降、陡降两种外特性，可用于焊条电弧焊、CO_2 气体保护焊、氩弧焊、等离子弧焊、埋弧焊等，其主要技术参数见表 5–2。

表 5–2 ZDK–500 弧焊整流器主要技术参数

技术参数	数　值
额定焊接电流	500A
电流调节范围	50～600A
额定负载持续率	80%
额定容量	36.4kVA
质量	350kg
外形尺寸	940mm×540mm×1000mm

图 5–5 所示是 ZDK–500 型弧焊整流器电路原理框图，主要分为主电路、触发电路、反馈控制电路、操纵和保护电路四部分。主变压器 T 的输出电压经晶闸管整流器 UR 整流，然后经输出电

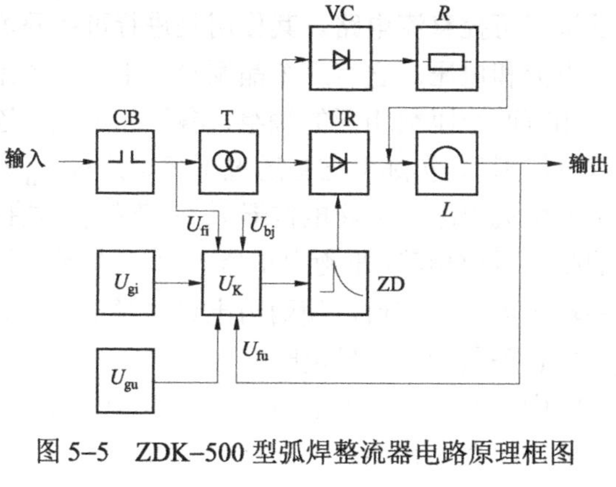

图 5–5 ZDK–500 型弧焊整流器电路原理框图

抗器 L 输出。硅整流器 VC 与限流电阻 R 组成的维护电路，维持电弧的稳定燃烧。触发电路 ZD 产生触发脉冲，用于触发整流器 UR 中的晶闸管。控制电压 U_k 则是控制触发脉冲的相位，从而得到不同的输出电压或电流，获得不同的外特性。整个电流还受操纵、保护电路 CB 控制。

一、主电路

晶闸管弧焊整流器的主电路有三相半波可控整流、三相全波可控整流、六相半波可控整流及带平衡电抗器的双反星形可控整流四种主要形式。

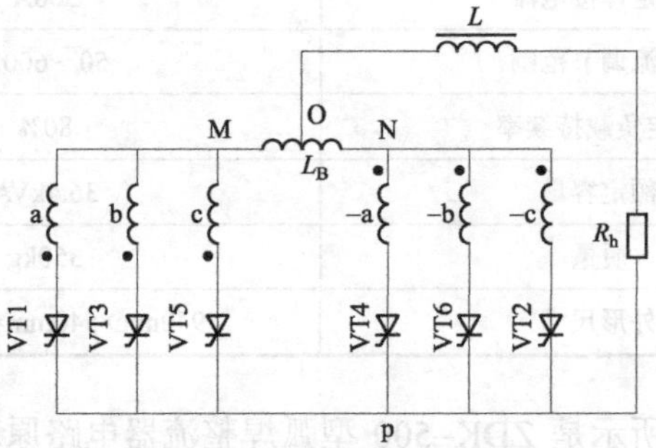

图 5–6 ZDK–500 型弧焊整流器主电路

ZDK–500 型弧焊整流器主电路如图 5–6 所示，它是带平衡电抗器的双反星形可控整流电路。其作用是进行可控整流，以获得不同的焊接电流和电压。它有六个晶闸管，主变压器采用三相，其二次侧每相有两个匝数相同的绕组，各以相反极性连成星形，故称为“双反星形”。实际上它是通过平衡电抗器 L_B 并联起来的两组三相半波整流电路。平衡电抗器 L_B 是带有中心抽头的电感，抽头两侧的线圈匝数相等。平衡电抗器 L_B 作用是承受两组三相半波整流电路输出电压的差值，使两组电路并联工作，并造成两相同时导电，延长每只管子的导电时间。

在主回路中，输出电抗器 L 有两个作用：① 滤波；② 抑制短路电流峰值，改善动特性。

带平衡电抗器的双反星形整流器在主回路中有电抗器 L 时，其带平衡电抗器的双反星形整流电路，相当于正极性和反极性两组三相半波整流电路的并联；任何瞬时，正、反极性组均有一支电路导通工作且输出电压脉动小，触发电路简单、设备容量小、整流元件承载能力强。

二、触发电路

ZDK–500 型弧焊整流器采用同步电压为正弦波的晶体管式触发电路，它的任务是产生晶闸管 VT1～VT6 所需的触发脉冲，其相位能够移动。由于主回路采用的是共阴极带平衡电抗器双反星形形式，所以采用六套触发脉冲电路。

为了调节焊接参数和控制电源的外特性形状，需改变晶闸管的导通角，这要靠触发脉冲移相来实现。晶闸管式弧焊整流器是工作于电阻电感负载的条件下，其输出电压从最大调节至零，对应的控制角仪调节范围就是要求触发脉冲移相范围。对于带平衡电抗器的双反星形和六相半波可控整流电路都要求触发脉冲移相范围为 0°～90°。

三、反馈控制电路

晶闸管式弧焊整流器的闭环控制系统原理如图 5–7 所示。图中有电压负反馈，输出电压经电压采样环节（常用电位器分压）得到与其成正比的反馈量 mU_h。还有电流负反馈，输出电流经采

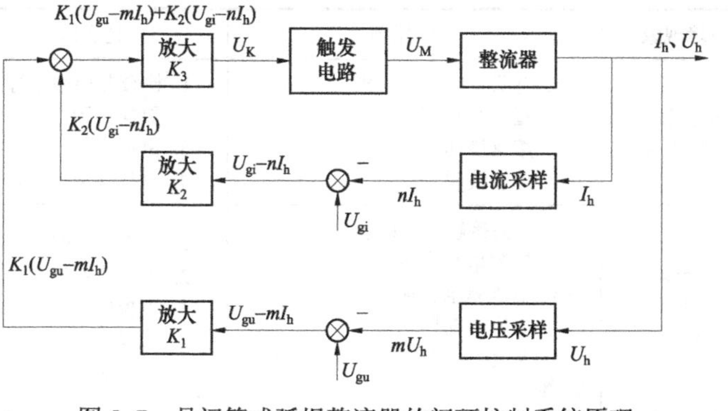

图 5–7 晶闸管式弧焊整流器的闭环控制系统原理

样环节（常用分流器分流）得到与其成正比的反馈量 nI_h。mU_h 和 nI_h 又分别经过比较放大环节与给定量 U_{gu}、U_{gi} 比较及放大，于是各自输出 K_1（$U_{gu}-mU_h$）和 K_2（$U_{gi}-nI_h$）。最后，经综合、放大得到控制电压 U_k 再输入触发电路中，以控制触发脉冲的相位。

ZDK–500 型晶闸管弧焊整流器主电路采用共阴极的带平衡电抗器双反星形形式，能较好地满足弧焊工艺低电压、大电流的要求；触发电路采用六套同步电压为正弦波的晶体管触发脉冲电路，产生不同相位的触发脉冲控制晶闸管导通角，获得不同的电源外特性，反馈控制电路采用电压负反馈和电流截止负反馈，可分别获得平降、陡降两种外特性，采用复合负反馈可以改变外特性下降的斜率。ZDK–500 型晶闸管弧焊整流器动特性好、反应速度快，电流电压控制范围大，常用于焊条电弧焊、CO_2 气体保护焊、氩弧焊、等离子弧焊、埋弧焊等。

第四节　晶闸管弧焊整流器的故障维修与案例

一、晶闸管式弧焊整流器的维护与故障维修

晶闸管式弧焊整流器的常见故障与维修方法见表 5–3。

表 5–3　　晶闸管式弧焊整流器的常见故障与处理措施

故障现象	产生原因	处理措施
接通电源，指示灯不亮	1. 电源无电压或缺相 2. 指示灯损坏 3. 熔丝烧坏 4. 连接线脱落	1. 检查并接通电源 2. 更换指示灯 3. 更换熔丝 4. 查找脱落处并接牢
开启焊机开关，电焊机不转	1. 开关接触不良或损坏 2. 控制熔丝烧坏 3. 电风扇电容损坏 4. 电风扇损坏 5. 与电风扇的接线未接牢或脱落	1. 检查开关或更换 2. 更换熔丝 3. 更换电容 4. 检修或更换风扇 5. 接牢接线处

续表

故障现象	产生原因	处理措施
焊机内出现焦煳味	1. 主回路部分或全部短路 2. 风扇不转或风力太小 3. 主回路中有晶闸管被击穿、短路	1. 修复电路 2. 修复风扇 3. 更换晶闸管
焊接、引弧推力不可调	1. 调节电位器的活动触头松动或损坏 2. 控制电路板零部件损坏 3. 连接线脱落、虚焊	1. 检查电位器或更换电位器 2. 更换已坏零件 3. 接牢脱落处或焊牢
引弧困难，电压表显示空载电压为50V以上	1. 整流二极管损坏 2. 整流变压器绕组有两相烧断 3. 输出电路有断线 4. 整流电路的降压电阻损坏	1. 更换二极管 2. 检修变压器绕组 3. 接好断线 4. 更换降压电阻
开启焊机机关、瞬时烧坏熔丝	1. 控制变压器绕组匝间或绕组与框架短路 2. 电风扇搭壳短路 3. 控制电路板零部件损坏引起短路 4. 控制接线脱落引起短路	1. 排除短路 2. 检修电风扇 3. 更换损坏零件 4. 将脱线处接牢
噪声变大、振动变大	1. 风扇风叶碰风圈 2. 风扇轴承松动或损坏 3. 主回路中晶闸管不导通 4. 固定箱壳或内部的某固定件松动 5. 三相输入电源中某一相开路	1. 整理风扇支架使二者不碰 2. 修理或更换 3. 修理或更换 4. 拧紧紧固件 5. 调整触发脉冲，使其平衡
焊机外壳带电	1. 电源线误碰机壳 2. 变压器、电抗器、电源开关及其他电器元件或接线碰箱壳 3. 未接接地线或接触不良	1. 检查并消除碰触 2. 消除碰壳处 3. 接妥接地线
不能引弧，即无焊接电流	1. 焊机的输出端与工件连接不可靠 2. 变压器二次绕组匝间短路 3. 主回路晶闸管（6只）其中几个不触发 4. 无输出电压	1. 使输出端与工件相连 2. 消除短路处 3. 检查控制线路触发部分及其引线，修复 4. 检查并修复

续表

故障现象	产生原因	处理措施
焊接电流调节失灵	1. 三相电源其中一相开路 2. 近、远程选择与电位器不相对应 3. 主回路晶闸管不触发或击穿 4. 焊接电流调节电位器无输出电压 5. 控制线路有故障	1. 检查并修复 2. 使其对应 3. 检查并修复 4. 检查控制线路给定电压部分及引出线 5. 检查并修复
无输出电流	1. 熔丝烧断 2. 风扇不转或长期超载使整流器内温度过高，从而使温度继电器动作 3. 温度继电器损坏	1. 更换熔丝 2. 修复风扇 3. 更换温度继电器
焊接时焊接电弧，不稳定性能明显变差	1. 线路中某处接触不良 2. 滤波电抗器匝间短路 3. 分流器到控制箱的两根引线断开 4. 主回路晶闸管其中一个或几个不导通 5. 三相输入电源其中一相开路	1. 使接触良好 2. 消除短路处 3. 应重新接上 4. 检查控制线路及主回路晶闸管，修复 5. 检查并修复

二、晶闸管式弧焊整流器的维修案例

1. 维修案例一

【故障症状】

一台 ZX5–630 型晶闸管焊机一直使用正常，但近期焊工反映，在输入电源正常情况下，发现焊接时的输出电流明显减小，严重影响焊接效率和质量，需维修以保证正常使用。

【原因分析】

ZX5–630 型晶闸管焊机的主电路和启动电路如图 5–8 所示。

该焊机的输出电流取决于晶闸管整流桥输入电压的大小、输入三相电的平衡状况及晶闸管的导通角的大小等诸多因素。产生输出电流明显减小的故障原因有以下几个方面。

（1）电网电源的铁壳开关里有熔丝烧断，使焊机中整流桥缺相，导致输出电流变小。

（2）电网供电电压太低，所以焊机输出电流相应变小。

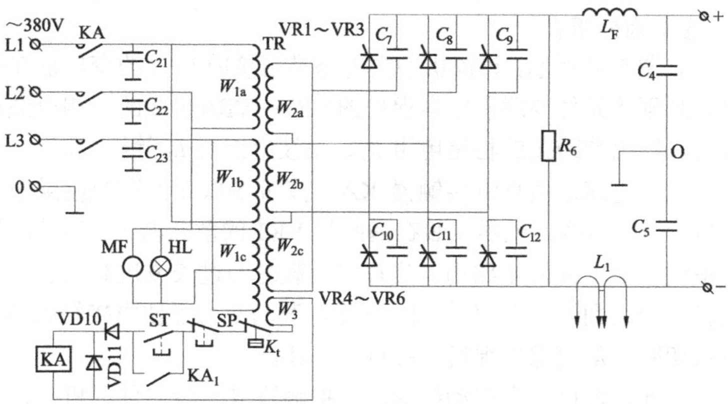

图 5–8 ZX5–630 型晶闸管焊机的主电路和启动电路

KA—接触器；ST、SP—起动、停止按钮；VT1～VT6—晶闸管；L_F—滤波电抗器；MF—冷却风机；HL—指示灯；K_t—温度继电器；VD10、VD11—二极管；TR—整流变压器；L_1—反馈信号感应器

（3）整流焊机接电源的输入线老化或接头接触不良、压降太大，导致输入电压太低所致。另外，焊机中有的晶闸管可能损坏，造成整流缺相，导致输出电流变小。

（4）整流焊机电路板的触发电路有故障，使个别晶闸管没触发，或已触发而导通角太小，也使输出电流变小。

【维修方法】

针对故障因素分析，可分别采取以下维修措施。

（1）更换新的合格熔丝。

（2）不是焊机故障，应等待电网供电平峰时期再使用焊机。

（3）更换合格的电源输入线，将接头接好接牢便可。

（4）更换损坏的晶闸管元件。

（5）需换上从焊机生产厂家购买相同的印制线路板。

2. 维修案例二

【故障症状】

一台 ZX5–630 型晶闸管焊机，在接通电源正常情况下，无法起动，需进行检修以保证正常工作。

【原因分析】

如图 5–8 所示，该焊机的主电路是由接成 D/D 的变压器 TR、每只晶闸管元件并联着电容保护的 VR1～VR6 组成的三相全波全控桥、输出端跨接的稳定电阻 R_6、滤波电抗器 L_F 等组成。

启动电路是由直流接触器 KA、按钮 ST、SP 和温度继电器 K_t 等组成。温度继电器安装在晶闸管 VR1 的散热器上，其动断触点串联在 KA 线圈电路内。当焊机负载时间过长或过载而引起晶闸管温升达到限定温度时，K_t 动作，其动断触点便将接触器 KA 电路切断，从而保护焊机不被过载烧坏。

因此，焊机没有起动的原因是接触器 KA 没有使焊机接通三相电源。产生这种现象的故障因素有以下几种。

（1）接触器 KA 的线圈内有断头，或触头因烧坏。

（2）起动按钮 ST 或停止按钮 SP 的动触头接触不良。

（3）温度继电器 K_t 故障，其动断触点没有闭合。

（4）二极管 VD10 损坏，使电路断路。

（5）控制变压器 TR 的 W_3 绕组有断头，使 W_8 没有电压向 KA 线圈提供。

（6）连接 $W_3 \rightarrow K_t \rightarrow SP \rightarrow ST \rightarrow VD10 \rightarrow KA$ 电路的导线和连接点断开。

【维修方法】

分别按故障分析因素，逐项检查，当是前四种故障原因时，应更换相同规格型号的元器件。如果是第五种故障原因时，应按 W_3 的线规及匝数重新绕制，经绝缘处理合格后重新接入电路。如果是第六种故障原因时，应查出断线或掉头处后，更换新导线或将接头连接牢固即可。

3. 维修案例三

【故障症状】

一台 ZX5–630 型晶闸管焊机，在正常焊接过程中，突然出现焊接电弧不稳，飞溅增大，并在焊接过程中伴随“嗡嗡”的噪声，需进行维修以保证正常焊接。

【原因分析】

出现这种故障现象，应是有晶闸管未被触发，导致焊机输出电流波形断续不稳，从而焊接电弧不稳，同时飞溅增大。此外，由于电流的断续波形，焊机会产生“嗡嗡”的噪声。晶闸管未被触发的原因可能是个别晶闸管元件损坏，也可能是印制电路板上的晶闸管触发电路出现故障。

【维修方法】

根据故障原因分析，查找故障源头，如果是晶闸管元件损坏，应更换相同规格型号的晶闸管元件，如果是印制电路板故障，则应从厂家购置并更换新的印制电路板。

4. 维修案例四

【故障症状】

一台 ZX5–400 型晶闸管弧焊机，当焊接设备接入电源时运行正常，但在起动电焊机时发现风机没有转动，电源指示灯也不亮，经检测，发现没有输出直流空载电压。

【原因分析】

图 5–9 是 ZX5–400 晶闸管式弧焊机的结构原理。该弧焊电源的主电路由主变压器、晶闸管整流器、平衡电抗器（相间变压器）和滤波电抗器组成；控制电路主要包括晶闸管触发脉冲电路、信号控制电路和稳压电源等。图 5–10、图 5–11 为其电气原理图。

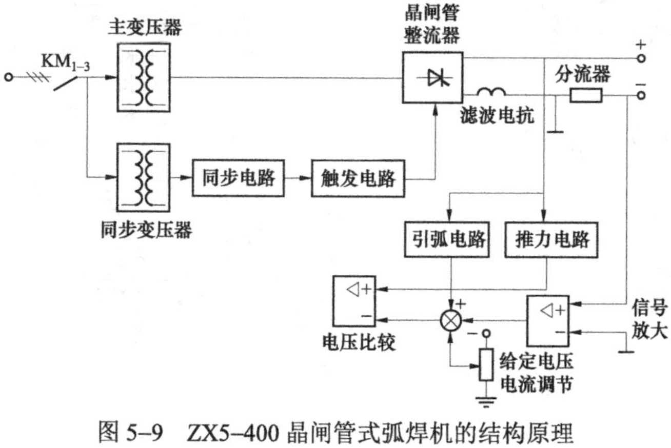

图 5–9 ZX5–400 晶闸管式弧焊机的结构原理

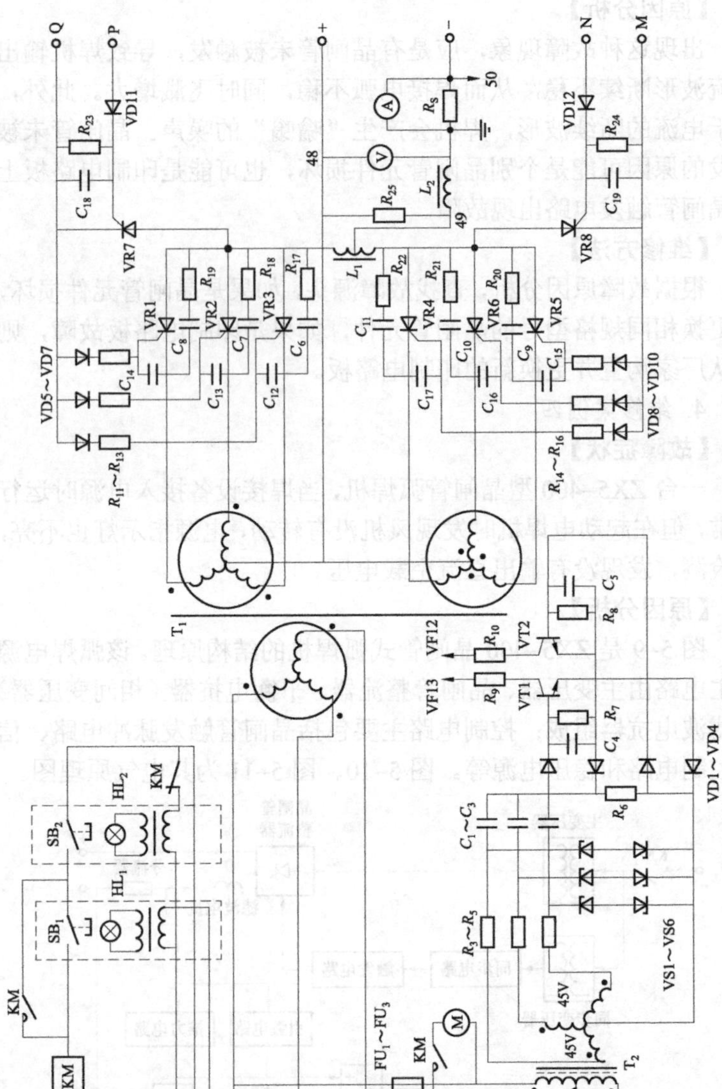

图 5-10　ZX5-400晶闸管式弧焊机的电气原理图（一）

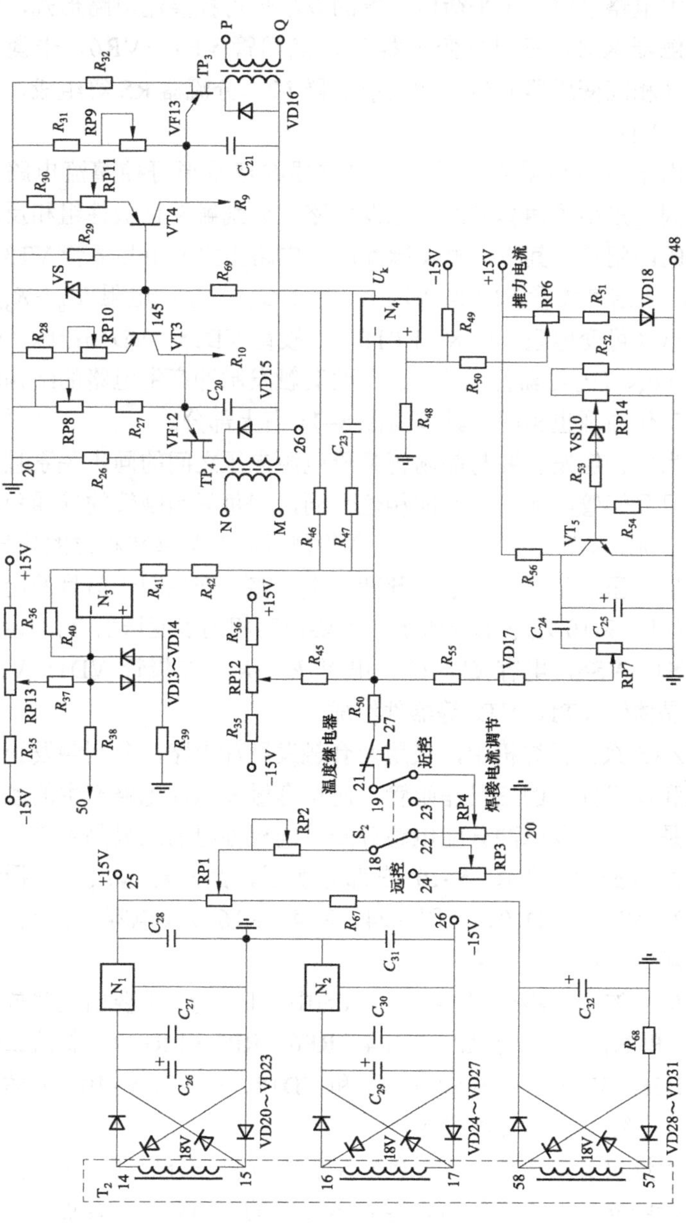

图 5-11 ZX5-400晶闸管式弧焊机的电气原理图（二）

主电路采用了带平衡电抗器的双星形可控整流电路形式，由主接触器 KM、三相主变压器 T_1，晶闸管 VR1～VR6、平衡电抗器（相间变压器）$L1$、滤波电抗器 $L2$、分流器 RS 等组成，如图 5–10 右侧所示。

由于主电路采用了带平衡电抗器的双星形可控整流电路形式，因此采用了两套晶闸管触发电路。分别触发正极性组和反极性组的晶闸管。其中，触发脉冲产生电路由主要由晶体管 VT3、VT4，单结晶体管 VF12、VF13，电容 C_{20}、C_{21}，电阻 R_{26}～R_{32}，电位器（可变电阻）RP8～RP11，二极管 VD15、VD16；脉冲变压器 TP_3、TP_4 等器件组成。由于两套触发脉冲产生电路的结构相同，工作原理也相同，具体简图 5–11 右上部分。

为保证触发脉冲与晶闸管整流电源电压之间的同步关系且要使每只晶闸管的触发脉冲的相位相同，即每只晶闸管的导通角相等。必须从晶闸管整流电源中，取得能反映其频率和相位的信号，即同步电压信号作用于触发脉冲产生电路。产生同步信号的同步电路如图 5–10 左下部分所示，主要由三相同步变压器 T_2、稳压管 VS1～VS6，电容 C_1～C_3，电阻 R_3～R_8，二极管 VD1～VD4 以及晶体管 VT1、VT2 等器件组成。

ZX5 系列弧焊机中，采用两套触发脉冲电路，分别触发正极性组和反极性组的三只晶闸管。而每套触发脉冲电路产生的触发脉冲是利用触发脉冲分配电路分配给同极性组的三只晶闸管。触发脉冲分配电路如图 5–10 右部分所示，晶闸管 VR_8、二极管 VD12、VD8～VD10、电阻 R24、R14～R16 以及电容 C_{19} 等构成一套触发脉冲分配电路。

信号控制电路如图 5–11 所示的中、下部分，主要由运算放大器 N_3 和 N_4、电位器 RP1～RP4、RP6、RP7 和 RP14、整流二极管 VD28～VD31、二极管 VD17 和 VD18、稳压管 VS10、晶体管 VT5、电容 C_{24}、C_{25} 等组成。

由焊机故障现象，可以判断闸管弧焊机没有启动，应是控制回路接触器 KM 没有吸合，导致该故障的原因有以下几点。

（1）起动按钮有故障。按动时动触点与静触点未接触，即按钮并未接通电路。

（2）接触器KM的绕组有断线处，所以电源接通也不会使接触器动作。

（3）该接触器至起动按钮的电路有导线断线处，或接头螺钉松脱。

【维修方法】

对晶闸管弧焊整流器的控制电路进行检查，找出故障点，针对前两点故障因素，应采用修复或更换同型号、同规格的元件，便可排除故障，对于第三点故障因素，应更换新线，将接头接牢即可排除故障。

5. 维修案例五

【故障症状】

一台ZX5–400型晶闸管弧焊机，一直正常使用，但某天在焊接过程中，焊接电流突然中断，不能正常焊接，需维修以保证正常使用。

【原因分析】

如图5–10所示，主电路是由六相整流变压器T_1、带平衡电抗器的双反星形全波全控整流电路VR1～VR6、滤波电抗器L_1组成。它的触发电路装在印制电路板上，当脉冲变压器产生触发信号U_{ab}、U_{cd}时，它们分别触发小功率晶闸VR7和VR8，在它们导通时即强迫触发主晶闸管VR1～VR3与VR4～VR6导通，此时电焊机便能正常工作。

焊机在正常工作中突然电流中断，说明已在工作的晶闸管VR1～VR6突然停止导通不工作了。其原因可能有以下方面。

（1）电网电源停电，可以用电笔检测一下总电源上端是否有电，一般这种情况极易判断。

（2）也可能是考虑负载时没有充分选择好设备容量大小，导致接电源铁壳开关的三相熔丝全部熔断。

（3）接铁壳开关的电源输入线太细，连接接线端子处螺栓又未拧紧，使输入端接触电阻过大，弧焊整流器使用时间较长而将接输入端子的导线烧断。

（4）触发控制电路 T_2 变压器烧坏或短路，使触发器突然停止工作，没有了触发信号，所以 VR1～VR6 停止工作。

（5）印制电路板由于个别元器件损坏而导致出现故障，使触发器无触发信号输出。

（6）在 VR 上装有温度继电器的弧焊整流器，可能因 VR 温升达到限定温度而起保护作用切断触发电路，或者温度继电器的误动作所致。

【维修方法】

根据故障原因分析，分别采取相应措施进行维修。

（1）焊机并未出现故障，当电网恢复正常供电，弧焊整流器便可正常工作。

（2）更换合格的熔丝。

（3）更换适当的电源输入线，输入端子应接好接牢。

（4）更换同型号规格的变压器或重绕绕组。

（5）从焊机生产厂家购置新电路板或更换损坏的元器件。

（6）检查温度继电器，如果是因为达到设定温度而采取的保护动作，应等焊机冷却后再用。如果温升并不高，而是温度继电器的误动作所致，则应更换新的温度继电器，故障即可排除。

6. 维修案例六

【故障症状】

一台 ZX5-400 型晶闸管弧焊机，一直正常使用，但某天焊工反映焊机空载电压很低，不能正常引弧，严重影响生产进度，需进行维修以满足正常使用。

【原因分析】

ZX5-400 型晶闸管弧焊整流器的主电路图如图 5-10 所示。致使产生空载电压过低的原因可能是：

（1）电网电源电压过低。

（2）电源的铁壳开关中有一相熔丝烧断。

（3）整流变压器 T_1 二次绕组有一个绕组匝间短路，使该相电压较低。

（4）整流变压器 T_1 有的相二次绕组中间有断头，使该电焊机此相没有二次电压输出。

（5）在二极管 VD5～VD10 中有一个或几个管子损坏，致使它所提供的触发信号中断，使晶闸管不触发。

（6）晶闸管 VR1～VR6 中有一个或几个不触发。

（7）触发控制电路的熔断器有一相熔丝烧断，使部分晶闸管不触发。

（8）电焊机一次输入接线端有一相由于掉头或螺钉松脱而形成开路。

【维修方法】

根据故障原因分析，分别排查确定故障源头，并采取相应措施进行维修。第（1）种故障因素，需电网高峰期过后再用，如果保证生产进度，可装配容量与电焊机相当的调压器保证电压。

第（2）、（7）种故障因素，更换合适的熔丝即可解决。

第（3）、（4）种故障因素，应将整流变压器拆下来，购买一个同型号变压器换上，接好电路故障即排除，或重新绕制一个二次绕组，并将绕好的新二次绕组浸上绝缘漆并烘干，装配好后进行调试到符合要求为止。

第（5）、（6）种故障因素，应更换晶闸管或检修触发电路，或更换印制电路板。

第（7）种故障因素，应更换输入导线或重新将导线接牢。

7. 维修案例七

【故障症状】

一台使用时间较长的 ZX5–400 型晶闸管弧焊机，在近期使用中发现，该焊机在半小时内能够正常焊接，但使用时间一超过半小时，焊机就会有很浓的烧焦气味传出，焊工不敢使用，需维修以保证其正常使用。

【原因分析】

弧焊整流器在额定负载持续率下是可以连续作业的。如果弧焊机连续施焊时间稍长便出焦味，说明电焊机有故障，如铁心松动或线圈绝缘、线路板等问题。电焊机过热是由于电焊机发出的热量大于散失的热量，产生了热量积累，致使绕组绝缘物开始发生化学变化，而扩散出烧焦的味道。焊机内产生过热的原因有以下几点。

（1）电焊机整流变压器 T_1 的二次绕组有部分匝间短路，短路电流加速了变压器的发热，使温升过高所致。

（2）电焊机风扇不转或风扇虽转，但扇叶变形或有灰尘等，风力不够，使电焊机冷却条件变坏，使电焊机发热量不能快速地散发掉。

（3）电焊机的晶闸管被击穿而导致主电路短路，会瞬间使电焊机产生强大的短路电流，将电焊机绕组绝缘烧焦，产生浓的焦煳味并会着火，致使电焊机烧毁，同时引起电网铁壳开关“放炮”。

【维修方法】

判断故障因素（1）时，可以用变压器空载电压测试法找出匝间短路的绕组；或把该电焊机空载接上电源送电观察一段时间，在拉开电源后立即用手触摸二次绕组，有匝间短路的绕组表面温度会明显增高。匝间短路的绕组要视具体情况而进行修复。

判断故障因素（2）时，可用风扇电动机试验法检验，不转的电动机应检修，修不好时要及时更换新电动机；对叶片变形的应仔细校正，难以校正的应更换新叶片或更换新风扇；对有灰尘比较厚的要清理掉，保证风叶良好。

故障因素（3）能够直观地判断出来，应对电焊机进行大修，重绕烧坏的绕组。重新组装晶闸管整流桥时，除了要保证管子耐压值和额定电流值一致外，还要注意 VR1～VR3 和 VR_4～VR_6 每组中三个晶闸管的正、反向电阻参数符合标准，尽量使其参数一致，因为这样能保证三相整流输出波形相近。

8. 维修案例八

【故障症状】

一台使用时间较长的 ZX5–400 型晶闸管弧焊机，焊接时电弧不稳，电压表显示的空载电压才有 45V 左右。判断为某一相上的晶闸管烧坏，但拆下来测试后，发现该晶闸管都没有损坏。

【原因分析】

ZX5–400 型晶闸管弧焊机正常使用的空载电压应在 68V 左右。现在空载电压仅为 45V 左右，相当于正常时的 2/3，通常为弧焊整流器三相晶闸管整流电路缺一相的缘故。可是在拆下来进行检查测试并没有一个损坏，这就可断定是弧焊整流器的控制板损坏了，其中有一相不输出触发信号，导致该相的晶闸管不触发造成的。

【维修方法】

检查控制板，发现其中一相的触发回路中去 VT1 的连接线开焊，导致触发信号失调。将连接线重新焊接后，焊机恢复正常，完成检修。

9. 维修案例九

【故障症状】

一台使用多年的 ZX5–400K 型晶闸管弧焊机，在近期使用中，焊工反映焊机的电流调节旋钮不能准确调整到所需焊接电流，焊接电流时好时坏，无法正常进行焊接和保证焊接质量，需检修以保证其正常工作。

【原因分析】

ZX5–400K 型晶闸管弧焊机电气原理图如图 5–12 所示。

ZX5–400K 型晶闸管弧焊机主电路（见图 5–12 上部分）从左至右为：电源起动电路、变压电路、整流电路和滤波电路。

触发电路（见图 5–12 中间部分）由 a、b、c 三相互差 120° 且结构相同的电路组成。每相电路的左部为同步电路，中间为触发脉冲形成电路，右边为脉冲信号输出电路。

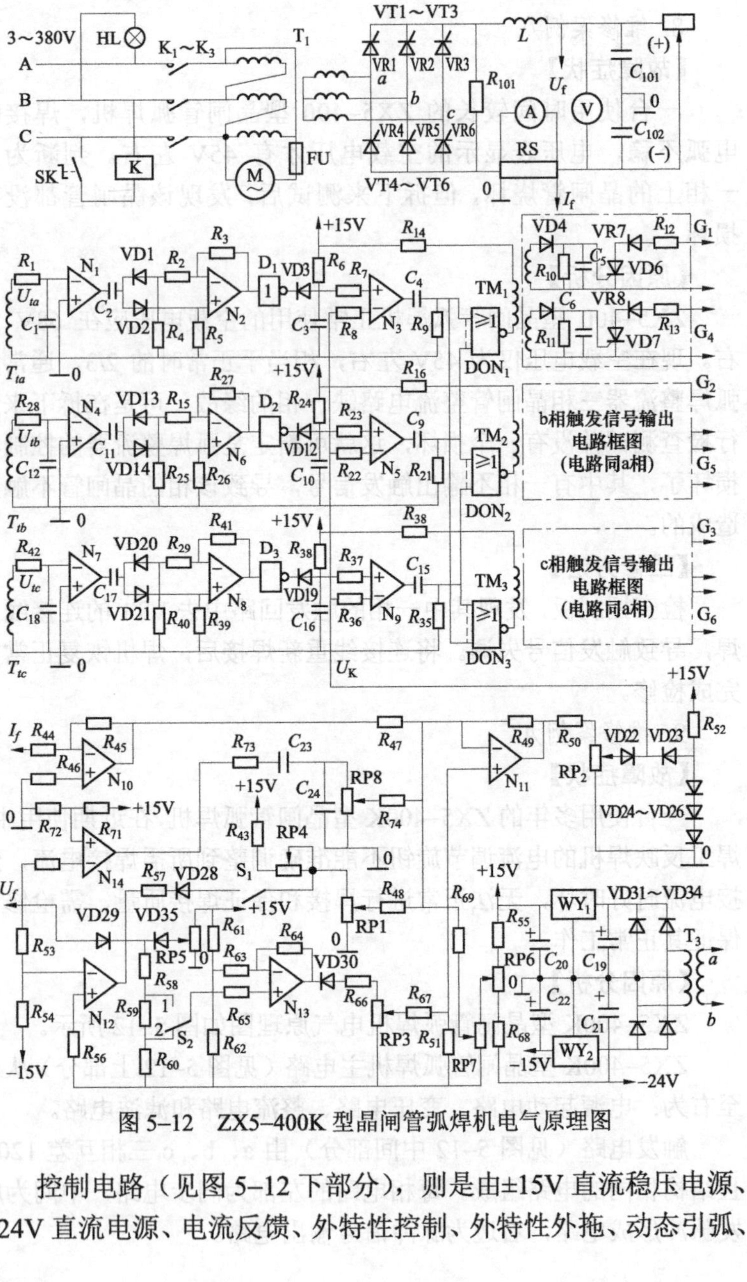

图 5–12　ZX5–400K 型晶闸管弧焊机电气原理图

控制电路（见图 5–12 下部分），则是由±15V 直流稳压电源、–24V 直流电源、电流反馈、外特性控制、外特性外拖、动态引弧、长短弧控制和飞溅控制等电路所组成。

【维修方法】

焊机故障是焊接电流调节旋钮失灵，导致电流调节作用失灵。所以，故障应排查起电流调节作用的电位器元件所在电路。电位器 RP1 是调节焊机输出电流的。RP1 的滑动点通过 R_{48} 连到运放 N_{11} 的反相输入端。当调节 RP1 时，便能改变 N_{11} 输出控制电压 U_K。U_K 又同时输到触发电路 a、b、c 的运放 N_3、N_5、N_9 的反相输入端。从而，U_K 同时改变了三个触发器的触发相位，于是主电路的晶闸管 VR1～VR6 的整流输出电压改变，即焊接电流随之改变。

焊机故障现象显示，焊机电流调节失灵，并不是没有调节信号，而是调节时好时坏，应是调节电位器 RP1 本身的故障，线路并无故障。电位器 RP1 产生这种故障现象，应该是使导电的接触滑动点接触松动，导致滑动点时接触时松开，这应该是滑动臂弹簧失效所致。

【维修方法】

打开焊机盖板，拆下故障的电位器 RP1，将相同规格型号的新电位器在原位置接好电路并安装好，焊机能够正常调节焊接电流，完成检修工作。

10. 维修案例十

【故障症状】

一台 ZX5–400K 型晶闸管弧焊机，打开起动开关后，指示灯不亮，风机没有转动，也没有空载电压，经初步检测，接入电网正常，需维修以保证焊接正常工作。

【原因分析】

ZX5–400K 型晶闸管弧焊机的主电路和起动电路如图 5–12 所示。焊机不能起动工作，最直接的原因是承担起动的接触器 K 不能吸合，产生这种故障的原因以下几点。

（1）起动按钮有故障。按动时动触点并未接触静触点，导致按钮并未接通电路。

（2）接触器 K 的线圈有断线处，电路接通也不会使接触器动作。

（3）接触器 K 至起动按钮的电路有导线断线处，或者接头螺钉松脱。

【维修方法】

按故障因素分析，逐条对焊机的起动电路进行检查，找出故障处，予以维修。如果是前两种故障因素，可采取修复或更换同型号规格的元件，如果是第三种故障因素，应更换新线，将接头接牢即消除故障，保证焊机正常使用。

第六章

逆变式弧焊电源

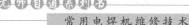

第一节　逆变式弧焊电源的基本原理和分类

一、逆变式弧焊电源的基本原理

逆变式弧焊电源的基本原理（见图 6–1）是单相或三相工频交流电网电压，经输入整流器 UR_1 整流和滤波器 L_1C_1 滤波后，获得平滑的直流电压。该直流电压经逆变器 UI 中的大功率电子开关 Q 的交替开关作用，变成几千至几万赫兹的中频高电压，再经中频变压器 T 降至适合于焊接的几十伏低电压，并借助电子控制系统的控制驱动电路和给定反馈电路，获得焊接工艺所需的外特性和动特性。如果需要采用直流电进行焊接，则再经输出整流器 UR_2 整流和 L_2C_2 的滤波，把中频交流电变成稳定的直流输出。必要时再把直流变成矩形波输出。

如图 6–1 所示，逆变式弧焊电源由主电路（供电系统+电子功率系统）、电子控制系统和反馈给定系统组成。

（1）主电路由供电系统和电子功率系统组成。

1）供电系统是把工频交流电经整流得到直流电，供给电子功率系统，并通过变压整流滤波及稳压系统对电子控制系统提供所需的各组不同大小的直流稳压电。

2）电子功率系统。通过大功率电子开关的交替开关作用，将直流变成几千至几万赫兹的中频交流电，再分别经中频变压器降压、整流器整流和电抗器滤波，得到所需的焊接电压和电流。电子功率系统本身并不能焊接，它必须与电子控制系统紧密结合，才能实现焊接，即两者结合才能对焊接电弧提供所需的电气性能和焊接工艺参数。

（2）电子控制系统对电子功率系统提供足够大的、符合焊接电弧所需变化规律的开关脉冲信号，驱动逆变主电路的工作，以获得所需的外特性和动特性。

（3）反馈给定系统由检测电路、给定电路和比较放大电路等组成。检测电路提取电弧电压和电流反馈信号，给定电路提供能反映所需焊接参数的给定信号；比较放大电路则把反馈信号与给定信号进行比较后进行放大，与电子控制系统一起，实现对逆变式焊接电源的闭环控制，使之获得所需的外特性和动特性。

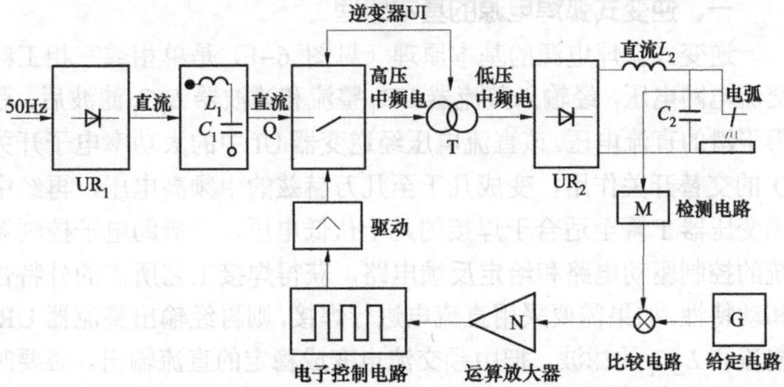

图 6-1　逆变式弧焊电源的基本原理

逆变式焊接电源主电路的基本原理可归纳为：工频交流→直流→逆变为中频交流→降压（低压交流）→直流，必要时再把直流变成矩形波交流。即逆变式焊接电源有三种逆变体制，目前大部分采用第二种逆变体制，即输出直流。

1）AC—DC—AC。

2）AC—DC—AC—DC。

3）AC—DC—AC—DC—AC（矩形波）。

二、逆变式弧焊电源的种类

逆变式弧焊电源一般按所用的大功率电子开关分类，分为晶闸管弧焊逆变器、晶体管弧焊逆变器、场效应管弧焊逆变器和 IGBT 弧焊逆变器四大类。它们均属于电子控制型弧焊电源。其性能比较见表 6–1。

表 6–1 晶闸管、晶体管、场效应管、IGBT 弧焊逆变器性能比较

大功率电子开关	晶闸管（SCR）	晶体管（GTR）	场效应管（MOSFET）	绝缘栅晶体管（IGBT）
驱动类型		电流	电压	电压
逆变频率/kHZ	2～5	20	50	20～30
控制极关断特性	不可关断	可关断	可关断	可关断
控制极驱动功率	小	大	小	小
有无二次击穿	无	有	无	无
耐压	高	高	低	较高
单管导通电流	大	大	小	较大
高速化	难	难	极容易	容易
开关损耗	小	大	小	小
调制方式	定脉宽调频率	定频率调脉宽	定频率调脉宽	定频率调脉宽
并联工作	单管容量大，不必多管并联	容易	很容易	容易
优点	可靠性高，价格低，触发功率低	频率较高，易控制，无级调参数	频率高，驱动功率小	频率高，驱动功率小，容量大
缺点	频率低，有噪声，关断难	价格高，容量较小，二次击穿，驱动功率较大	容量很小	

第二节 典型的逆变式弧焊电源

各种逆变式焊接电源，主电路的结构基本相同，只是用作大功率电子开关的器件不同，以及焊接工艺参数的调节方式不同。晶闸管弧焊逆变器是第一代弧焊逆变器，晶体管和场效应管弧焊逆变器是第二代，IGBT弧焊逆变器为第三代。

晶闸管弧焊逆变器工作频率较其他逆变电源低，但它具有单管导通电流大、耐压高、正向压降低、过载能力强等优点，仍保持单机输出功率最大的纪录，而且在输出电流大于300A时，它的单位电流质量与其他逆变电源相差不大，加上技术成熟、产品可靠、价格便宜，所以仍占有一部分市场。

晶体管弧焊逆变器由于开关元件本身存在的一些问题，投入生产和实际应用后其效果都不很理想。另外，它问世不久便有各方面性能比它优越的IGBT、弧焊逆变器出现，故除日本外，其他国家基本都未组织过大规模生产。

场效应管弧焊逆变器由于逆变频率可达50kHz甚至更高，在小功率电源的应用方面成绩显著。

IGBT综合了晶体管和场效应管的优点（但它的频率比场效应管式弧焊逆变器低），使得IGBT弧焊电源是目前最有前途的逆变式焊接电源。IGBT弧焊逆变器正趋向全面替代晶体管弧焊逆变器、部分替代晶闸管弧焊逆变器（除超高压、特殊性大容量场合）和场效应管弧焊逆变器（除高频和小功率应用外）。它正在向大功率方面发展。

一、晶闸管逆变式弧焊电源

晶闸管式弧焊逆变器的大功率电子开关是晶闸管，是最早应用于逆变器的电子开关，技术成熟、容量大，但开关速度慢。晶闸管式弧焊逆变器主电路如图6–2所示。

主电路由输入整流器UR_1、逆变电路和输出整流器UR_2等组成。主电路的核心部分是逆变电路，它由晶闸管VR1、VR2，中频变压器T，电容C_2～C_5，电感L_1、L_2等组成，构成所谓“串联对称板桥式”逆变器。

晶闸管式弧焊逆变器的外特性形状，是通过电流、电压负反馈与电子控制电路的配合以改变频率来控制的。例如，从分流器RS取电流负反馈信号送到电子控制电路，于是随着焊接电流的增大，逆变器的工作频率迅速降低，从而获得恒流外特性。如果采用电压负反馈，则可得到恒压外特性。如果按一定的比例取电流和电压反馈信号，便可得到一系列一定斜率的下降外特性。

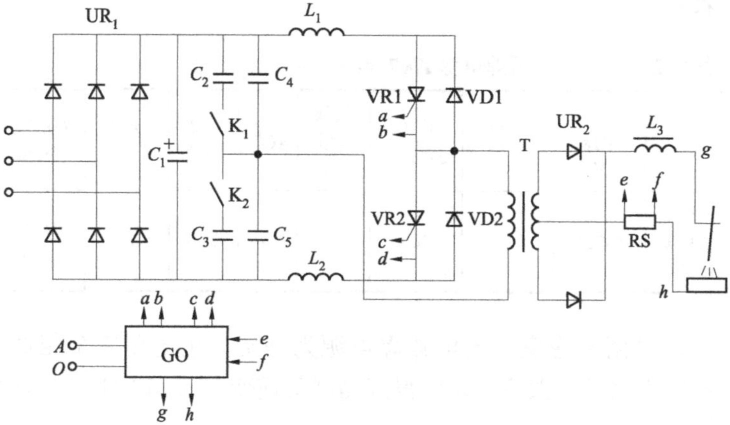

图 6–2 晶闸管式弧焊逆变器主电路

晶闸管式弧焊逆变器是采用“定脉宽调频率”的调节方法来调节焊接工艺参数的，即通过改变晶闸管的开关频率（逆变器的工作频率）来进行的。晶闸管的频率越高，电弧电流（或电压）越大。

晶闸管弧焊逆变器的特点如下。

1）工作可靠性高。因为晶闸管的生产技术已很成熟。

2）因逆变工作频率较低，故在焊接过程存在噪声且不利于效率的提高和进一步减轻质量和体积。

3）驱动功率低，控制电路较简单。

4）控制性能不够好，原因是晶闸管触发导通后关断困难。

5）晶闸管的价格相对较低，故晶闸管弧焊逆变器成本较低。

6）单管容量大，不必解决多管并联的复杂技术问题。

7）采用“定脉宽调频率”方式调节焊接工艺参数。

典型的 ZX7–400 型晶闸管弧焊逆变器主要用于焊条电弧焊。

其外特性曲线为恒流加外拖，即工作段为恒流特性，当电弧电压低于某一预定值时曲线外拖，输出较大电流而使焊条不至于与工件粘上。外拖电流大小可根据工艺需要来调整。其主要技术参数见表 6–2。

表 6–2　弧焊电源 ZX7–400 主要技术参数

类型	电源电压（V）	空载电压（V）	输出电流（A）	负载持续率	效率	功率因数	质量（kg）	外形尺寸（mm）
晶闸管逆变式弧焊电源	3×380	80	400	0.6	0.86	0.95	75	360×460×600

以晶闸管逆变焊条电弧焊电源为基础，主电路完全相似，将控制电路稍作改变，即可得到晶闸管逆变 TIG、MIG、MAG 焊电源。

二、晶体管逆变式弧焊电源

晶体管式弧焊逆变器的大功率电子开关是晶体管（GTR），其原理如图 6–3 所示。

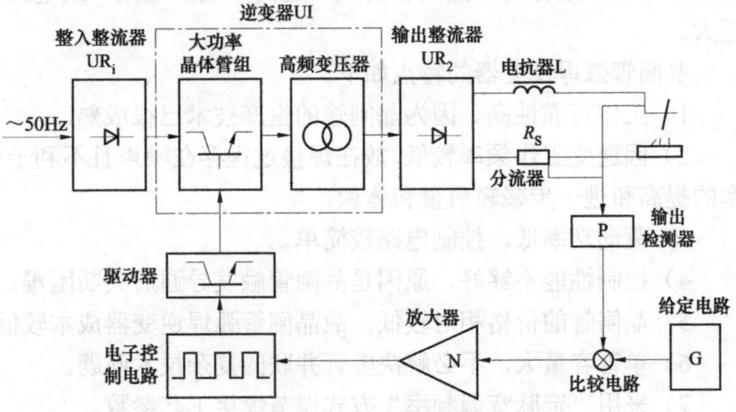

图 6–3　晶体管式弧焊逆变器的原理

晶体管式弧焊逆变器的外特性，仍然是通过电流和电压反馈电路与电子控制电路相配合以改变脉冲宽度来控制的。例如，从图 6–3 中的分流器 RS 取电流反馈信号，经过检测器 P 与给定值 G 比较以后，将其差值经放大器 N 放大送到电子控制电路。于是，随着焊接电流增加，逆变器的脉冲宽度迅速减小，从而可以得到恒流外特性。如果采取电压反馈方式，则可得到恒压外特性。如果按一定的比例取电流和电压反馈信号，便可获得一系列一定斜率的下降外特性。

晶体管式弧焊逆变器是采用“定频率调脉宽”的调节方式来调节焊接工艺参数的。当占空比（脉冲宽度与工作周期之比）增大时，焊接电流增大。

与晶闸管弧焊逆变器相比较，晶体管弧焊逆变器有如下特点。

1）工作频率较高。电源体积和质量减小。

2）可以无级调节焊接工艺参数，操作方便。

3）控制性能较好。

4）成本较高。

5）晶体管存在二次击穿问题且驱动功率较大。

6）采用“定频率调脉宽”方式调节焊接工艺参数。

典型产品的 LHL315 型晶体管弧焊逆变器主要用在 MIG、MAG、TIG 焊和焊条电弧焊以及作为弧焊机器人的弧焊电源。其主要技术参数见表 6–3。

表 6–3 LHL315 型晶体管弧焊逆变器主要技术指标

类型	电源电压（V）	空载电压（V）	输出电流（A）	负载持续率	效率	功率因数	质量（kg）
晶体管逆变式弧焊电源	3×380	65	315	0.35	0.85	0.94	28

三、场效应管逆变式弧焊电源

场效应管弧焊逆变器的大功率电子开关是场效应管。晶体管弧焊逆变器与晶闸管弧焊逆变器相比，虽然提高了逆变频率，有利于提高效率，减小电源的体积和质量，但它的过载能力差，热稳定性不好，存在二次击穿和需要较大的电流驱动。而场效应管弧焊逆变器比晶体管的开关速度更快、所需控制功率小、安全工作范围宽、工作性能更为优越。

场效应管弧焊逆变器的组成和工作原理，与 GTR 式相比大同小异，如图 6–4 所示。

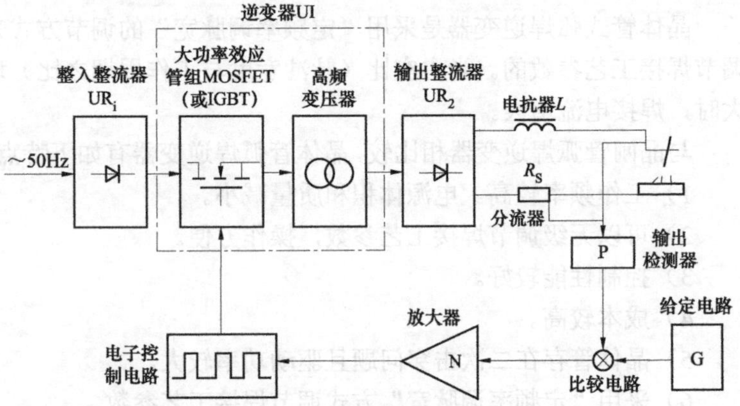

图 6–4 场效应管弧焊逆变器的工作原理

它的特点有：

1）控制功率极小。

2）工作频率最高，可达 40kHz，甚至超过 100kHz，有利于提高效率和减小质量及体积。

3）多管并联容易。

4）过载能力强，动特性更好。

5）管子的容量较小，成本较高。

6）采用“定频率调脉宽”方式调节焊接工艺参数。

典型产品 NZC6–315 型场效应管式弧焊逆变器可以输出直流、脉冲和矩形波交流焊接电流，广泛应用于焊条电弧焊、MIG

焊、MAG 焊、等离子焊、等离子切割、自动焊和机器人焊接等。其主要技术参数见表 6–4。

表 6–4 NZC6–315 型场效应管式弧焊逆变器主要技术参数

类型	电源电压（V）	空载电压（V）	输出电流（A）	负载持续率	效率	质量（kg）	外形尺寸（mm）
晶闸管逆变式弧焊电源	3×380	63	315	0.6	0.89	29	290×350×560

四、IGBT 逆变式弧焊电源

IGBT 弧焊逆变器的大功率电子开关是 IGBT，它较好地综合了晶体管弧焊逆变器和场效应管弧焊逆变器的性能优点，但工作频率低于场效应管弧焊逆变器。IGBT 弧焊逆变器的工作原理参见场效应管弧焊逆变器原理图。

典型产品：ZX7–315 型 IGBT 式弧焊逆变器可输出直流、脉冲和矩形波交流，具有多种外特性，广泛应用于焊条电弧焊、CO_2 焊、MAG 焊、MIG 焊、等离子焊、等离子切割等。其主要技术指标参见表 6–5。

表 6–5 NZC6–315 型场效应管式弧焊逆变器主要技术指标

类型	电源电压（V）	输出电流（A）	负载持续率	效率	质量（kg）	外形尺寸（mm）
晶闸管逆变式弧焊电源	3×380	315	0.6	0.85	32	295×410×475

第三节 逆变式弧焊电源的故障维修与案例

一、逆变式弧焊电源常见故障与维修

逆变式弧焊电源常见故障与维修见表 6–6～表 6–7。

表 6–6 晶闸管逆变式弧焊电源常见故障与维修

故障	原因	维修方法
开机后指示灯不亮，但电压正常且风机正常运转，焊机能工作	指示灯接触不良或损坏	更换指示灯
开机后指示灯不亮，风机不转，后面板上的空气开关仍处于闭合位置	1. 缺相； 2. 空气开关损坏	1. 检查电路； 2. 更换空气开关
开机后能工作，但焊接电流小且电压不正常	1. 某个换向电容失效； 2. 焊接电缆截面太小； 3. 三相整流桥损坏； 4. 三相380V电源缺相； 5. 控制电路板损坏	1. 更换损坏的换向电容器； 2. 更换焊接电缆； 3. 检查用户配电板或配电柜； 4. 更换三相整流桥； 5. 更换控制电路板
开机后焊机无空载电压输出	1. 控制电路板损坏； 2. 快速晶闸管损坏	1. 维修或更换控制电路板； 2. 更换快速晶闸管
接通焊机电源时，低压断路器立即断电	1. 快速晶闸管损坏； 2. 快恢复整流二极管损坏； 3. 三相整流桥损坏； 4. 压敏电阻损坏； 5. 控制电路板故障； 6. 电解电容器失效	1. 更换快速晶闸管； 2. 更换快恢复整流二极管； 3. 更换速流桥； 4. 更换压敏电阻； 5. 更换控制电路板； 6. 更换失效的电容器
无论怎样调焊接工艺参数，焊接过程均出现连续断弧	电抗器匝间绝缘不良，有匝间短路	此故障短路点不易查找，用户无法自行排除时，应及时通知厂家
晶闸管损坏	1. 主变压器磁芯材料性能离散性大令两晶闸管同时导通，电源短路； 2. 磁心材料电感量太大令主变压器温升过高，损坏晶闸管	通知厂家，更换主变压器

表 6–7 IGBT 逆变式弧焊电源常见故障与维修

故障	原因	维修方法
主电路空气开关合上风机工作异常	1. 电源线未接好； 2. 风机电源线脱落	1. 接好电源线； 2. 接好风机电源线

续表

故　　障	原　　因	维修方法
控制电路开关合上，前面板无输出显示	1. 后面板保险烧坏； 2. 接线脱落； 3. 前面板电源指示灯烧坏	1. 更换保险管； 2. 检查接线并接好； 3. 更换指示灯
欠电压指示灯亮，电压表读数为 0，电流表显示预设值	电网电压过低	待电网电压恢复正常后再开机
过热指示灯亮，电压表读数为 0，电流表显示预设值	1. 焊机通风条件不好； 2. 环境温度过高，超负载持续率使用	温度降低后自动恢复
过电流指示灯亮，电压表读数为 0，电流表显示预设值	1. 逆变电路瞬时过电流无损坏； 2. IGBT 模块过电流损坏； 3. 输出整流二极管损坏； 4. 高频变压器损坏； 5. 电流传感器损坏； 6. 吸收电路板损坏	1. 关机再开机； 2. 更换 IGBT 模块； 3. 更换二极管模块； 4. 更换高频变压器； 5. 更换电流传感器； 6. 更换吸收电路板
前面板旋钮调节失效	1. 接线脱落； 2. 损坏电位器； 3. 电源处于遥控状态	1. 检查接线并接好； 2. 更换电位器； 3. 解除遥控状态
前面板 50℃指示灯亮，焊机仍正常工作	焊机负荷过重，有过热保护趋势	适当降低负载持续率
焊钳及电缆发烫，“+”、“—”插座发烫	1. 焊钳容量太小； 2. 电缆太细； 3. 插座松动； 4. 焊钳与电缆接触电阻大	1. 更换大焊钳； 2. 更换粗电缆； 3. 去除氧化皮，并重新拧紧 4. 去除氧化皮，并重新拧紧

二、逆变式弧焊电源维修案例

1. 维修案例一

【故障症状】

一台 ZX7–400 型 IGBT 焊机出现故障，新入职的电工学员对其进行维修检测，但不知如何着手检测。

【原因分析】

虽然掌握了逆变焊机的工作原理和相关元器件知识，并不能代表可以动手维修逆变焊机，对故障焊机的维修必须遵循一定的程序和方法。

【维修方法】

在开始维修以前，应先做以下检查。

（1）三相电源的电压是否在 340～420V 范围内，有无缺相和使用的电源电缆是否符合该电焊机的使用容量。

（2）电焊机电源输入电缆连线是否正确可靠。

（3）电焊机地线连线是否可靠。

（4）电焊机输出电缆连线是否正确，接触是否良好，焊接电缆导线截面积应不小于 70mm^2。

维修的步骤是：

（1）切断电压，测整流桥输出端（直流 1000V 挡），如果有直流电压，说明滤波电容的放电电路断路，测量前，首先用电阻线放电。

（2）闭合开关，测量电源线对交流接触器输入端应直通。

（3）断开主开关，测整流桥模块的输入端之间应断路，输入端与输出端之间呈二极管特性。

（4）测 IGBT 以输出端为公共点。分别测量输入端呈二极管特性，直通电阻为 0.35Ω 左右。

（5）测二极管模块对散热片呈二极管特性。

（6）测温度继电器为断路。

（7）用欧姆挡测驱动板的稳压管。

（8）测正负极输出端电阻为 200Ω 左右。

（9）测量压敏电阻的绝缘电阻符合技术要求，无损坏。

2. 维修案例二

【故障症状】

一台 ZX7–400 型逆变焊机，接通电源后，空气开关立即跳闸，不能正常使用。

【原因分析】

ZX7–400 型逆变焊机的电气原理图如图 6–5 所示，主回路由

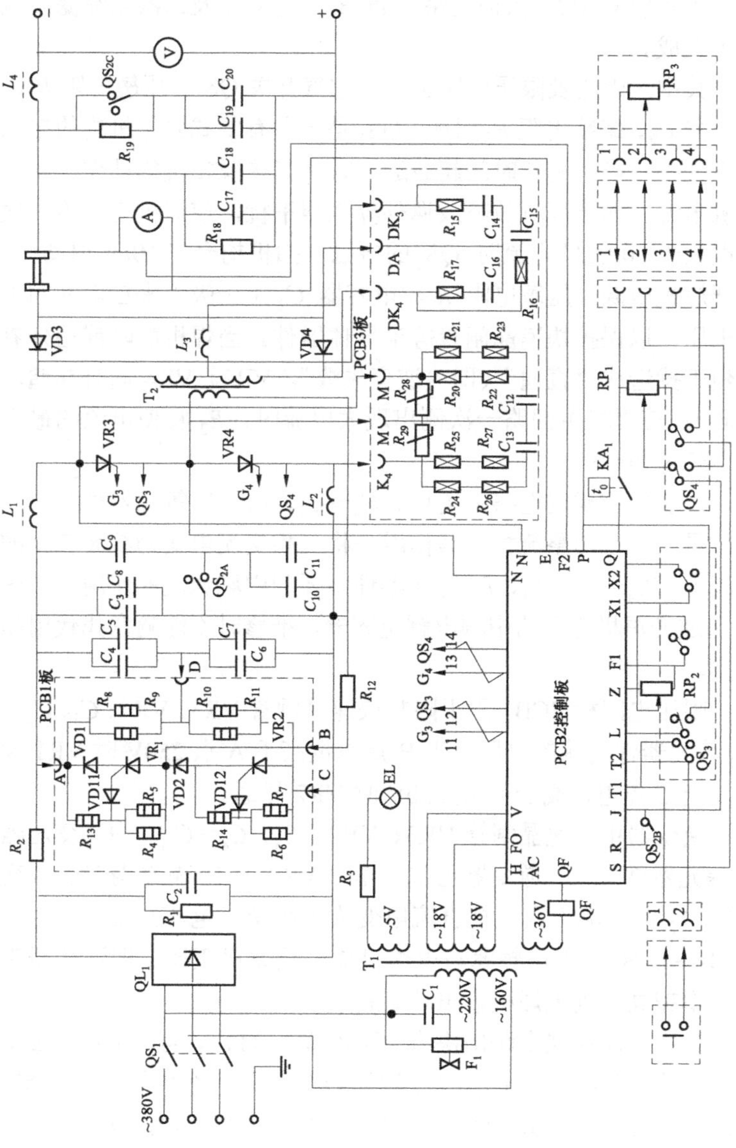

图 6-5 ZX7-400 型逆变焊机的电气原理图

限电流电路、限电压电路、一次整流滤波电路、限压电路板 PCB1、电气控制板 PCB2、保护电路板 PCB3、逆变器及二次整流滤波电路等组成。

其中，限流及限压电路由自动空气开关 QS_1、压敏电阻 R_1、电容器 C_2、绕线电阻 R_2 组成。QS_1 是一种有复式脱扣机构的自动空气开关，当焊机长时间超载运行时，其热脱扣机构动作，断开焊机电源；如果焊机故障或遇外界强烈干扰，使焊机主回路一次出现大于 300A 的电流时，QS_1 的电磁脱扣机构会在 10ms 内动作，断开焊机电源。压敏电阻 R_1、电容器 C_2 用于吸收来自电网的尖峰电压，以保护快速晶闸管等半导体器件。当焊机故障或遇外界强烈干扰造成“直通”（即“逆变失败”，VR3、VR4 同时导通，下同），使焊机主回路一次侧出现大电流时，R_2 将使电流的最大值不超过 2000A。

一次整流滤波电路由 QL_1、C_4～C_7、L_1、L_2 等元器件组成。QL_1 是一个三相整流桥，其作用是将三相交流电变为纹波较小的直流电。C_4～C_7、L_1、L_2 等元器件主要起中频滤波的作用，C_4～C_7 是逆变焊机专用的中频电解电容器，维修时不能随意找代用品替换。

限压电路板 PCB1 用于限制快速晶闸管 VR3、VR4、C_3、C_8～C_{11} 等元器件两端的电压，当 B 点电位高于 A 点 250V 时 VR1 导通，当 C 点电位高于 B 点 250V 时 VR2 导通。

逆变器由快速晶闸管 VR3、VR4、C_3、C_8～C_{11}、中频变压器 T_2 等元器件组成。逆变器正常工作时 VR3、VR4 轮流导通，改变流经 T_2 的电流方向，把直流电变成中频交流电。其工作频率为 0.5Hz～4kHz，工作频率与电焊机输出功率成正比，即逆变器工作频率越高，则电焊机输出功率就越大。

二次整流滤波电路由快恢复整流管 VD3、VD4，电抗器 L_3、L_4，中频电解电容器 C_{17}～C_{20} 等元器件组成。经中频变压器降压后的中频交流电，由 VD3、VD4 整流再变为直流电，再经电抗器 L_3、L_4，电解电容器 C_{17}～C_{20} 等元器件滤波后，变为适用于焊接的直流电流。

因此，焊机一接通电源，低压断路器即跳闸，有可能是下列原因造成。

（1）一次整流模块损坏。

（2）滤波电容器击穿损坏。

（3）IGBT 模块由于烧断、短路而损坏。

（4）电源变压器内部短路或接地。

（5）冷却风机因短路、接地等原因损坏。

【维修方法】

按照上述分析故障因素，分别进行检测，确定故障源，并采取相应维修措施。

（1）更换新的整流模块。

（2）更换新的滤波电容器。

（3）更换新的 IGBT 模块。

（4）更换新的电源变压器，或者对损坏变压器按原始技术参数进行重新绕组维修。

3. 维修案例三

【故障症状】

一台使用较长时间的 ZX7–400 型逆变焊机，在接通电源后开机，即出现过电流保护故障报警。

【原因分析】

经检测空载输出正常，IGBT、二极管模块、驱动电路及静态特性及驱动信号均正常。检测时发现 IGBT 和 PCB3 板上灰尘较多，判断由于灰尘可能造成电信号干扰，引起过电流保护。

【维修方法】

使用压缩空气对机内灰尘认真清理，再次开机后，焊机正常工作。

4. 维修案例四

【故障症状】

一台 ZX7–400 型逆变焊机，一直使用正常，但近期在焊接过程中，频繁出现过电流保护报警，严重影响焊接效率与质量，需维修以保证正常使用。

【原因分析】

频繁出现过电流保护，应从 IGBT 驱动电路的工作参数着手，以此判断逆变电路是否正常工作。

【维修方法】

静态测量 PCB3 板 8 只 1N4745 稳压二极管参数，发现其中一只反向漏电流偏大，即正向导通正常，而反向不能完全截止。由此可以判断，是由于该稳压二极管失效造成 IGBT 驱动信号异常，导致频繁出现过电流保护报警。

更换损坏的稳压二极管后，重新开机并进行焊接，焊机工作正常。

5. 维修案例五

【故障症状】

一台 ZX7–400 型逆变焊机，在开机后出现过电流保护报警，机内清洁。

【原因分析】

开机过电流保护原因复杂，应逐一检查测量涉及的元器件。

【维修方法】

依次测量三相整流桥、二极管模块静态特性正常；测量 PCB2 板四组驱动信号正常；但测量 IGBT 静态特性时发现一只 IGBT 的 CE 间二极管特性反向截止时间较长，但最终能够截止。由此可以判断，是此 CE 间反向续流二极管漏电流偏大造成过电流保护。

更换此 IGBT 模块，重新开机，故障消除，焊机正常工作。

6. 维修案例六

【故障症状】

一台 ZX7–400 型逆变焊机，维修后接通电源开机，主电路上电后，IGBT 爆管。

【原因分析】

检查测量焊机静态特性和驱动信号均正常，但发现主变压器二次侧在二极管模块阳极接线错误，造成主变压器二次侧短路，开机后 IGBT 爆管。

【维修方法】

主变压器二次输出的两极，每极有两接头并联，而二极管模块，由几只并接为整流管，维修时未注意接线特点，接错线造成主变压器二次两极短路，更换 IGBT，并正确接线，重新开机后，焊机工作正常，故障消除。

7. 维修案例七

【故障症状】

一台 ZX7–400 型逆变焊机，能够正常使用，但日常维护中发现空载电压要比正常高出 10V 左右，为防止焊机损坏，需进行检查维修。

【原因分析】

焊机空载输出偏高，应是主变压器的变比不对，但该种情况出现概率较小。而从主电路其他方面考虑，如果二次回路开路，同样可能造成空载电压升高。在焊机中，负载电阻跨接在正负输出端之间，二极管模块的阻容吸收件跨接在二极管模块阴阳极之间，两者任何一个开路均会造成空载电压升高。

【维修方法】

根据故障原因分析，依次检查测量，确定故障源。测量正负输出端的阻值为 200Ω，证明负载无故障，测量 47nf/630V 电容，发现有一只电容开路。更换此电容后，重新开机测量，空载电压恢复正常。

8. 维修案例八

【故障症状】

一台 ZX7–400 型逆变焊机，焊工反映空载电压低，经检测，空载电压确实存在这种故障现象。

【原因分析】

焊机空载电压低，首先考虑电网电压原因。当电网电压正常时，应考虑焊机故障，主要原因有以下几点。

（1）三相整流桥损坏，只能进行两相整流，造成焊机输出量不够。

（2）PCB1板只输出一组控制信号或PCB1到PCB2的一组接线虚接。

（3）PCB2板一组驱动电路不工作。

（4）滤波电容损坏，导致其消耗一部分主电路的能量。

其中，逆变电路四只IGBT单元应交叉导通，完成一个周期正负半波逆变工作，但后三点故障因素都会造成其中一只或一组不导通，则一个工作周期只能有一半工作，造成空载电压输出偏低的故障现象。

【维修方法】

针对故障因素分析，逐一排查维修。如果是电网电压原因，可待电网电压正常后工作或配备调压器。

（1）更换三相整流桥。

（2）维修或更换PCB1板，接线虚接处重新连线焊接。

（3）维修驱动电路或更换PCB2板。

（4）更换相同规格型号的滤波电容。

9. 维修案例九

【故障症状】

一台ZX7–400型逆变焊机，在焊接过程中，频繁出现欠电压保护报警。

【原因分析】

焊机出现欠电压报警，应从以下几方面查找故障。

（1）电网电压是否偏低。

（2）控制变压器、PCB1板欠电压保护电路故障。

（3）由于电源开关或控制保险（2A）故障导致焊机起动电路接触不良。

（4）供电电路出现虚接。

（5）大功率设备频繁起动，造成电网电压较大波动。

【维修方法】

根据上述故障因素，逐一排查，发现供电电路出现虚接，并且焊机电源线较长，质量较差，焊接时电源线电压损失较大。

拆开进电电路，将接线螺栓逐一紧固，并且另取一根电源线，将其与原电源线并联使用，以减少电压损耗，再次开机进行焊接，故障消除。

10. 维修案例十

【故障症状】

一台 ZX7–400 型逆变焊机，在开机后能工作，但焊接电流小且电压表指示不在 70～80V。

【原因分析】

ZX7–400 型逆变焊机电路图如图 6–5 所示，造成其焊接电流小且电压不正常的故障因素有以下几点。

（1）换向电容 C_8～C_{11} 中存在失效电容。

（2）连接焊枪的焊接电缆截面太小。

（3）三相（380V）电源缺相。

（4）三相整流桥 QL_1 被损坏。

（5）控制电路板 PCB2 被损坏。

【维修方法】

（1）更换破损的换向电容器。

（2）更换 70mm^2 规格的焊接电缆。

（3）检查用户配电板或配电柜，紧固接头或连接螺栓。

（4）更换三相整流桥 QL1。

（5）更换控制电路板 PCB2。

11. 维修案例十一

【故障症状】

一台 ZX7–400 型逆变焊机，在接通焊接电源后，焊机自动开关立即自动断电。

【原因分析】

ZX7–400 型逆变焊机电路图如图 6–5 所示，出现这种故障现象的原因有：

（1）快速晶闸管 VR3、VR4 被损坏。

（2）快恢复整流二极管 VD3、VD4 被损坏。

（3）三相整流桥 QL_1 被损坏。

（4）压敏电阻 R_1 被损坏。

（5）控制电路板 PCB2 出现故障。

（6）电解电容器 C_4～C_7 中出现失效元件。

【维修方法】

（1）更换相同规格型号的快速晶闸管 VR3、VR4。

（2）更换相同规格型号的快恢复整流二极管 VD3、VD4。

（3）更换相同规格型号的三相整流桥 QL_1。

（4）更换相同规格型号的压敏电阻 R_1。

（5）更换控制电路板 PCB2。

（6）更换失效的电容器（同原规格型号）。

第七章

氩弧焊机的故障与修理

第一节　氩弧焊设备

氩弧焊是以氩气作为保护气体的一种电弧焊方法，如图 7–1 所示。氩气从焊枪或焊炬的喷嘴喷出，在焊接区形成连续封闭的氩气层，对电极和焊接熔池起着机械保护的作用。

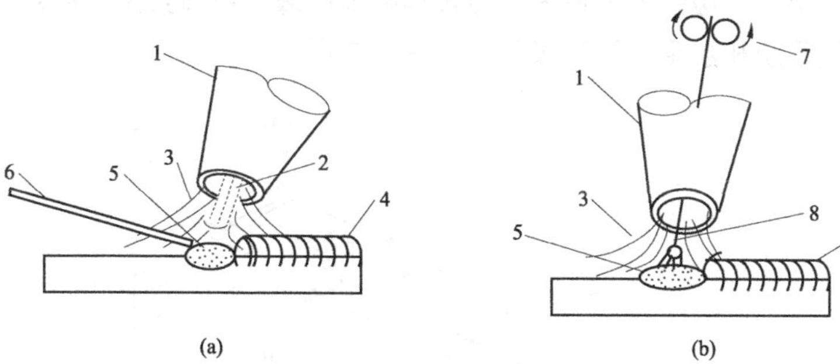

图 7–1　氩弧焊示意图

（a）钨极氩弧焊；（b）熔化极氩弧焊

1—喷嘴；2—钨极；3—气体；4—焊道；5—熔池；

6—填充焊丝；7—送丝滚轮；8—焊丝

按所用的电极不同，可分为非熔化极氩弧焊（TIG 焊）和熔化极氩弧焊（MIG 焊和 MAG 焊）两种；按操作方法和送丝方式不同，前者又可分为手工钨极氩弧焊、自动钨极氩弧焊和脉冲钨极氩弧焊，后者可分为自动、半自动和脉冲氩弧焊三种。

钨极氩弧焊是采用高熔点的钨棒作为电极，在氩气的保护下，依靠钨棒和焊件间产生的电弧热，来熔化基本金属及填充焊丝的一种焊接方法。钨极氩弧焊只适用于薄板的焊接。

熔化极氩弧焊是采用连续送进的焊丝作为电极，在惰性气体

（氩气）或活性气体的保护下，依靠焊丝和焊件间产生的电弧热，来熔化基本金属及焊丝的一种焊接方法。熔化极氩弧焊可用来焊接厚板。按照采用保护气体的不同，熔化极氩弧焊又可以分为熔化极惰性气体保护焊（简称 MIG 焊）和熔化极活性气体保护焊（简称 MAG 焊）。MIG 焊和 MAG 焊区别主要是采用的保护气体不同，MIG 焊采用的保护气体是 Ar 或 Ar+He，而 MAG 焊采用的保护气体为惰性气体加少量氧化性气体，例如：$Ar+O_2$、$Ar+CO_2$、$Ar+CO_2+O_2$。

（一）设备组成

1. 手工钨极氩弧焊设备

手工钨极氩弧焊设备一般包括弧焊电源、控制系统、焊枪、供气系统和水路系统等部分，如图 7–2 所示。

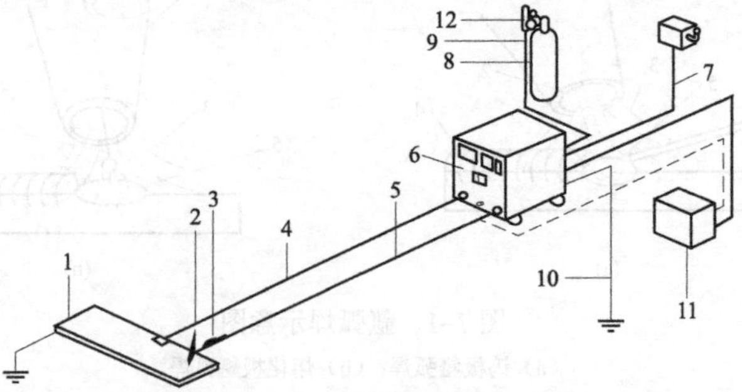

图 7–2　手工钨极氩弧焊设备系统图

1—焊件；2—焊枪；3—焊枪开关；4—输出电缆；5—焊枪电缆；6—氩弧焊机；7—输入电缆；8—氩气瓶；9—气管；10—接地电缆；11—冷却水循环装置（采用水冷焊枪时使用）；12—减压阀、流量计

2. 自动钨极氩弧焊

自动 TIG 焊设备的送丝和电弧的移动都是采用机械装置自动进行的，焊接过程稳定、生产效率高，适用于直缝、环缝、管道对接接头。自动 TIG 焊设备主要有悬臂式、焊车式和机床式等。

（1）悬臂式自动 TIG 焊设备包括悬挂式焊接机头、焊丝盘、立柱、横梁、控制箱、电源以及气路和水路等，焊丝盘和机头均悬挂在横梁上。

（2）焊车式自动 TIG 焊设备包括焊接小车、控制盘、电源等，焊接机头、焊丝盘和控制盘等随小车一起行走，类似于埋弧焊焊接小车。

（3）机床式自动 TIG 焊设备包括机架、控制箱、电源等，焊接机头、行走机构和焊丝盘均安装在固定的机床上，如图 7–3 所示。

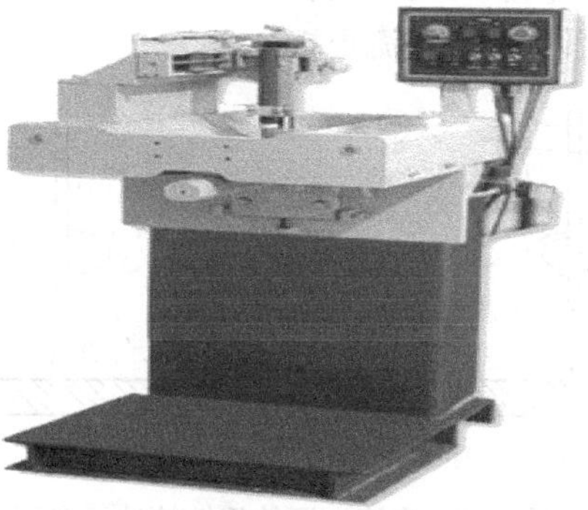

图 7–3 机床式自动 TIG 焊

3. 熔化极氩弧焊

其设备组成与 CO_2 焊设备组成相近，其中，半自动 MIG 焊设备与半自动 CO_2 焊设备一致，包括焊接电源、气瓶、送丝机构、气管、电缆、焊枪等，由于采用的焊丝直径小于 2.5mm，这时的焊接电流密度大，电弧静特性线是上升的，因此应选用具有平特性的电源配以等速送丝系统。自动 MIG 焊设备一般由弧焊电源、送丝机构、焊枪、控制箱和焊接小车等组成，自动 MIG 焊设备采用粗丝进行焊接，一般用弧压反馈式送丝机构，采用陡降或垂直特性电源，所用的焊丝直径一般大于 3mm。熔化极脉冲氩弧焊采用的脉冲电源主要有单相整流式、磁放大器式、晶闸管式脉冲弧焊电源和 IGBT 逆变式弧焊电源。

（二）弧焊电源

钨极氩弧焊需要具有下降特性的弧焊电源。因此，直流弧焊发电机、弧焊整流器及弧焊变压器等，都可作为钨极氩弧焊的弧焊电源。

1. 直流弧焊电源

当采用直流正接时，即焊件接正极，钨极接负极，如图 7–4 所示。不仅可以使熔深增加，而且钨极允许通过的焊接电流也可以增大，故常用氩弧焊打底和焊接铜、不锈钢、碳钢等。在实际生产中，因直流反接时钨极消耗量大，电弧又不稳定，故手工钨极氩弧焊一般都是采用直流正接。

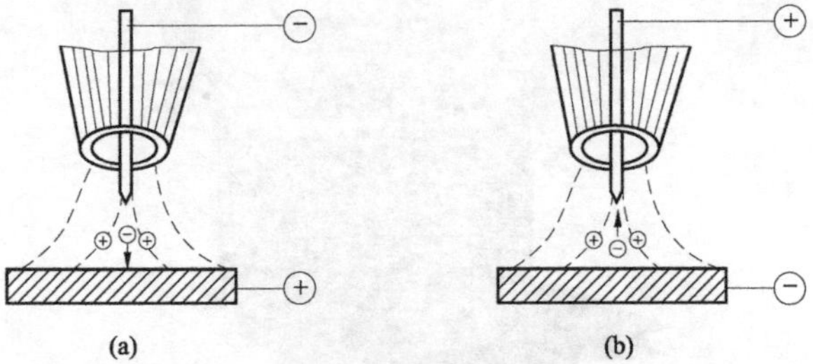

图 7–4　直流电源的极性接法示意图

（a）直流正接；（b）直流反接

2. 交流弧焊电源

交流电的极性是不断变化的，在正极性的半波里，钨极为负极，因发射电子使本身温度降低，从而使钨极的烧损减少；而在反极性的半波里，钨极是正极，又有“阴极破碎”作用，致使熔池表面氧化物得到清除，故焊接铝、镁及其合金时常采用交流弧焊电源。

弧焊电源的种类和极性是按被焊金属材料的类型进行选择的，见表 7–1。手工钨极氩弧焊电源通常采用 NSA–300、NSA–500 等，熔化极氩弧焊时，为了使电弧稳定、减少飞溅，获得良好的焊缝成形，熔化极氩弧焊焊机均采用直流电源。

表 7–1　　不同金属材料的弧焊电源及极性选用表

金属材料	直流		交流
	正接	反接	
铝	×	可用	良好
铝合金	×	可用	良好
紫铜	良好	×	×
黄铜	良好	×	可用
碳钢	良好	×	可用
合金钢	良好	×	可用
不锈钢	良好	×	可用
铸铁	良好	×	可用

注　表中“×”表示不采用。

（三）焊枪

手工钨极氩弧焊用的焊枪主要由焊枪体、喷嘴、电极夹、焊接电缆、气管、水管（小规范时可以不用）、按钮开关等组成，其作用是夹持钨极，传导电流和输送氩气。

为使氩气的保护效果良好，焊枪应是径向进气，出气口采用圆柱形喷嘴，具有较长的导气道或加有“气筛”装置，以使氩气进入焊枪后，气流减速，均匀镇静，从而减少涡流，保持层流，提高保护效果。喷嘴根据不同的施工条件有不同的样式和规格，见表 7–2。

表 7–2　　特定工作环境下的喷嘴

名称	样式	适用情况	名称	样式	适用情况
大口径喷嘴	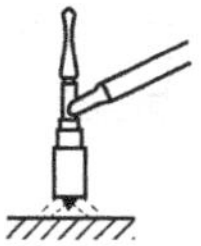	适用于保护范围要求宽广的场合	带气体透镜喷嘴	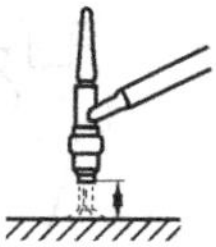	用于保护要求特别高的场合
长喷嘴		适用于焊缝比较深的场合	点焊喷嘴		与点焊接头组合使用

手工钨极氩弧焊的焊枪种类很多，在定型产品中根据使用电流大小，有水冷式和气冷式之分。常用的水冷、气冷式焊枪如图 7–5 所示。

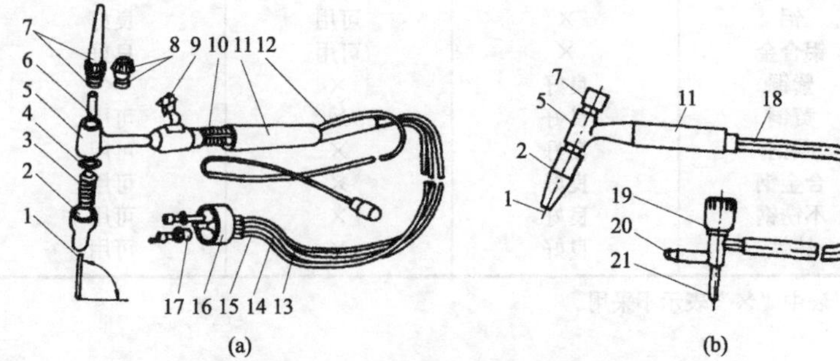

图 7–5　氩弧焊焊枪种类及构造

（a）水冷式焊枪；（b）气冷式焊枪

1—钨极；2—喷嘴；3—导流件；4—密封圈；5—焊枪体；6—钨极夹头；7—盖帽；8—密封圈；9—船形开关；10—扎线；11—焊枪把；12—插头；13—进气管；14—出水管；15—水冷缆管；16—活动接头；17—水电接头；18—电缆；19—气开关手轮；20—通气接头；21—通电接头

熔化极氩弧焊的送丝机构和焊枪与 CO_2 焊的设备是相同的（见第八章），送丝机构同样分为推丝式、拉丝式和推拉丝式。当焊丝直径小于 1.6mm 时，可采用拉丝式和推拉丝式送丝机构，当焊丝直径大于 2mm 时，可采用推丝式送丝机构。焊枪主要有鹅颈式和手枪式两种，如图 7–6 所示。

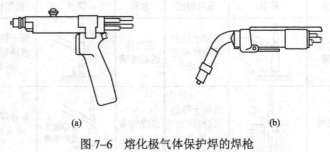

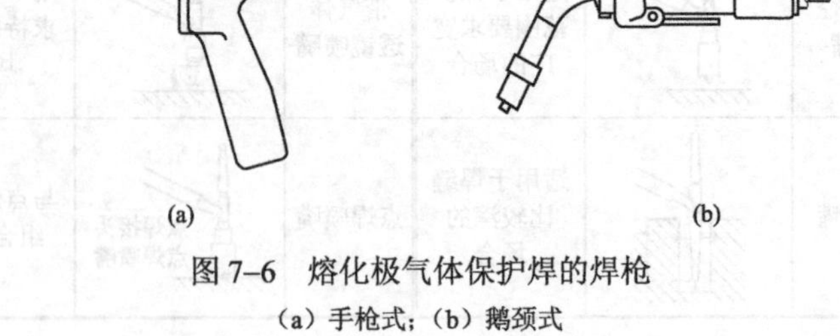

图 7–6　熔化极气体保护焊的焊枪

（a）手枪式；（b）鹅颈式

（四）供气系统

供气系统包括氩气瓶、减压表、流量计和气阀，其作用是使钢瓶内的氩气按一定的流量，从焊枪的喷嘴送入到焊接区。

氩气瓶是氩弧焊的气源，使用时要注意不得将瓶内氩气用完，以免空气进入瓶内，造成下次瓶内氩气不纯，影响焊接质量。为便于识别，氩气瓶应涂灰色，并以绿色标有“氩气”字样。

减压表的作用是将瓶内氩气降为工作压力 0.1～0.2MPa 以便使用，可采用专用的氩气减压表，也可使用普通氧气减压表代替。

流量计是测量通入气体流量大小的装置，保证氩气在焊接过程中按给定的数量均匀输送。氩弧焊常用的气体流量计为玻璃转子流量计和其他医用流量计，一般以 L/min 为计量单位。

气阀是用来控制氩气的送气与停气，可直接采用机械的气阀开关由手工来控制，也可采用准确性较高的电磁气阀控制氩气，按给定的时间开启、闭合。采用电磁阀时，由于对电磁动作所需的材料、接线、光洁度、弹簧等都有技术上的要求，不能随意更换。

（五）水路系统

当焊接电流超过 200A 时，为了提高电流密度和减轻焊自重，必须对焊接电缆、钨极和焊枪进行水冷。水路系统要求畅通无阻，并用水压开关或手动开关来控制冷却水的流量。水压开关与电源连锁，当水压不足时，焊机不能起动。使用时不要随便短接，以免烧坏焊枪和焊机，水路冷却循环如图 7–7 所示。

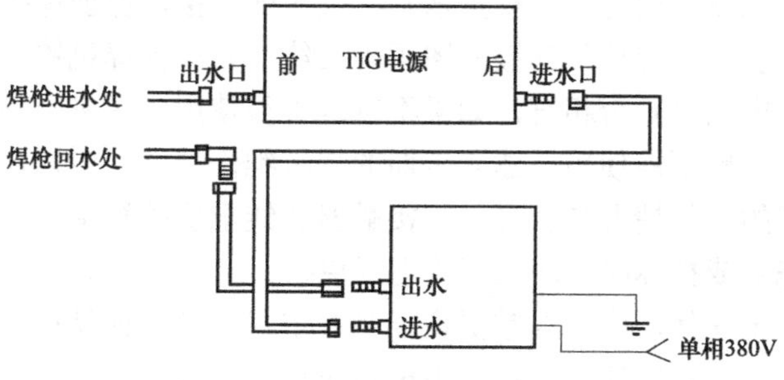

图 7–7 水路冷却循环示意图

当采用气冷式焊枪或采用小规范焊接时，一般不需水路系统进行水冷。

（六）控制系统

手工钨极氩弧焊控制系统包括引弧装置、稳弧装置、电磁气阀、电源开关、继电保护及指示仪表等。通过控制线路实现对供电、供气、引弧与稳弧等部分的控制。其控制程序如图 7–8 所示。

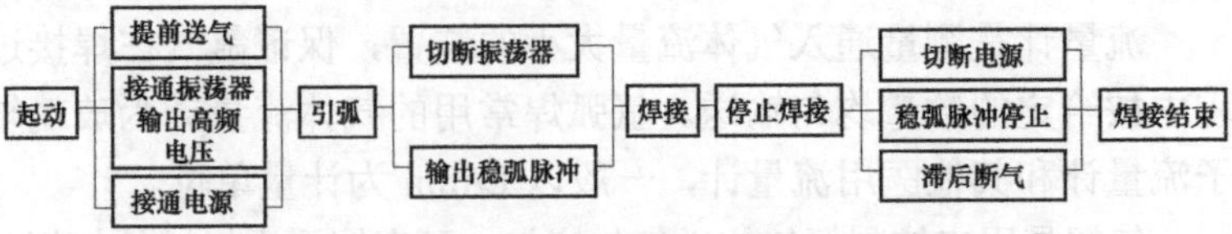

图 7–8 手工钨极氩弧焊控制程序方框图

第二节 氩弧焊设备维护与维修

一、氩弧焊设备的维护

焊机工作完毕或临时离开工作场地，必须切断焊机电源、关闭水源及气源。搬动焊机时，应将易损坏元件如电子管等取下放好才能搬运。定期检查接触器和继电器的触头工作情况，如有烧毛或损坏时，应立即修理或更换。

焊机在使用前，应检查水管、气管的连接，保证焊接时正常供水、供气。应按外部接线图正确接线，并检视焊机铭牌电压值与网路电压值是否相符，如果不符时不得使用。焊机必须可靠接地，不接地不能使用。建立定期的焊机维修制度。定期检查焊枪电极夹的夹紧情况是否良好、接触器和继电器的触头工作情况，如有烧毛或损坏时，应立即修理或更换。

焊枪在使用中需经常更换钨极、密封圈及其他易损件，装拆焊枪要按一定顺序进行：拧下电极压帽、拔出电极夹头、取下钨极。在装拆过程中，如发现零件卡死，拆不下或装不上时，不应用重物敲打，尤其是连接螺纹不畅时，应拆下检修，不要强行旋入，以防损坏螺纹。

装配焊枪时，应将各连接螺纹拧紧，尤其是电极卡头务必夹紧钨极，否则会严重发热，甚至烧毁夹头和焊炬。加密封圈的连接处亦应旋紧，以防焊枪漏气、漏水。在使用焊枪时，应轻拿轻放，尤其注意不要使焊枪电缆及气、水管等接触灼热的工件。焊接结束后注意将焊枪挂牢，防止摔落，也不要随手放在地上或工件上。

一般焊枪除定期拆开擦拭进行清洁处理外，还应按表 7–3 的内容进行检查和维护保养。

表 7–3 氩弧焊枪维护保养内容

检查部位	检查、保养内容	时间
各接头及连接处	有无漏气、漏水现象	每日一次
喷嘴螺纹处	是否完全旋入	每日一次
陶瓷喷嘴	是否有裂纹	每日一次
电极夹头	是否卡紧	每日一次
冷却水出口	测定冷却水流量是否有减少现象	每月一次
绝缘垫圈	是否有击穿或烧损现象	每月一次

二、氩弧焊设备的常见故障与维修

焊枪的正常维修是保证正常工作、提高其寿命的重要措施之一。为了保证正常维修，焊炬易损件应有所储备。焊炬易损件一般包括电极夹头、喷嘴、密封圈、绝缘垫圈等。焊炬的常见故障一般为过热、漏气、漏水、气体保护不良、漏电、喷嘴烧损或开裂等，产生上述诸故障的原因及排除方法见表 7–4。钨极氩弧焊机常见故障的排除见表 7–5，熔化极氩弧焊机的常见故障排除参见 CO_2 气体保护焊的常见故障与排除。

表 7–4 氩弧焊枪常见故障的原因及排除方法

故障现象	原　因	排除方法
焊枪体严重发热	1. 焊枪容量过小 2. 冷却水管堵塞使冷却水流不通或流量过小 3. 电极夹头未夹紧钨极	1. 更换大容量焊枪 2. 用压缩空气吹冷却水管将堵塞物吹掉 3. 更换电极夹头或电极压帽
漏水	1. 密封圈老化 2. 水管接头处损坏或未扎紧 3. 焊炬与进水管连接的焊缝漏水	1. 更换密封圈 2. 重新连接水管并扎紧 3. 拆开补焊
漏气	1. 密封圈老化 2. 连接螺纹未旋紧 3. 进气管接头损坏或未扎紧 4. 进气管受热或老化破损	1. 更换密封圈 2. 旋紧 3. 截去损坏接头，重新连接扎紧更换进气管或可靠地包扎破损处
漏电	1. 焊把因漏水或其他原因潮湿 2. 焊把损坏，露出带电金属部分	1. 检查漏水原因，使焊炬充分干燥 2. 更换焊把或将裸露带电金属部分用胶布包扎好
气体保护不良	1. 焊枪漏气 2. 喷嘴直径过小 3. 喷嘴破损或有裂纹 4. 焊枪中气路被堵塞 5. 气筛损坏或在拆装时丢失 6. 氩气不纯 7. 气体流量过大或过小	1. 排除漏气处 2. 更换较大直径的喷嘴 3. 更换新喷嘴 4. 用压缩空气吹净气路堵塞物 5. 换新气筛 6. 更换合格的氩气 7. 调节成合适的气体流量
金属喷嘴起弧烧损	1. 绝缘垫圈烧损失去绝缘作用 2. 绝缘垫圈被高频击穿	1. 更换绝缘垫圈 2. 更换绝缘垫圈
电极夹头与钨极或电极夹头与焊枪体之间起弧	1. 电极夹头和钨极接触不良，在钨极和母材接触时起弧 2. 电极夹头和焊炬体接触不良	1. 更换电极夹头或检修 2. 使电极夹头和焊炬体接触良好

表 7–5　　钨极氩弧焊机常见故障的排除

故障特征	产生原因	排除方法
电源开关接通，指示灯不亮	1. 开关损坏 2. 熔丝烧断 3. 控制变压器损坏 4. 指示灯损坏	1. 更换开关 2. 更换熔丝 3. 检修变压器 4. 换指示灯
控制线路有电，但焊机不能起动	1. 脚踏开关或焊枪上开关接触不良 2. 起动继电器或热继电器有故障 3. 控制变压器损坏	1. 检修开关 2. 检修继电器 3. 更换或检修控制变压器
焊接起动后，无振荡或振荡微弱	1. 高频引弧器或脉冲引弧器有故障 2. 火花放电间隙不对 3. 放电盘云母烧坏 4. 放电盘电极烧坏	1. 检修引弧器 2. 调整放电间隙 3. 更换云母片 4. 清理、调整电极
有振荡放电，但不起弧	1. 焊接回路接触器有故障 2. 控制线路断线有故障 3. 焊件接触不良	1. 检修接触器 2. 检修控制线路 3. 清理焊件
焊接过程电弧不稳定	1. 稳弧器有故障 2. 消除直流分量的元件有故障 3. 焊接电源故障	1. 检修稳弧器 2. 更换或检修 3. 检修焊接电源
焊机起动后，无氩气输出	1. 气路堵塞 2. 电磁气阀有故障 3. 控制线路有故障 4. 气体延迟线路故障	1. 清理气路 2. 检修电磁气阀 3. 检查故障处并修复 4. 检修故障处并修复

三、氩弧焊设备故障修理案例

1. 维修案例一

【故障症状】

一台使用多年的 NSA–300 型直流手工钨极氩弧整流焊机，近期出现焊接电流无衰减的故障现象。

【原因分析】

NSA–300 型直流手工钨极氩弧整流焊机的整流电路如图 7–9 所示。

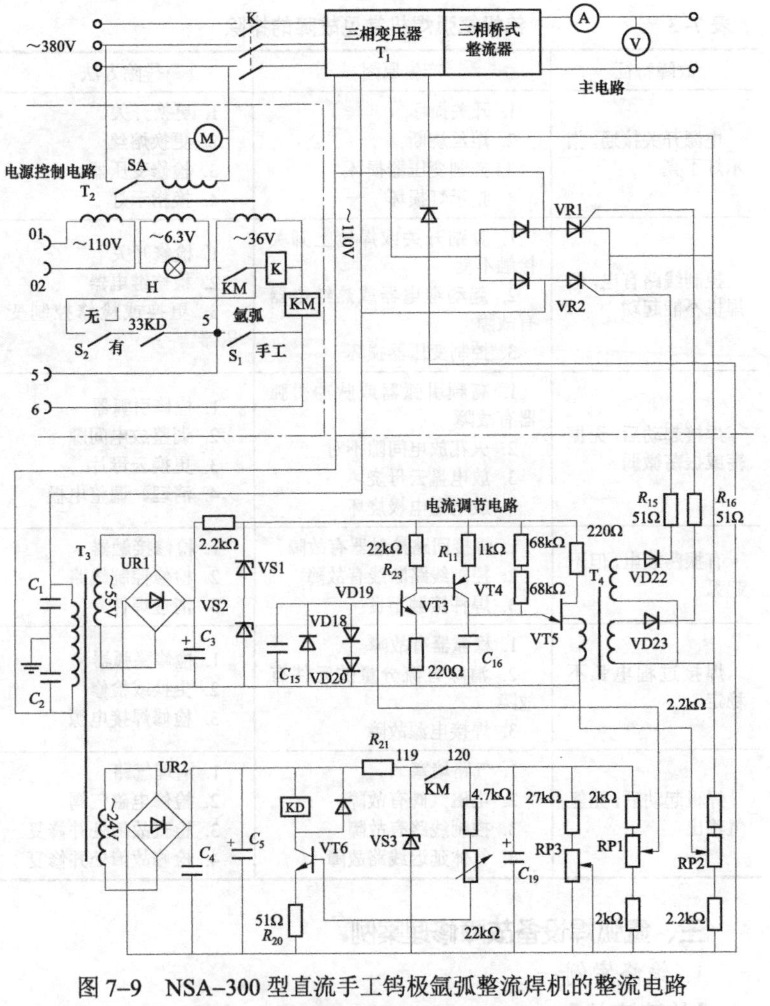

图 7–9　NSA–300 型直流手工钨极氩弧整流焊机的整流电路

焊机能正常焊接，则控制器及整流器主回路正常，问题出在电源控制电路和电流调节电路上。

如图 7–9 所示，当 S_2 置于有电流衰减位置时，焊接结束松开 SB，整流器中 KM 由于控制器中 KM 触点 5 和 6 断开而释放，但由于 S_2 与继电器 KD 动合触点串联闭合了 5 和 33，K 继续吸合，整流器持续供电，同时由于整流器 KM 中触点 119 与 120 断开，KD 的吸合及焊接电流的衰减控制依赖于 C_{19} 的放电。

因此，出现电流无衰减故障，应首先检查焊机正常施焊时 KD 是否吸合。

如果吸合正常，则故障点可能为：

（1）S_2 和 KD 触点接触不良。

（2）C_{19} 开路。

（3）RP_3 在短路位置。

如果 KD 不能吸合，则故障点可能为：

（1）测 KD 线圈电压，如为 28V 左右，故障为 KD 线圈断路。

（2）如果 KD 线圈电压很低或 0V，接着测 VT6 和基极与发射极间电压 U_{be}，如果 U_{be}=0V，则故障为 R_{20} 或 R_{21} 开路，此时 VT6 无偏置电压而截止。

（3）如果 U_{be}=0.7V，则故障为 VT6 集电极开路或管脚虚焊。

【维修方法】

按照故障原因分析，逐步检测可疑故障点，找出故障点后，更换元件或维修，则焊机故障即可消除。

2. 维修案例二

【故障症状】

一台 NSA–300 型直流手工钨极氩弧整流焊机，焊接时出现焊接电流大且不能调节，调节旋钮失灵的故障，无法保证正常焊接需要。

【原因分析】

该焊机能引弧焊接，说明控制器正常，但焊接电流大且不能调节，应从电源的电路中查找故障源头。如图 7–9 所示，整流电路可以分为主电路、电源控制电路和电流调节电路三部分。主电路是常规的“变压器—饱和电抗器—整流桥”电路。焊接电路的调节是由饱和电抗器里直流励磁电流的大小决定的，由此可见，电流调节电路，实质是调节励磁电源中的晶闸管 VR1 和 VR2 的触发角，以此调节励磁电源的输出电压来改变励磁电流，达到调节焊接电流的目的。因此，重点检查电流调节电路。

（1）将电容C_{16}短路，则VT5的发射极对第一基极电压为0V，没有脉冲加至变压器T_4，VR1、VR2不能导通，焊接电流应最小。如果焊接电流仍很大，只能是晶闸管失控，只要更换焊接电流小且不能调节故障就可排除。

（2）如果短接C_{16}后焊接电流已降至最小，再测VT3的基极电压（C_{15}两端）。此电压是焊接电流的给定值与电流反馈量的差值，取决于RP1及RP2（即反馈电压）调节端的位置。当RP1调至最大时，电压应从0.12V升至0.8V。如果始终大于0.7V，一定是RP1的下端电阻或R_{24}开路。

（3）如果C_{15}电压正常再测VT3的集电极电压。此电压受控于VT3的基极电压，当RP1从最小调至最大时，它应从19V降至17V。如果此电压不变且在17V以下，可能是VT3的c极与e极间已击穿或严重漏电，要不然就是VT4的c极与e极击穿。

【维修方法】

按照故障原因分析，逐步检测出故障点后，分别进行维修处理。

（1）更换与故障元件相同规格、型号的晶闸管VR1和VR2。

（2）更换与故障元件相同规格、型号的电位器RP1或电阻R_{24}。

（3）更换与故障元件相同规格、型号的三极管VT3或VT4。

3. 维修案例三

【故障症状】

一台NSA–300型直流手工钨极氩弧整流焊机，调节旋钮失灵，焊接时焊接电流小且不能调节，无法保证正常焊接需要。

【原因分析】

如图7–9所示，焊机出现焊接电流小且不能调节的故障，应重点检查电流调节电路。

（1）首先检测晶闸管VR1、VR2是否损坏，通过确定故障时焊接电流是否是最小来判断。短接C_{16}，使T_4无触发脉冲输出，从而使励磁电流为零，也可断开整流桥的输入或输出线实现，然后观察焊接电流有无变化。如果没有变化，则说明晶闸管 VR1 或 VR2 已经损坏；如果焊接电流变得更小，则表明晶闸管 VR1 或 VR2 没有损坏，故障应在电流调节电路内。

（2）测 C_{16} 两端电压。如果电压波形为锯齿波，万用表直流挡测得的是锯齿波的平均值。当 RP1 从最小调至最大时，应从 0.12V 升至 6.5V，否则故障可能为：

1）T_4 二次侧线圈（绕组）开路。

2）二极管 VD22、VD23、电阻 R_{15}、R_{16} 开路损坏。

3）晶闸管 VR1、VR2 控制极开路损坏。

4）如果 C_{16} 电压值大于 6.5V 且变化范围很小，则故障为 VT5 的 e 极与 b 极间开路或 T_4 一次侧开路。

（3）如果 C_{16} 电压很低且变化范围又很小，可短接 VT4 的 c 极与 e 极，即减少 C_{16} 的充电时间常数，看焊接电流是否增至最大。如果仍然很小，故障就是 C_{16} 短路或 R_{11} 开路；如果电流能增至最大，说明后级电路正常，要往前级电路查找。

（4）测 C_{15} 两端电压，当 RP1 从最小调至最大时，应从 0.12V 升至 0.8V。否则故障为 VT3 的 c、e 极开路或 VT4 的 c、e 极间开路；如果 C_{15} 两端电压为零点几伏且不变化，则为 R_{23} 开路或 C_{15} 短路。

【维修方法】

按照故障原因分析，逐步检测出故障点后，分别进行维修处理。

（1）采用规格型号相同或触发极性能相近的新晶闸管，来更换故障的晶闸管 VR1 或 VR2。

（2）根据故障原因分析，分别采取：

1）更换脉冲变压器 T_4，或将断线焊好。

2）更换出现故障的二极管 VD22、VD23、电阻 R_{15}、R_{16}。

3）晶闸管 VR1、VR2，或者将控制极的断线接通。

4）更换 VT5，更换脉冲变压器 T_4，或将断线焊好。

4. 维修案例四

【故障症状】

一台 NSA–300 型直流手工钨极氩弧整流焊机，不能正常引弧焊接，经检测，发现无空载电压。

【原因分析】

如图 7–9 所示，弧焊整流器无空载电压，说明三相变压器无电源输入，也就是接触器 KM 未吸合或其主触头接触不良。KM 未吸合的原因即可能在整流器的电源控制电路，也可能在控制器起动电路。

【维修方法】

（1）将整流器上开关 S_1 置“手工”位置，焊机输出端如有空载电压，则故障在控制器内，此时按下焊枪按钮。如听到控制器箱内有继电器动作声及高频放电声，则说明 K 动作正常，仅是 K 触头接触不良或连线断线，查找到故障处，使 K 触头接触良好或重新连接断线处即可。

（2）将 S_1 置“手工”位置，仍无空载电压时，则故障在整流器电源控制电路。

1）测 KM 线圈电压，如果为 0V，则可能是 S_1 触头接触不良或 36V 电源线断；

2）测 KM 线圈电压，如果 KM 电压为 36V 而没有吸合，则是 KM 线圈断线；

3）测 KM 线圈电压，如果 KM 吸合而 K 没有吸合，则是 KM 触头接触不良或 K 线圈断线；如 K 也已吸合，则是 K 主触头接触不良。

根据检测结果，采取相应更换元件或维修等措施，即可消除焊机故障。

5. 维修案例五

【故障症状】

一台 NSA–300 型直流手工钨极氩弧整流焊机，在引弧时发现无高频引弧脉冲，不能正常引弧焊接，经检测，其空载电压正常。

【原因分析】

NSA–300 型直流手工钨极氩弧整流焊机的弧焊控制电路如图 7–10 所示。

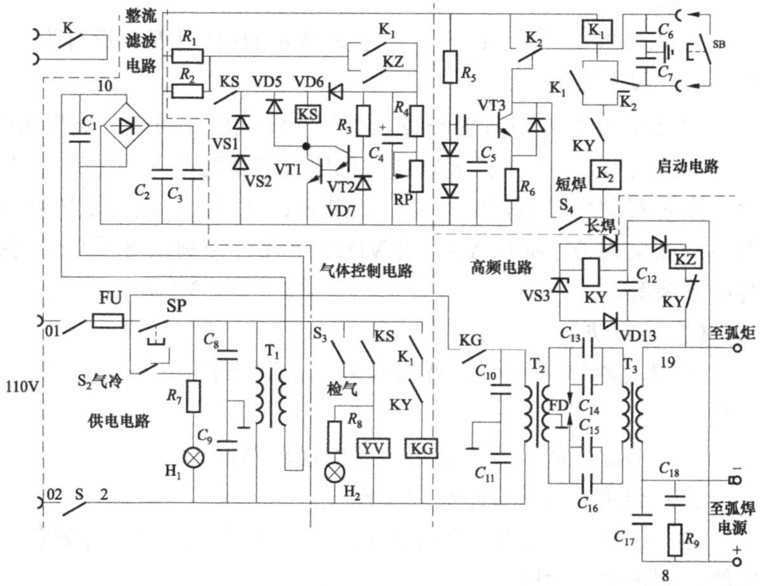

图 7–10 NSA–300 型直流手工钨极氩弧整流焊机的弧焊控制电路

焊机空载电压正常，说明整流器及控制启动电路均正常，故障应出现在高频电路。故障原因有以下几方面。

（1）放电间隙 FD 有无毛刺而形成短路，或放电电极氧化或烧毛。

（2）放电间隙 FD 有放电火花，则可能是整流器与控制器间的线缆（8 号线）没连接或焊枪电缆受潮、过长或绝缘损坏接地等原因使高频被旁路。

（3）放电间隙 FD 无放电火花时，

1）T_2 匝间短路。测 T_2 一次电压。如果为 110V，则是 T_2 匝间短路。因为 C_{13}～C_{16}，无论坏哪一只，不论是开路还是短路，

总有好电容与 T_3 一次侧形成充放电回路而使 FD 产生火花。

2）KG 动合触点接触不良。T_2 一次电压如果为 0V，再测继电器 KG 线圈电压，此电压为 110V 且 KG 已吸合，则是 KG 动合触点接触不良。

3）KG 线圈断线。T_2 一次电压如果为 110V 且 KG 没有吸合，则是 KG 线圈断线。

4）KY 动合触点接触不良、线圈断线或出现断路。如果 KG 线圈电压为 0V，继续测 KY 线圈电压，如果为 48V 且 KY 已吸合，则是其动合触点接触不良；如果 KY 没吸合，则是 KY 线圈断线；如果为 0，则是 VS3 或 VD13 开路、控制箱 8 号线或 19 号线开断等。

【维修方法】

按照故障原因分析，逐步检测出故障点后，分别进行维修处理。

（1）清除毛刺，用细砂纸研磨电极，调整间隙。

（2）连接 8 号线或检修焊接电缆。

（3）按照故障分析原因逐项检查，更换或维修损坏元器件及线缆，即可消除故障。

6. 维修案例六

【故障症状】

一台 NSA–300 型直流手工钨极氩弧整流焊机，焊机能正常起动，引弧、焊接、熄弧均正常，但氩气不能关闭。

【原因分析】

如图 7–10 所示，焊机正常起动，引弧、焊接、熄弧均正常，说明起动及高频单元完好；氩气关不断，其故障点应在气体控制电路。

（1）焊机能熄弧，则 K_1 触点不可能粘连，测 C_4 两端电压，如果为 24V，则是 KZ 接点粘连或 V_6 短路；如果为 2～20V，则是 R_4 或 RP 回路断线，C_4 少一条放电回路，放电时间大为加长。

（2）如果 C_4 两端电压为 0V，则是 KS 触点粘连；如果为 24V，则是复合管 c、e 极间击穿。

【维修方法】

按照故障分析原因逐项检查，更换或维修损坏元器件及线缆，即可消除故障。

7. 维修案例七

【故障症状】

一台 NSA4–300 型直流手工钨极氩弧整流焊机，焊接开始及焊接过程中氩气输送正常，但焊接结束后焊枪仍有氩气输送喷出，不能停止供气，需维修以保证正常工作。

【原因分析】

NSA4–300 型直流手工钨极氩弧整流焊机控制原理图如图 7–11 所示。

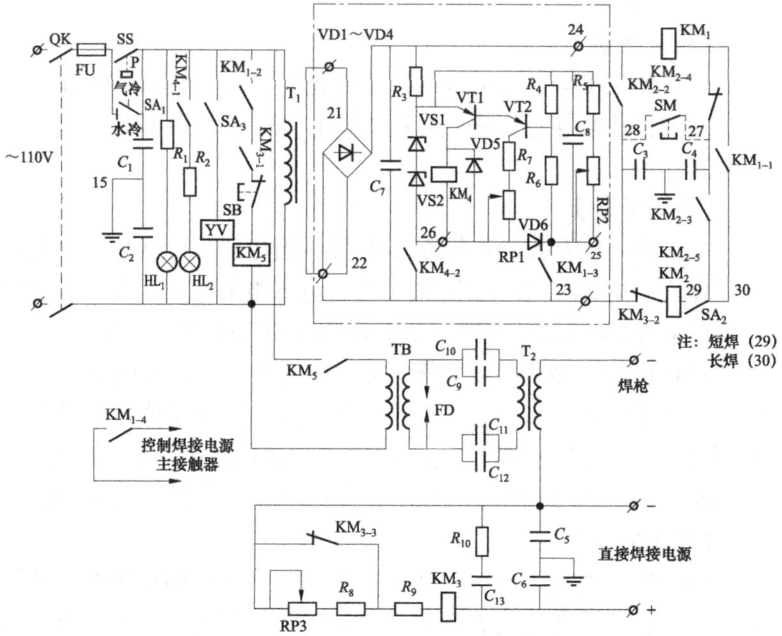

图 7–11　NSA4–300 型直流手工钨极氩弧整流焊机控制原理图

如图 7–11 所示，NSA4–300 型焊机控制氩气送气的元器件是电磁气阀 YV，而电磁气阀 YV 受继电器 KM_4 控制，KM_4 继电器的线圈电路里串联三极管 VT1。焊接开始时，电磁气阀能打开输送氩气，说明继电器 KM_4 能吸合。而在焊接结束时，氩气未被关断，说明电磁气阀仍被吸合着，这是由于继电器 KM_4 没有释放所致。这应是印制电路板上与继电器 KM_4 相串联的三极管 VT1 被击穿了，形成短路，即使焊枪的按钮已经开断，但继电器 KM_4 仍处于自锁的接通状态，电磁气阀仍处于吸合状态。

【维修方法】

关掉焊机的电源，拆下印制电路板。将印制电路板上的三极管 VT1 拆下来，换上相同规格型号的三极管。将电路板装到焊机原位并接好电路。对电磁气阀 YV 反复试验，通断正常便可。

8. 维修案例八

【故障症状】

一台使用多年的 NSA4–300 型直流手工钨极氩弧整流焊机，焊工反映停止焊接后，氩气延时关闭时间过长，调节延时电位器也不起作用。

【原因分析】

如图 7–11 所示，继电器 KM_4 控制着电磁气阀 YV，KM_4 的延时作用由电容 C_8 经 R_5 和 RP2 的放电电路来决定。电位器 RP2 是调节 C_8 放电时间长短的，从而调节电磁气阀关闭的延时时间。

焊机出现故障是电磁气阀关闭的延时不能调，原因应是 RP2 电位器出了问题，即电位器的旋转滑动触点失去了弹性，没有接触到电阻丝或电阻碳膜，导致了电位器 RP2 的电阻值不能调节，全部都接入了 C_8 的放电电路中，所以延时时间很长且不能调节。

【维修方法】

将印制电路板上的电位器 RP2 拆下来，选用同样规格型号的新电位器换上，接好电路并将电路板装入控制箱，便可重新起动焊机，故障即可排除。

9. 维修案例九

【故障症状】

一台使用多年的 NSA4–300 型直流手工钨极氩弧整流焊机，焊工反映高频引弧后，焊接时高频火花与焊接电弧同时存在，不能及时切断。

【原因分析】

如图 7–11 所示，焊机的电路中包括有高频引弧后能自动切除的电路。这是由电弧继电器 KM_3 和高频电路控制继电器 KM_5 共同完成。弧焊电源没有电弧时，电源输出电压是较高的空载电压；而电弧产生之后，电源输出的电压是较低的电弧电压，这是由电源的下降外特性所决定的。因此，电弧未引燃时，空载电压使电弧继电器 KM_3 吸合，KM_3 接通了 KM_5，KM_5 又接通了高频电路，使火花放电器 FD 产生了高频火花，在有电源电压和氩气供应的条件下便可引燃电弧。电弧燃烧之后电弧电压降低，从而使电弧继电器 KM_3 达不到继电器吸合的动作电压而释放，继电器 KM_5 也释放，切断了高频电路，完成了高频的引弧后切除过程。

焊机引弧后高频电路切不断的原因应是电弧继电器 KM_3 两端的电压偏高。当长弧焊时电弧电压高于短弧焊时电弧电压，长弧焊时 KM_3 两端电压高，短弧焊时 KM_3 两端电压低，所以继电器 KM_3 有时引弧后就释放，而有时就不释放。

【维修方法】

调节控制箱中串联在电弧继电器 KM_3 电路里的电位器 RP_3，使其电阻增大，降低 KM_3 两端的电压，达到在长弧操作时 KM_3 亦能释放，即可消除故障。

10. 维修案例十

【故障症状】

一台 NSA4–300 型直流手工钨极氩弧整流焊机，接通电源起动后，风机正常转动，指示灯亮，但按下焊枪开关后不能引弧，经检查，电网供电、水路和气路均正常。

【原因分析】

氩弧焊机要自动高频引弧进行焊接，焊机是在很短的时间内先后完成送氩气、接通弧焊电源、出高频火花三个基本动作。这三个动作是由一个中间继电器 KM_1 接通三个电路来完成的（见图 7–11）。按下焊枪的“焊接”微动开关 SM 后焊机却无任何动作，这是因为中间继电器 KM_1 没有动作所致，主要原因有以下几方面。

（1）焊枪上的微动开关 SM 有故障，按动时触点没有接触。

（2）焊枪的控制电缆接头或中间有断线处。

（3）电缆插头、控制箱的插座接触不良或接头有断线处。

（4）电路板上的单相整流桥 VD1～VD4 出现故障，没有直流电压输出。

（5）控制变压器 T_1 由于二次绕组有断线或接头端子接触不良造成二次输出无电压。

（6）中间继电器 KM_1 线圈烧了或引线掉头。

【维修方法】

按照变压器→整流桥→电缆→按钮→继电器的顺序逐一检查，找出故障发生处，然后接通断线电路或更换损坏的元器件，重新起动焊机，即可正常工作。

11. 维修案例十一

【故障症状】

一台 NSA4–300 型直流手工钨极氩弧整流焊机，起动焊机后进行焊接，但发现不能引燃电弧，高频引弧时钨极与工件间无火花。经检测，电网电路、气路、水路、空载电压、高频振荡器均正常。

【原因分析】

高频振荡器本身并无故障，则故障应是出在按动焊枪的焊接按钮时高频振荡器的控制电路没有接通。

如图 7–11 所示，高频振荡器受继电器 KM_5 控制，KM_5 又受继电器 KM_1 和电弧继电器 KM_3 的共同控制。

如果继电器 KM_1 出现故障，则必然导致高频振荡器受继电器不能接通。如果 KM_1 无故障，控制高频接通的故障就只能在电弧继电器 KM_3 上。

KM_1 和 KM_3 的故障可能来自以下三个方面。

（1）电弧继电器 KM_1 和 KM_3 由于线圈烧坏或引线接头断线出现故障。

（2）KM_1 和 KM_3 的电路中有断线处、接头开焊或螺钉松脱。

（3）KM_3 的串联电阻 R_8、R_9 和电位器 RP3 的电阻丝烧断。

【维修方法】

按照故障原因分析，依次排查故障源头，采取下列维修方法。

（1）更换 KM_1 和 KM_3 继电器。

（2）接通电路即可。

（3）更换相同规格型号的新电阻。

12. 维修案例十二

【故障症状】

一台 NSA4–300 型直流手工钨极氩弧整流焊机，起动焊机后，焊工未进行“试气”步骤，直接按下焊枪开关，发现电弧引燃但无氩气保护，不能正常焊接。

【原因分析】

通常，钨极氩弧焊在焊接前应先试通氩气，然后再进行焊接。按下焊枪开关后，没有氩气保护，说明焊机的供气系统（主要是电磁气阀）出现故障。如图 7–11 所示，供气系统正常的控制程序是：手按焊枪的按钮开关 SM 时，中间继电器 KM_1 吸合，其触点 KM_{1-3} 合上，接通继电器 KM_4，KM_{4-1} 又接通了电磁气阀 YV 电路，YV 打开电磁气阀而供氩气。

焊机按动开关 SM 却不供氩气，故障因素有以下几点：

（1）电磁气阀 YV 的线圈烧坏。

（2）继电器 KM_4 的动合触点 KM_{4-1} 接触不良。

（3）继电器 KM_4 的线圈烧坏。

（4）晶体三极管 VT1、VT2 损坏或管脚虚焊。

（5）印制电路板上 VT1、VT2 的电路有断线故障。

【维修方法】

（1）更换电磁气阀 YV。

（2）更换继电器 KM_4。

（3）更换继电器 KM_4。

（4）更换出现故障的三极管或重新焊好管脚，也可更换整块印制电路板。

（5）更换整块印制电路板，或将电路板的断线处焊好。

第八章

CO_2气体保护焊机的故障与修理

第一节　CO_2气体保护焊设备

CO_2气体保护焊是用CO_2气体作为保护气体的一种电弧焊方法。其工作原理如图8–1所示。CO_2气体通过喷嘴，沿焊丝周围喷射出来，在电弧周围造成局部的气体保护层，使熔滴和熔池与空气机械地隔离开来，从而保证焊接过程稳定持续地进行，并获得优质的焊缝。

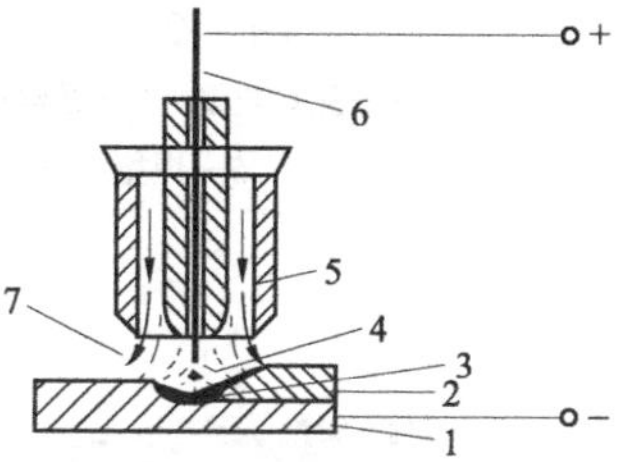

图8–1　CO_2气体保护焊示意图
1—焊件；2—焊缝；3—熔池；4—电弧；5—喷嘴；6—焊丝；7—CO_2保护气流

CO_2气体保护焊具有热效率高、生产率高、成本低、焊接变形和内应力小、操作简便、焊接质量较高等优点；CO_2气体保护焊也存在着一些缺点，如飞溅较大、焊缝表面成形较差、焊接设备复杂、不能在有风的地方施焊、不能焊接容易氧化的有色金属和不锈钢等。其中，为了防止飞溅产生，通常要在喷嘴和导电嘴上涂抹硅油，可以减少飞溅金属的粘堵。为了焊后便于清除焊缝周围的飞溅物，还需预先在焊件坡口两侧刷上白垩粉。

一、CO_2气体保护焊设备组成

CO_2气体保护焊设备主要组成部分如图8–2所示。其中CO_2气体保护焊机的型号主要有NBC–200、NBC–250、NBC–315、NBC–350、NBC–500等，典型的NBC系列CO_2气体保护焊焊机如图8–3所示。

（一）弧焊电源

为保证稳定的焊接过程，CO_2气体保护焊应采用具有平特性

的直流弧焊电源。

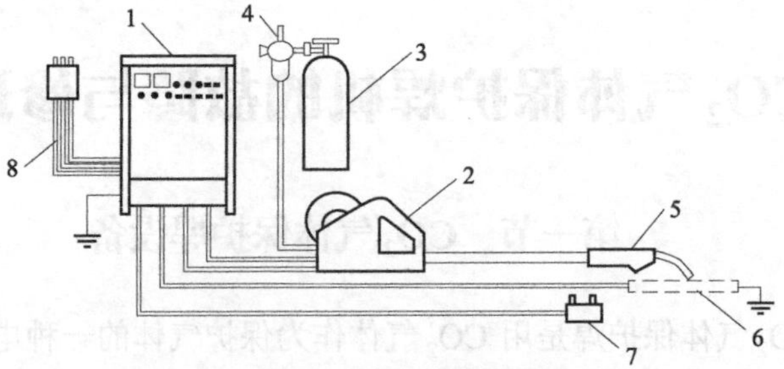

图 8–2 半自动 CO_2 弧焊机装置示意图

1—弧焊电源；2—送丝机构；3—钢瓶；4—气体调节装置；

5—焊枪；6—焊件；7—遥控器；8—电缆

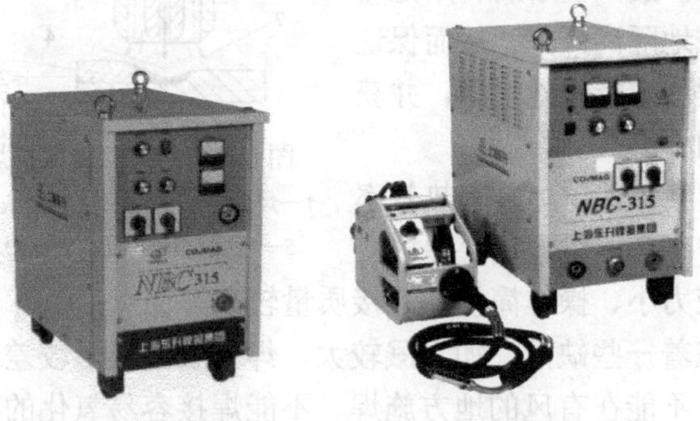

（a）　（b）

图 8–3 NBC 系列 CO_2 气体保护焊焊机外形图

（a）一体式；（b）分体式

目前，生产中使用的弧焊电源有两类：① 直流弧焊发电机，常用 AP–350 型和 AX1–500–2 型直流弧焊发电机；② 硅整流弧焊电源，按其调压方式的不同，可分为变压器抽头式、自饱和磁放大器式、可控硅式和自耦变压器式等几种，其型号主要有 ZPG–200 型、ZPG5–300 型等，其中变压器抽头式弧焊电源适用于细丝 CO_2 气体保护焊，自饱和磁放大器式弧焊电源比较适用于粗丝 CO_2 气体保护焊。CO_2 弧焊电源除上述几种以外，还有脉冲电源。这种电源的特点是：当规范参数选择恰当时，可获得可控的熔滴过渡，飞溅少、焊缝成形良好，特别适于薄板和全位置焊接。

CO_2气体保护焊时，通常采用直流反接进行焊接。

（二）控制系统

控制系统是保证连续生产和提高生产率的重要组成部分。该系统要完成下列工作。

（1）送丝控制焊前要调整好焊丝伸出长度及送丝速度，并在焊接过程中要能保持稳定的送丝速度。

（2）供气控制为使引弧点和弧坑得到保护，气体应在引弧前3～4s 送到电弧区，以便将附近空气排出；而在停焊后仍需要继续供气 3～4s，使熔化金属在凝固过程中仍得到保护。电磁气阀开关的时间，可采用延时继电器来控制，也可以将控制开关装在焊枪上，由焊工直接控制。

（3）供电控制供电可在开始送丝之前或同时进行，但停电要在停止送丝之后，这样可以避免焊丝末端与熔池粘连。

（三）焊枪

焊枪的主要作用是向熔池和电弧区输送保护性良好的气流和稳定可靠地向焊丝供电，并将焊丝准确地送入熔池。焊枪外形见氩弧焊部分。

CO_2 焊枪根据送丝方式不同，可分为推丝式、拉丝式和推拉式三种，如图 8–4 所示；根据选用的焊丝直径不同，可分为粗丝和细丝两种。

（1）推丝式焊枪。它主要用于给送直径为 1mm 以上的焊丝，有手枪式和鹅颈式两种结构形式。推丝式焊枪结构简单、轻巧灵活，是目前应用比较普遍的一种焊枪。其焊枪与送丝机构是分开的，焊丝由送丝机构推送，并通过一段软管进入焊枪。所以焊枪结构简单、轻便，但送丝通过软管时阻力较大，因而软管长度受到限制，对送丝软管的要求也比较高。软管不宜过长，一般只能在离焊机 3～5m 范围内操作。因此，推丝式焊枪的活动范围较小，只适用于在固定场地焊接小焊件和不规则的焊缝。

（2）拉丝式焊枪。它是直接将送丝机构和焊丝盘都装在焊枪上，不用软管，送丝速度均匀稳定；但焊枪结构复杂、比较笨重、焊工劳动强度大，通常只适用于直径 0.5～0.8mm 的细丝焊接。

（3）推拉式焊枪。它是上述两种送丝方式的结合。送丝时以推为主，由于焊枪上的送丝机随时将软管中的焊丝拉直，使软管中的送丝阻力大大减小，保证送丝畅通、速度稳定。其中以三滚轮式运用较广，这种焊枪的特点是：结构简单、自重轻，送丝速度稳定，软管长度可达 20～60m 左右，故操作非常灵活。

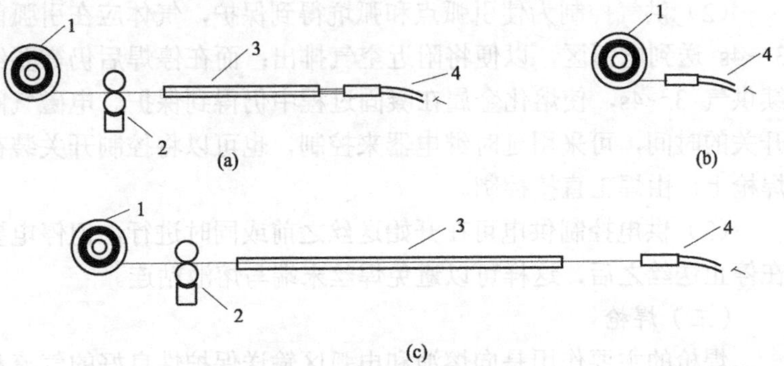

图 8–4　送丝方式示意图

（a）推丝式；（b）拉丝式；（c）推拉式

1—焊丝；2—送丝机构；3—送丝软管；4—焊枪

（四）送丝系统

在 CO_2 弧焊机中，送丝系统是焊机的重要组成部分，焊接电流的大小就是通过改变送丝速度来实现的。常用的推式送丝系统是由送丝机构、调速器、焊丝盘及送丝软管等组成。

1. 送丝机构

送丝机构由直流微电动机、送丝滚轮、压紧机构和减速器等组成。

送丝滚轮将焊丝均匀稳定地通过软管及焊枪给送至电弧区。滚轮的传动有单主动轮和双主动轮两种传动方式，如图 8–5 所示。

双主动轮传动推力大、送丝均匀，应用比较普遍。

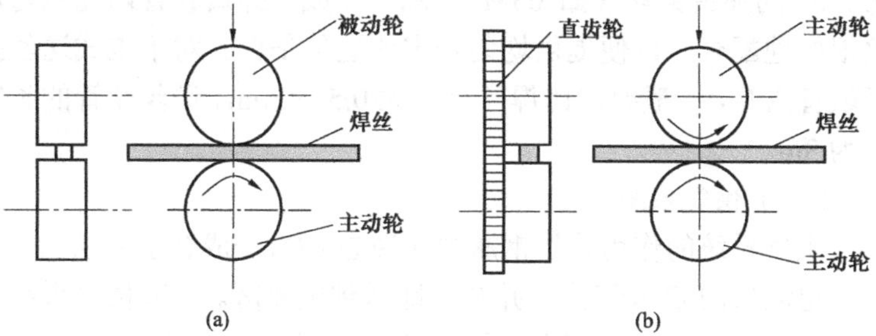

图 8–5　滚轮传动方式

（a）单主动轮传动；（b）双主动轮传动

滚轮表面形状有平面、直花、V 形及 U 形等数种，如图 8–6 所示。V 形及 U 形滚轮对焊丝的压力分布状态比较好，焊丝不易压扁，使用比较普遍。但在使用ϕ0.8mm 以下的焊丝时，最好采用单面直花或平面滚轮与 V 形滚轮组合使用。

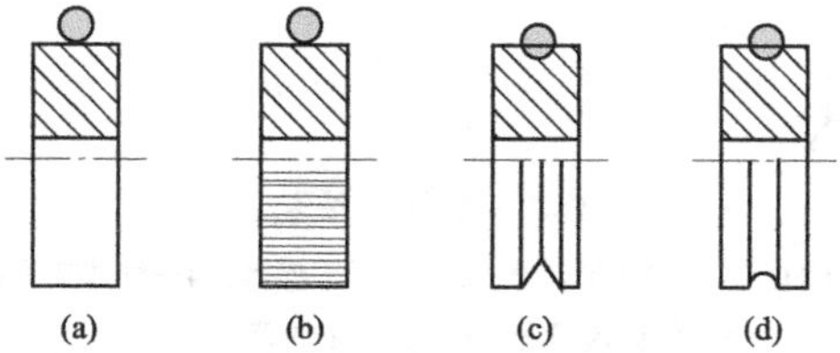

图 8–6　常用滚轮表面形状

（a）平面滚轮；（b）直花滚轮；（c）V 形滚轮；（d）U 形滚轮

2. 调速器

它的作用是改变送丝速度。多采用自耦变压器、闸流管、磁放大器以及晶闸管，来改变电动机的电枢电压，以达到调速的目的。

3. 送丝软管

它是将焊丝传给焊枪的主要通道。目前送丝软管主要有三种形式：尼龙软管、外包电缆的弹簧软管（既作送丝又作导电）、外包弹簧钢丝的弹簧软管。后两种用得较多，弹簧软管一般采用 ϕ2mm 的弹簧钢丝（如 65Mn）绕制而成，弹簧软管内孔应与焊丝很好地配合，以便提供均匀稳定的送丝条件。对于推式送丝弹簧软管内孔，一般要求比焊丝直径大 0.5～1mm。送丝软管的长度约为 3m。

（五）供气系统

供气系统的作用是将钢瓶中的液态 CO_2 变成合乎要求的、具有一定流量的 CO_2 气体，并及时地送到电弧区。CO_2 供气系统由气瓶、加热器和高、低压干燥器、气体减压表及电磁气阀等组成，如图 8–7 所示。

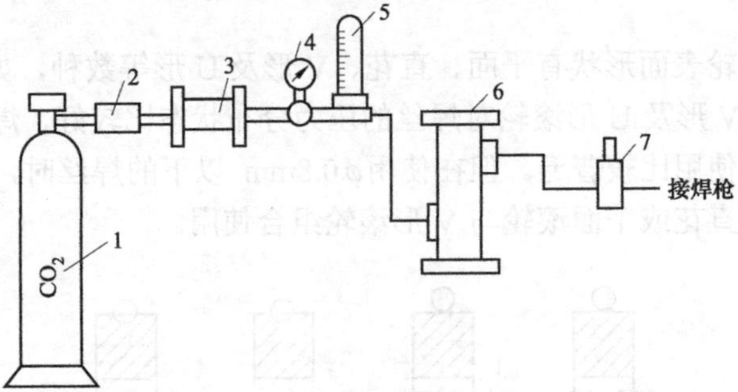

图 8–7 供气系统装置图

1—CO_2 气瓶；2—加热器；3—高压干燥器；4—气体减压表；5—气体流量计；6—低压干燥器；7—气阀

加热器的作用是对 CO_2 气体进行加热。瓶装液态 CO_2 在转变成气态的过程中，要吸收大量的热，使温度降低。为了防止 CO_2 中的水结成冰将减压阀冻坏和堵塞气路，所以，在减压前必须对 CO_2 气体进行加热。

干燥器作用是吸收 CO_2 气体中的水分和杂质。干燥器分高压和低压两种。高压干燥器是气体在未减压前进行干燥的装置。低压干燥器是气体经减压后，再进一步干燥的装置。干燥剂常用硅胶、脱水硫酸铜和无水氯化钙。干燥剂在使用一段时间后，需进行检查和更换。旧硅胶可在 150～200℃下干燥，当恢复成乳色透明时，即可重新使用。

减压表、气体流量计和气阀与氩弧焊所用的相同，可以通用。生产中，通常采用将加热器、减压表和流量计合为一体的减压流量调节器（见图 8–8），使用更为方便。

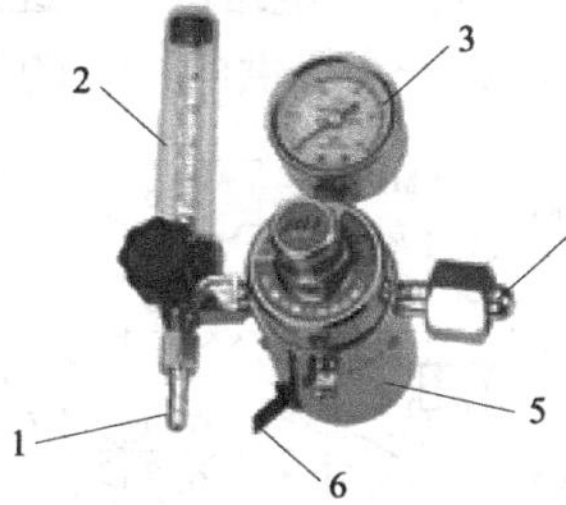

图 8–8 CLT–25 型减压流量调节器

1—出气口；2—流量计；3—压力表；4—进气口；5—加热器；6—预热电缆

二、典型 CO_2 气体保护焊机

NBC–350 型 CO_2 气体保护焊机具有电网电压波动补偿、良好的引弧性能（引弧电压高和慢送丝）、停焊时焊丝末端去球、电网缺相保护和焊机空载节电等优良的功能。

NBC–350 型 CO_2 气体保护焊机由直流焊接电源、焊机控制系统、送丝机、焊枪、遥控器和供气系统所组成。其电气原理图如图 8–9 和图 8–10 所示。

如图 8–9 所示，NBC–350 型 CO_2 气体保护焊机的主电路由变压器 TR、带平衡电抗器 L_1 的双反星形晶闸管整流电路、维持电阻 R_1、滤波电感 L_2 组成。电流变化感应电路由平衡电抗器的二次线圈 L_1'、$R_{77\sim83}$、$C_{25\sim27}$、VD 41、VS 12、VS 13、VT 10 和 K4 组成。触发电路主要是以三相同步控制变压器 TCl 起始的三路触发电路为主，图 8–9 底部的电路是缺相保护电路。

如图 8–10 为 NBC–350 型 CO_2 气体保护焊机的送丝机供电和调速电路、焊接程序控制电路和焊丝端头去球电路。其中焊接程序控制电路主要由 SB 按钮、YV 电磁气阀、电容器 C_{21}、三极管 VT11、继电器 K1 与 K3 等组成。焊丝端头去球电路由 K2 继电器、C_{23} 电容及两级放大三极管 VT 12、VT 13 组成。

NBC–350 型 CO_2 气体保护焊机在其电路中设有“引弧电压高和引弧慢送丝”功能。慢送丝电路是送丝机调速电路的一个支路，由继电器 K4 的动断触点 K4–3、电阻 R_{59}、选择开关 SL、稳压管 VS7 或 VS6 所组成。送丝电路电源在接触器 KM 之下，由变压器 TC2

经 K、J 向右侧电路供电。经过 VR7、VR9 的可控全波整流向送丝电动机 M 一个极供电，M 的另一个极经 R_{45} 从地线回到 TC2 去。

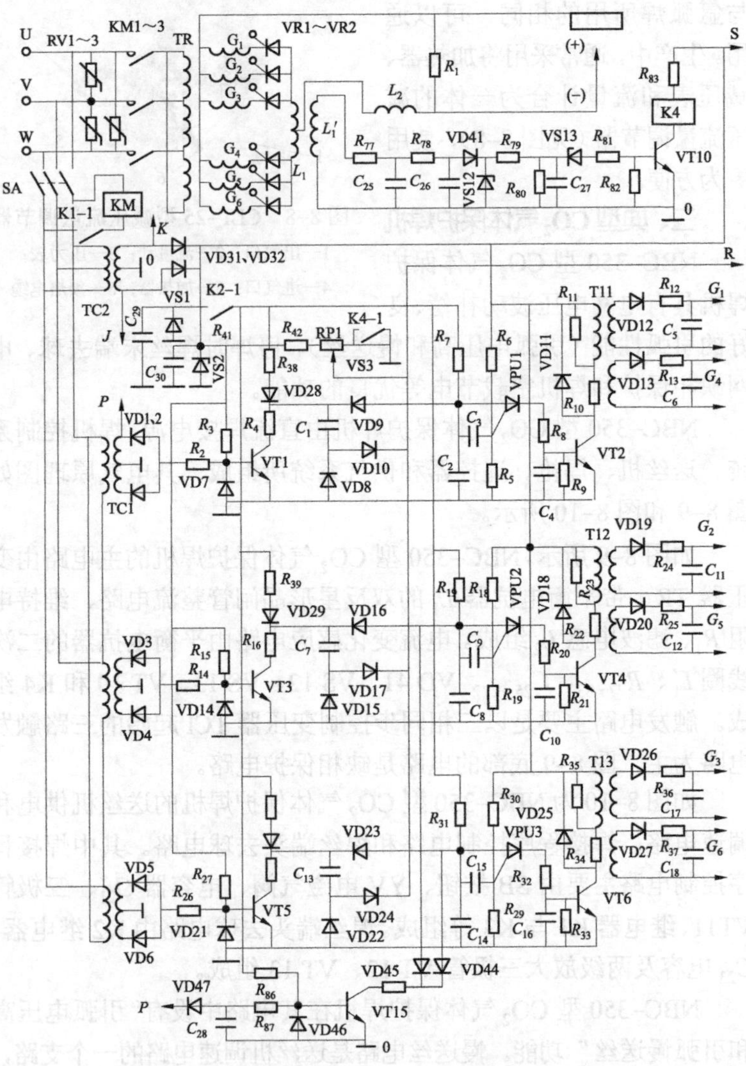

图 8-9 NBC-350 型 CO_2 气体保护焊机电气原理图

（主电路、电流变化感应电路、触发电路和缺相保护电路）

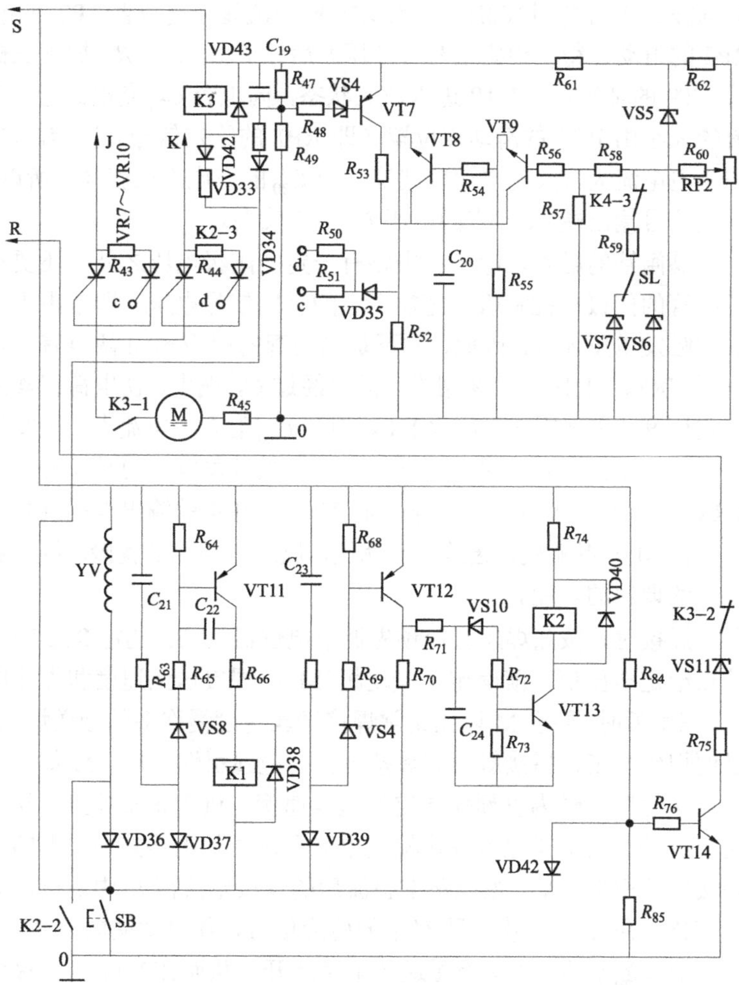

图 8-10　NBC-350 型 CO_2 气体保护焊机电气原理图

（送丝机供电和调速电路、焊接程序控制电路和焊丝端头去球电路）

焊丝调速是通过调节晶闸管 VR7、VR9 的导通角，这由触发电路来实现。触发电路接受 R 和 O 提供的直流电，经 R_{61} 和 VS5 的削波稳压后得到100Hz 的梯形波，向电流调节电位器RP2 供电。RP2 的滑动点得到给定信号（分压）后经 R_{60}、R_{58}、R_{56} 加到三极管 VT9 的基极，使 VT9 进入放大状态，向电容 C_{20} 充电。充电电流的大小由 RP2 的滑动点位置（即 RP1 的给定信号）决定。C_{20} 的充电电流大，其充电速度就快，则 C_{20} 的充电电压就高。所以，触发信号输出端 c、d 点的电压 U_c、U_d 就高。

晶闸管的触发，除了在电路有一定的阳极电压之外，还要对晶闸管的门极（控制极）施加一定的触发信号电压，即不小于门极的触发电压才行。因此，并不是晶闸管的门极 c、d 两点有一点电压 VR8、VR10 就立刻触发，而要经过 C_{20} 充电，使电荷积累到一定程度才能触发 VR8、VR10。因此 C_{20} 的充电电流大，触发信号 U_c、U_d 就提高得快，达到晶闸管门极触发电压的时间就短，VR8、VR10 触发导通得就早，而 VR7、VR9 的输出电压就高，电动机 M 转得就快，送丝速度就快，反之送丝速度就慢，从而实现焊丝调速的功能。

焊接时，按照焊丝直径预先调节电位器 RP2。选定 RP2 的活动点给定电压值，就确定了电动机 M 的焊接送丝速度和焊接电流。在引弧时，要求 M 以比正常焊接送丝速度慢许多的慢送焊丝，以便焊丝与工件慢接触引起焊接电弧。电弧引燃之后，M 却要立即加快速度，转为以预先选定的送丝速度，进入正常焊接送丝，这个过程和功能是电流变化检出电路和慢送丝电路共同实现的。焊接电弧引燃以后，主电路中整流后的焊接电流在 L_1 中的电流波动变化，在 L_1 的二次线圈 L_1' 中的感应信号，使灵敏继电器 K4 动作，而动断触点 K4–2 将慢送丝电路断开，从而使 VT9 的基极电流增大，提高了 C_{20} 的充电速度，使 U_c、U_d 电压值提前达到门极的触发电压，使 VR7、VR9 导通角增大，整流的电压增大，M 电动机转速变快，从而实现预调的送丝速度（即快送丝）。

NBC–350 型 CO_2 气体保护焊机控制程序如图 8–11 所示。

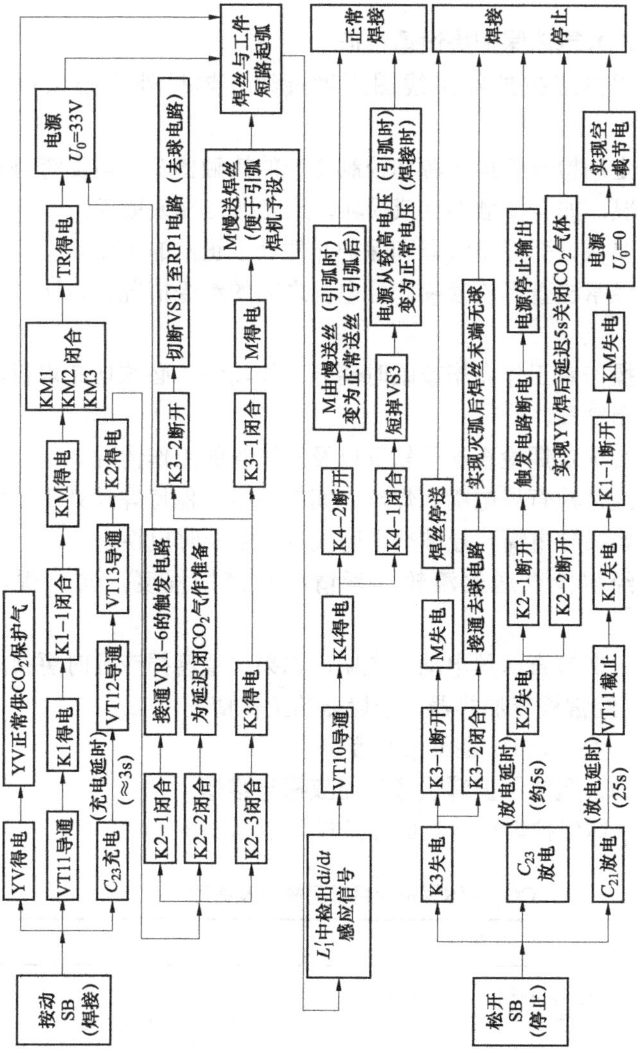

图 8−11 NBC−350 型 CO_2 气体保护焊机控制程序

第二节　CO_2气体保护焊设备维护与维修

一、CO_2气体保护焊设备维护

（1）焊机应按外部接线图正确接线，焊机外壳必须可靠接地。

（2）定期检查弧焊电源和控制部分的接触器及继电器等触点的工作情况，如有接触不良或损坏，应立即修理或更换。

（3）要保证弧焊整流器和保护元件处于正常的工作状态。

（4）经常检查焊枪喷嘴和导电杆之间的绝缘情况，以防焊枪喷嘴带电。

（5）操作者工作完毕或临时离开工作场地，必须切断焊机电源，并关闭气阀。

（6）必须定期检查送丝软管以及弹簧管的工作情况。

（7）经常检查导电嘴和焊丝之间的间隙，保持焊丝处于喷嘴的中央。如果导电嘴孔径被严重磨损时，应及时更换。

（8）经常检查送丝滚轮压紧情况和磨损程度，防止焊丝打滑。

（9）定期检查送丝电动机碳刷，如果严重磨损应及时更换。

（10）经常检查加热器、干燥器的工作情况。

（11）建立焊机定期维修制度。

二、CO_2气体保护焊设备常见故障与维修

CO_2气体保护焊机常见故障及排除参见表8–1。

表8–1　CO_2气体保护焊机常见故障及排除

故障特征	产生原因	排除方法
焊接过程工艺参数波动大	1. 导电嘴孔径太大或磨损 2. 焊接工艺参数不当 3. 送丝滚轮磨损 4. 焊丝表面不清洁、接触不良 5. 焊丝弯曲太大	1. 更换导电嘴 2. 调整焊接工艺参数 3. 更换送丝滚轮 4. 清理焊丝表面 5. 校直焊丝或换新的直焊丝

续表

故障特征	产生原因	排除方法
焊接时空载电压突然下降	1. 硅整流元件损坏 2. 调压用的三相多挡转换开关损坏 3. 三线电源中的一相的熔丝烧断 4. 三相变压器单相断路或短路	1. 查出原因，更换新元件 2. 修复或更换 3. 更换熔丝 4. 修复三相变压器
大段焊丝通电软化	1. 导电嘴孔径太大 2. 从软管接头到焊枪、导电嘴的通电线路中，接触不良	1. 更换合适孔径导电嘴 2. 检查各连接部位，并拧紧使之接触良好
空载电压过低	1. 单相运行 2. 输入电压不正确 3. 三相全波整流器元件损坏	1. 检修输入电源 2. 检查输入电压，并调至额定值 3. 检修元件
调不到正常空载电压范围	1. 粗调或细调的开关触点接触不良 2. 变压器一次绕组抽头引线有故障	1. 检查接触点 2. 检查各挡电压器是否正常，修复变压器线圈或引出线
按起动开关后送丝电动机不转	1. 电动机电刷磨损，电动机故障 2. 电动机电源变压器或调压器损坏 3. 熔丝烧断 4. 焊枪开关接触不良或控制线路断路，焊枪开关失灵 5. 控制继电器触点烧坏或其线圈烧坏	1. 更换电刷、检修电动机 2. 检修或换新的 3. 换熔丝 4. 检查出故障处并且接通 5. 修理触点或换继电器 6. 检修焊枪开关上的弹簧片位置 7. 拧紧各控制插头
焊丝停止送进或焊丝在送丝滚轮和软管进口之间发生卷曲	1. 送丝滚轮打滑 2. 焊丝与导电嘴熔合 3. 导电嘴内径太小，与焊丝配合太紧 4. 送丝滚轮离软管接头、焊丝进口太远 5. 弹簧软管内径太小或堵塞 6. 送丝滚轮槽、送丝软管进口和导丝杆不在一直线上 7. 送丝滚轮压力太大、焊丝被压扁 8. 软管接头、焊丝进口处内径太大或磨损严重	1. 调整焊机送丝压力或换新的送丝滚轮 2. 换新的导电嘴 3. 更换合适内径的导电嘴 4. 调整缩短两者距离 5. 清洗软管或换新的 6. 调整，使三者在一条直线上 7. 减小送丝压力 8. 更换软管接头

续表

故障特征	产生原因	排除方法
送丝不均匀	1. 送丝电动机故障 2. 送丝滚轮槽口磨损 3. 减速器故障 4. 送丝手柄压力太小 5. 送丝软管内层弹簧管松动或堵塞，送丝软管内径不合适 6. 导电嘴内径太小	1. 检修电动机 2. 更换送丝滚轮 3. 检修 4. 调整压丝手柄的压力 5. 更换或清洗软管 6. 更换合适的导电嘴
气体保护不良	1. 电磁气阀或其电源故障 2. 气路阻塞 3. 气路接头漏气或气管漏气 4. 喷嘴因飞溅而堵塞 5. 减压表冻结 6. 气瓶内气体将近用完 7. 受风影响 8. 气体流量不恰当 9. 焊枪焊头部分的零件磨损、松动，焊丝不在喷嘴中心	1. 检修气阀或其电源 2. 疏通气路 3. 消除漏气现象 4. 清理飞溅物 5. 可能是气体流量太大或预热器断路，减小气流量或修复预热器 6. 经常注意瓶内气压，及时换气 7. 采取挡风措施 8. 调整气体流量 9. 检修或更换零件

三、CO_2气体保护焊设备故障修理案例

1. 维修案例一

【故障症状】

一台使用多年的 NBC–350 型 CO_2 焊机，近期出现焊机在引弧时不能实现慢送丝的动作，给焊接时引弧操作带来不便，需维修以保证正常引弧。

【原因分析】

焊接时，引弧到正常焊接的焊丝速度是通过电流变化检出电路和慢送丝电路共同完成的。焊机没有慢送丝过程，主要原因应该是慢送丝电路出现故障。应检查逐一电流变化检出电路和慢送丝电路，查找故障点。

【维修方法】

如图 8–9 和图 8–10 所示，经检查，电流变化检出电路、灵敏继电器 K4 工作正常，K4–2 已经断开。慢送丝电路故障应从电

阻 R_{59}、选择开关 SL 和稳压管 VS7 三个元器件中去查找，电阻 R_{59} 用万用表测量正常。检查选择开关 SL，拨动 SL 使之与 VS6 接通，试验焊接引弧，故障依旧。所以选择开关 SL 损坏。继续用万用表测量，开关拨到任一位置都不通，这是由于开关的拨刀（中间极）拨到位后，由于刀夹因失去弹性且开口过大，造成拨刀与刀夹未能接触。由于选择开关 SL 故障，使 VS7 和 VS6 均未与 R_{59} 接通，造成慢送丝电路始终是处于断路状态，相当于 K 4–2 的断开效果，所以，焊丝引弧时快速送进，没有慢送丝的过程。

购买相同型号规格的选择开关，在 SL 的原位换上接好线路，故障便排除。

2. 维修案例二

【故障症状】

一台 NBC–350 型 CO_2 焊机，起动焊机后均正常，但按下焊枪开关后，送气正常但送丝机不能送丝，初步检查，送丝电动机两端电压为 0V。

【原因分析】

焊机各部分动作程序正常，但送丝机不送丝，而且送丝电动机两端无电压，因此，应检查送丝电动机 M 的供电和控制电路，可能出现的故障因素有以下方面。

（1）电动机供电电路无电压。这方面包括控制变压器 TC2 的故障，晶闸管 VR7、VR9 的故障，触发信号放大晶闸管 VR8、VR10 的故障，电动机回路电阻 R_{45} 的故障以及电动机供电电路的断线故障，都会使 M 因无供电电压而不转动。

（2）电动机触发调速电路无触发信号。该触发电路包括：单相全波整流二极管 VD31、VD32；削波稳压电路 R_{61}、VS5，焊接送丝速度和电流调节电位器 RP2，三极管 VT9 放大电路，电容器 C_{20} 的充电电路，三极管射极跟随器 VT8，触发信号分配电阻 R_{50}、R_{51} 等，这些元器件损坏或线路折断，都会使触发电路无触发信号输出，使 VR7、VR9 阻断，电动机 M 就不会转动。

【维修方法】

首先检测电动机供电电路和元件均正常，故障应出在触发调速电路上，触发电路无触发信号输出，导致电动机 M 不转动，焊机不送丝。

逐一检查触发电路的元器件和线路，最终发现是电流调节电位器 RP2 出现故障，即滑动点无分压输出的故障。因此 VT9 由于没有基极电压而被截止，使 c、d 两端均无触发信号输出，VR7、VR9 没有导通，使送丝电动机两端电压为 0V。这样，即使 K3–1 闭合，电动机 M 依然不会转动，不能保证焊机送丝。

实际检查发现，电位器 RP2 的故障是电位器的滑动点转轴松动，压紧弹簧失效，使滑动点不能与电阻丝接触，导致电路断开。

将故障电位器 RP2 拆下，购买相同型号规格的电位器，按原来的接线方式装在原位置，焊接上相应导线，故障即可排除。

3. 维修案例三

【故障症状】

一台使用多年的 NBC–350 型 CO_2 焊机，电网供电正常，起动焊机后，按动焊枪开关，有气体喷出，但其他动作均不运行。

【原因分析】

如图 8–11 所示，按动 SB 按钮后，接通电磁气阀 YV，开始供应 CO_2 气体，三极管 VT11 导通，继电器 K1 得电工作，其动合触点 K1–1 闭合，接触器 KM 的线圈接通。检查相应电路的元器件和线路，发现是接触器 KM 未动作。在按下 SB 按钮条件下，测量 KM 两端是否有电压输入（380V），检查发现 KM 两端电压为 380V，表明电压已经到达 KM 电路，故障点应是接触器 KM。进一步检查接触器 KM，发现接触器线圈内部断线。

【维修方法】

购买相同规格型号的接触器 KM，在原位置更换安装新接触器，即可消除故障。

4. 维修案例四

【故障症状】

一台使用多年的 NBC–350 型 CO_2 焊机，接通电源后，电源指示灯亮，焊接电源控制开关闭合，但风机没有转动，按下焊枪开关后没有动作。

【原因分析】

电源指示灯亮，但风机没有工作，说明电源正常，风机出现故障或损坏，而且焊接电源控制开关闭合，在电源正常的情况下，应是焊接电源控制开关出现故障。

【维修方法】

（1）检查风机，确定是否出现断线、掉头和电动机绕组损坏等故障现象，故障严重进行大修或整体更换。

（2）对焊接电源控制开关修理或更换。

5. 维修案例五

【故障症状】

一台 NBC–350 型 CO_2 焊机，焊工反映在焊接过程中，焊接电弧燃烧不稳定，严重影响焊接质量。

【原因分析】

焊机能够正常使用，但电弧不稳定，故障因素主要有机械、电路以及焊接参数等方面，具体如下。

（1）电焊机中的导电嘴与导电杆螺钉接触不良。

（2）所用导电嘴孔径不对，不能与所用焊丝直径相符。

（3）使用时间比较长，导致导电嘴孔径磨损。

（4）送丝轮槽过度磨损。

（5）压紧轮压力太小或太大。

（6）电焊机电缆损坏或与焊枪连接处接触不良。

（7）调节电位器 RP2 接触不良使给定电压升高，造成晶闸管的触发脉冲前移，使送丝电动机的端电压和转速不稳等原因。

（8）焊丝干伸长太长。

（9）焊接规范参数不合适。

（10）焊丝质量差，未达到使用要求。

【维修方法】

根据故障原因分析，依次排查并确定故障点，采取相应的维修措施。

（1）更换新的导电嘴。

（2）更换与焊丝直径相配且孔径合适的导电嘴。

（3）检查清理后紧固，如果磨损严重应更换新的导电嘴。

（4）更换新的相同规格型号的送丝轮。

（5）调整压力至适当，以保证焊丝正常送进为宜。

（6）修复或更换电缆，对电缆连接处的紧固件进行紧固连接。

（7）更换故障的 RP2 电位器。

（8）降低焊枪与工件之间的距离。

（9）调整焊接规范参数至电弧燃烧稳定，正常焊接。

（10）及时更换合格的焊丝。

6. 维修案例六

【故障症状】

一台 NBC–350 型 CO_2 焊机，在焊接过程中，焊接飞溅太大，严重影响焊接质量。

【原因分析】

焊接飞溅过大，主要是焊机电路或线路故障和焊接工艺两方面造成的。

（1）焊接规范选择不当。

（2）焊丝直径的选择开关与使用焊丝不匹配。

（3）焊件或焊丝灰尘、油污、水、锈等杂物过多。

（4）焊枪太高，干伸长太长。

（5）焊丝质量不好。

（6）电缆线正负极接反。

（7）供电电压波动太大。

（8）电焊机内电路板有故障。

【维修方法】

（1）调整规范，使焊接电流、电压、焊速匹配得当。

（2）将开关扳到正确位置。

（3）清理杂物。

（4）降低焊枪高度。

（5）更换合格的焊丝。

（6）调整正负极电缆线。

（7）控制电压波动，加稳压器，变压器单独供电，避开用电高峰。

（8）修理或更换电路板，如果一定要更换同型号、同规格的控制电路板。

7. 维修案例七

【故障症状】

一台 NBC-350 型 CO_2 焊机，起动焊机后进行调试，按下“试气”开关后，焊枪没有气体喷出，也没有听到电磁气阀打开的声音。

【原因分析】

CO_2 气体保护焊时，必须先进行空载试气动作，以便检查气瓶气体存量，并调节流量计至合适的气体流量参数。

焊机打开试气开关而电磁气阀无动作（未听到“咔”的轻微声音），说明是电路出现故障，导致电磁气阀电路接不通，从而电磁气阀不动作而气路不通。可能的故障因素有以下几点。

（1）电磁气阀供电电源的熔断器可能烧断。

（2）试气的按钮开关可能失灵。

（3）电磁气阀供电的电源变压器可能烧了。

（4）电磁气阀本身的线圈烧了。

（5）电磁气阀的供电电路导线有断线或接头有掉头。

【维修方法】

（1）更换新的熔断器。

（2）更换新的按钮开关。

（3）修理或更换变压器。

（4）打开电磁气阀更换烧坏了的线圈或更换电磁气阀。

（5）接好断线及掉头的接头。

8. 维修案例八

【故障症状】

一台 NBC–350 型 CO_2 焊机，气瓶上使用带有预热功能的减压器，一直正常使用，近期焊接时突然出现减压器冻结的情况。

【原因分析】

CO_2 焊机的气瓶管路上虽然接有带预热功能的减压器，焊接时减压器还是发生了冻结，说明对气瓶出来的气体不起预热作用。被压缩的气体经减压后体积会突然膨胀而吸收热量，此热量没有预热的热量补充，只能从减压器上摄取，致使 CO_2 中水分在减压器出现冻结现象，即减压器上配备的预热器出现了故障。故障因素主要有以下几方面。

（1）预热器供电电路的熔断器可能烧断。

（2）预热器的电源变压器（二次绕组）可能烧坏。

（3）预热器的电路导线和连接接点有断线和掉头。

（4）预热器供电电路的按钮开关失灵，未能接通电路。

（5）预热器内部加热的电阻丝烧断。

【维修方法】

根据故障因素分析，逐一查找故障点并进行相应维修。

（1）更换熔断器，如果熔断器容量小，应更换容量大一些的。

（2）更换相同规格型号的电源变压器。

（3）仔细检查电路的导线连接点，发现断线、掉头处要重新接好、焊牢。

（4）应更换新的按钮开关便可。

（5）更换相同规格型号的预热器或更换损坏的加热电阻丝。

9. 维修案例九

【故障症状】

一台使用多年的 NBC–350 型 CO_2 焊机，近期出现焊接结束后，焊丝不能立即停止送进，需过一段时间才能停止的现象，极易使焊丝粘到焊件上。

【原因分析】

CO_2 焊机中的送丝电动机，当停止焊接时要求电动机马上停转，是通过电动机的制动电路来实现的。如果焊机出现焊接结束后，焊丝不能立即停止送进，需过一段时间才能停止的现象，明显是送丝电动机无制动电路，或制动电路失效造成的。常见的 CO_2 气体保护焊机的送丝电动机制动电路如图 8–12 所示。

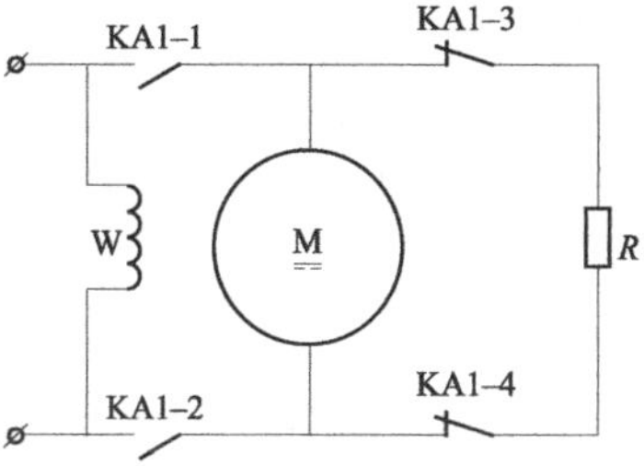

图 8–12 CO_2 焊机送丝电动机的制动电路

R—电阻；KA—继电器；M—送丝电动机；W—电动机励磁绕组

焊机送丝时，继电器 KA 工作，动合触点 KA1–1 和 KA1–2 吸合，接通电动机 M 电路；动断触点 KA1–3 和 KA1–4 断开，切断制动电阻 *R* 电路，使电动机接成并励形式，电动机转动，同时正常送丝。

当需要停止送丝时，继电器 KA 断电，动合触点 KA1–1、KA1–2 断开，电动机 M 电枢断电；常闭触点 KA1–3、KA1–4 将电阻 R 接入制动电路，因惯性电枢继续旋转，这时电机 M 变成他励发电机。这时的电枢电流方向反相，发电机的反电动势使电动机的电磁转矩与电动机的转动方向相反，起到制动作用，电动机能够很快停止转动。

因此，如果电阻 *R* 烧断或接头断线，或继电器 KA 动断触点烧损，或制动电路导线断头等都会使制动电路失效，使电动机不能立即停止。

【维修方法】

（1）检查制动电阻 R 是否电阻丝烧断，如果电阻丝已断，则应更换新的同规格电阻。

（2）检查继电器的动断触点闭合时是否可靠。对烧坏的触点应更换触点或更换整个继电器。

（3）检查制动电路的各段导线是否有断头、掉头。如果有应及时接好、焊牢或更换新导线。

第九章

埋弧焊机的故障与修理

第一节 埋弧焊设备

埋弧焊（简称 SAW）是利用颗粒状焊剂作为金属熔池的覆盖层，焊丝自动送入焊接区，电弧在焊剂层下燃烧并熔化焊丝和母材形成焊缝的一种焊接方法，焊剂靠近熔池处熔融并覆盖在熔池上将空气隔绝使其不侵入熔池。自动埋弧焊的焊接过程如图 9–1 所示。焊剂由漏斗流出后，均匀地堆敷在焊件上，堆敷高度一般约 40～60mm。焊丝由送丝机构送进，经导电嘴送入焊接电弧区。焊接电源的二极分别接在导电嘴和焊件上。送丝机构、焊丝盘、焊剂漏斗和控制盘等全部装在一个行走机构——自动焊小车上。焊接时只要按下起动按钮，焊接过程便可自动进行。

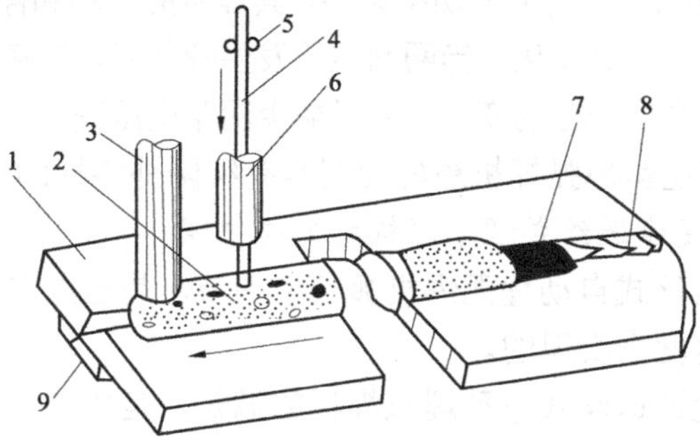

图 9–1 自动埋弧焊的焊接过程示意图

1—焊件；2—焊剂；3—焊剂漏斗；4—焊丝；5—送丝滚轮；6—导电嘴；7—渣壳；8—焊缝；9—焊剂垫

埋弧焊适用于焊接中、厚板的碳钢、低合金高强度钢、不锈钢等材料，也适用于堆焊，特别是长焊缝的焊接。自动埋弧焊的引弧、维持电弧稳定燃烧、送进焊丝、电弧的移动以及焊接结束时填满弧坑等动作，全都是利用机械自动进行的，具有生产率高、焊缝质量高、焊件变形小、改善焊工劳动条件等特点。

一、自动埋弧焊机的工作原理

为了获得较高的焊接质量，自动埋弧焊不仅需要正确选择焊接规范，而且还要保证焊接规范在整个焊接过程中保持稳定。为了消除弧长变化的干扰，自动埋弧焊机采用两种能自动调节弧长的方式，即等速送丝式和变速送丝式，分别采用电弧自身调节和电弧电压自动（强制）调节。

（一）等速送丝式埋弧焊机的工作原理

等速送丝式自动埋弧焊机，其送丝速度在焊接过程中是保持不变的。焊机调节主要是利用电弧长度改变时会引起焊接电流的变化，而焊接电流的变化又引起了焊丝熔化速度的改变，因送丝速度在焊接过程中保持不变，所以在电弧长度发生变化时，电弧能自动回到原来的稳定点燃烧。当电流的变化量为一定时，对焊丝熔化速度的影响，细焊丝（如ϕ3mm）要比粗焊丝（如ϕ6mm）更明显，所以等速送丝式自动埋弧焊机，最好采用细焊丝。

由于埋弧焊机属于大功率设备，其焊接的起动和停止，都会造成电网电压的显著变化。当网路电压发生变化时，焊接电源的外特性也会随之产生相应的变化。为了减少网路电压变化对电弧电压的影响，等速送丝埋弧焊机最好使用具有缓降外特性的焊接电源。

（二）变速送丝式埋弧焊机的工作原理

变速送丝式自动埋弧焊机弧长的调节，是通过自动调节机构改变送丝速度来实现的。

由于变速送丝式自动埋弧焊机的弧长，是依靠外加调节机构来调节的，所以只要外界条件一改变，电弧电压的变化就会立即反映到调节机构上，从而迅速改变送丝速度，使电弧恢复到原来的稳定点燃烧。变速送丝式自动埋弧焊机，在采用粗焊丝（5～6mm）时比用细焊丝调节性能更好。

为了防止网络电压变化时引起焊接电流的过大变化，变速送丝式埋弧焊机最好使用具有陡降外特性的焊接电源。

二、MZ–1000 型埋弧焊机的构造与使用

（一）焊机使用

MZ–1000 型是属于变速送丝式自动埋弧焊机。它适合焊接水平位置或与水平面倾斜不大于 15° 的各种有、无坡口的对接焊缝及搭接焊缝和角接焊缝等，并可借助转胎进行圆形焊件内、外环缝的焊接。

（二）焊机构造

焊机主要由 MZ–1000 型自动焊车、MZP–1000 型控制箱和 BX2–1000 型弧焊变压器三部分组成。焊机外形如图 9–2 所示。

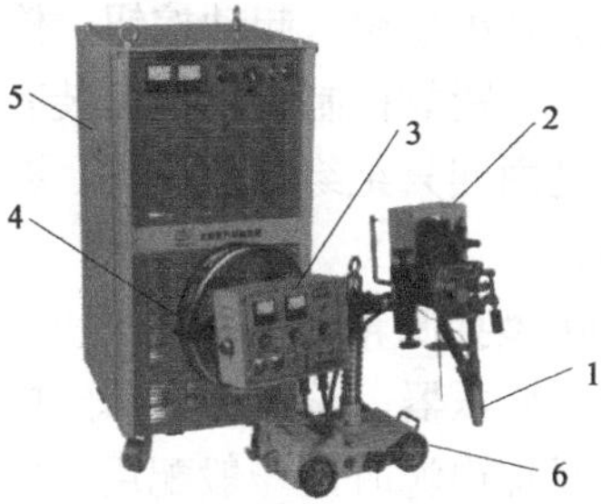

图 9–2 MZ–1000 型自动埋弧焊机外形图

1—机头；2—焊剂漏斗；3—控制盘；4—焊丝盘；5—焊机；6—行走机构

（1）MZ–1000 型自动焊车。是由机头、焊剂漏斗、控制盘、焊丝盘和行走机构等部分组成，如图 9–3 所示。

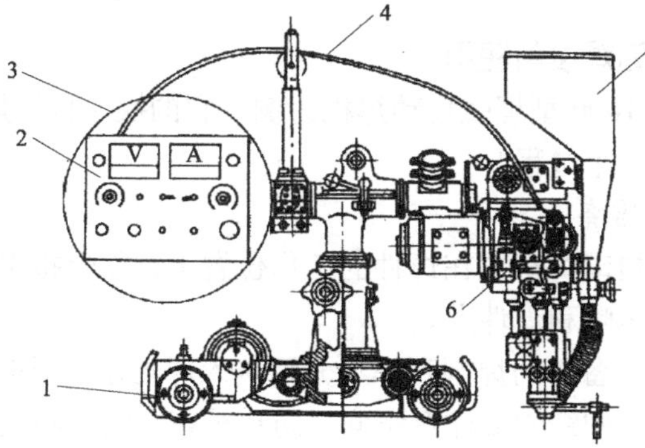

图 9–3 MZ–1000 型自动焊车结构图

1—台车；2—控制盘；3—焊丝盘；4—焊丝；5—焊剂漏斗；6—机头

机头是由送丝机构和焊丝矫直机构组成。它的作用是将送丝机构送出的焊丝经矫直滚轮矫直，再经导电嘴，最后送到电弧区。机头上部装有与弧焊电源相连接的接线板，焊接电流经接线板和导电嘴送至焊丝。机头可以上下、前后、左右移动或转动。

焊剂漏斗装在机头的侧面，通过金属蛇形软管，将焊剂堆敷在焊件的预焊部位。

控制盘装有测量焊接电流和电弧电压的电流表和电压表及电弧电压调整器、焊接速度调整器、焊丝向上按钮、焊丝向下按钮、电流增大按钮、电流减小按钮、起动按钮、停止按钮等。

焊丝盘是圆形的，紧靠控制盘，里面装有焊丝供焊接之用。

行走机构主要是由四只绝缘橡皮车轮、减速箱、离合器和一台直流电动机组成。

（2）MZP–1000 型控制箱内装有电动机—发电机组、中间继电器、交流接触器、变压器、整流器、镇定电阻和开关等。

（3）采用交流弧焊电源时，一般配用 BX2–1000 型弧焊变压器。采用直流弧焊电源时，可配用具有相当功率，并具有下降特性的直流弧焊发电机或弧焊整流器。

第二节 埋弧焊设备使用与维护

一、埋弧焊设备使用

以 MZ–1000 型埋弧自动焊机为例，它的操作包括焊前准备、焊接、停止三个过程。

1. 焊前准备

（1）把自动焊车放在焊件的工作位置上，将焊接电源的两极分别接在导电嘴和焊件上。

（2）将准备好的焊剂和焊丝分别装入焊丝盘和焊剂漏斗内。焊丝在焊丝盘中绕制要注意绕向，防止搅在一起，不利于送丝。

（3）闭合弧焊电源的闸刀开关和控制线路的电源开关。

（4）焊车的控制是通过改变焊车电动机电枢电压的大小和极

性来实现的。使焊接小车处在“空载”位置上，设定所需焊速。设定时也可采用如下方法：先测出小车在固定时间内行走的距离，再根据该距离算出小车的速度。

（5）焊丝被夹在送丝滚轮和从动压紧轮之间，加紧力的大小可通过弹簧机构调整，焊丝往下送出之后，由矫直滚轮矫直，再经导电嘴，最后进入电弧区。按焊丝向下的按钮，使焊丝对准焊缝，并与焊件接触，但不要太紧。导电嘴的高低可通过升降机构的调节手轮来调节，以保证焊丝有合适的干伸长度。

（6）将开关的指针转动在“焊接”位置上。

（7）按照焊接的方向，将自动焊车的换向开关指针转到向左或向右的位置上。

（8）按照预先选择好的焊接规范进行调整。焊接电流通过调节电流调节旋钮改变直流控制绕组中的电流大小从而达到电流的调节。电流调节也可实现远控（即在焊接小车上调节），这时需将转换开关打至“远控”。

（9）将自动焊车的离合器手柄向上扳，使主动轮与自动焊车减速器相连接。

（10）开启焊剂漏斗的闸门，使焊剂堆敷在预焊部位。调节好焊剂的堆积高度，约为 30～50mm，一般以在焊接时刚好看不见红色熔融状态的熔渣为准，以免粘渣而影响焊缝成形。

2. 起弧

焊机的起弧方式有两种——短路回抽引弧和缓慢送丝引弧。

（1）短路回抽引弧。引弧前让焊丝与工件轻微接触，按下“焊接”起焊，则为短路回抽引弧。因焊丝与工件短接，导致电弧电压为零，然后焊丝回抽，回抽同时，短路电流烧化短路接触点，形成高温金属蒸气，随后建立的电场形成电弧。

（2）当焊丝未与工件接触时，按下“焊接”起焊时，为缓送丝引弧。这时，弧焊电源输出空载电压，焊接按钮需要持续按下，使送丝速度减小。这样，便形成慢送丝。焊丝慢送进直到与工件短接，焊丝回抽，形成电弧，完成引弧过程。

3. 焊接

按上面方法使焊丝提起随即产生电弧后，然后焊丝向下不断送进，同时自动焊车开始前进。在焊接过程中，操作者应留心观察自动焊车的行走，注意焊接方向不偏离焊缝外，同时还应控制焊接电流、电弧电压的稳定，并根据已焊的焊缝情况不断地修正焊接规范及焊丝位置。另外，还要注意焊剂漏斗内的焊剂量，焊剂在必要时需进行添加，以及焊剂垫等其他工艺措施正常与否，以免影响焊接工作的正常进行。

4. 停止

当焊接结束时，应按下列顺序停止焊机的工作。

（1）关闭焊剂漏斗的闸门。

（2）按“停止”按钮时，必须分两步进行，首先按下一半（这时手不要松开），使焊丝停止送进，此时电弧仍继续燃烧，接着将自动焊车的手柄向下扳，使自动焊车停止前进。在这过程中电弧慢慢拉长，弧坑逐渐填满，等电弧自然熄灭后，在继续将停止按钮按到底，切断电源，使焊机停止工作。

（3）扳下自动焊车手柄，并用手把它推到其他位置。同时回收未熔化的焊剂，供下次使用，并清除焊渣，检查焊缝的外观质量。

二、埋弧焊设备维护与维修

（1）按外部接线图正确接线，特别要注意感应电动机的转动方向必须与箭头所示的方向一致。

（2）网路电压必须与焊机铭牌上的电源电压相符，如不符合不得接线使用。

（3）弧焊电源、控制箱和机头必须可靠接地。

（4）应经常注意电缆的绝缘情况和连接情况，如有损坏或接头松动，必须更换或拧紧，保证其绝缘，以免造成短路或触电事故。

（5）定期检查控制线路中的电器元件，如接触器或中间继电器的触头是否有烧毛或熔化的情况，一旦发现应立即进行清理或更换。

（6）定期检查送丝滚轮的磨损情况，如发现显著磨损时，应立即进行更换。

（7）定期检查和更换送丝机构和自动焊车减速箱内的润滑油。

（8）必须经常检查焊嘴与焊丝的接触情况，如接触不良，必须更换，以免导致电弧不稳定。

（9）要保证焊机在使用过程中各部分的动作灵活。因此要经常保持焊机的清洁，特别是机头部分的清洁，避免焊机、渣壳碎末阻塞活动部件，以免影响正常工作和增加机件的磨损。

MZ–1000 型埋弧焊机常见故障及处理方法见表 9–1。

表 9–1　MZ–1000 型埋弧焊机常见故障及处理方法

故障	产生原因	处理方法
接通转换开关，电动机不转动	1. 转换开关损坏 2. 熔断器烧断 3. 电源未接通	1. 修复或更换 2. 换新 3. 接通电源
按下焊丝上下位置调节按钮，焊丝不动作或动作不对	1. 变压器有故障 2. 整流器损坏 3. 按钮开关接触不良 4. 感应电动机转动方向不对 5. 发电机或电动机电刷接触不良	1. 检查并修复 2. 修复或调换 3. 检查并修复 4. 改换输入三相线接线 5. 检查并修复
按下起动按钮，线路工作正常，但不引弧	1. 焊接电源未接通 2. 电源接触器接触不良 3. 焊丝与焊件接触不良	1. 接通焊接电源 2. 检查并修复接触器 3. 清理焊件及焊丝末端
线路工作正常，但焊丝输送不均匀，电弧不稳定	1. 送丝压紧轮太松或已磨损 2. 焊丝被卡住 3. 焊丝未清理 4. 焊丝盘内焊丝太乱 5. 网路电源波动太大 6. 焊丝输送机构有故障	1. 调整压紧滚轮压力或换新 2. 清理焊嘴或换新 3. 清理焊丝 4. 重盘焊丝 5. 检查原因并改善 6. 检查并修复
焊接过程中，焊剂停止输送或输送不均匀	1. 焊剂箱阀门处被凝结成块的焊剂堵塞 2. 焊嘴未置于焊剂漏斗头中间	1. 清理焊剂箱 2. 检查并调整

续表

故障	产生原因	处理方法
接通后，按下起动按钮，熔断器立即熔断	1. 控制线路短路 2. 变压器一次绕组短路	1. 修复 2. 修复
焊接过程中一切正常，焊车突然停止行走	1. 焊车离合器脱开 2. 焊车车轮被电缆阻挡	1. 关闭离合器 2. 排除阻挡物
焊接电路接通后，电弧未引燃、焊丝粘在焊件上	焊丝与焊件之间，在起动前接触过紧	调整焊丝与焊件的接触

三、埋弧焊设备故障修理案例

1. 维修案例一

【故障症状】

一台 MZ–1000 型直流埋弧焊机，接通电源后，焊机和控制箱指示灯均亮，但按“送丝”和“抽丝”按钮开关时，焊丝均不动作。

【原因分析】

MZ–1000 型直流埋弧焊机的电路图如图 9–4 所示。

由图 9–4 可知，焊丝“抽丝”按钮（SB_2）、焊丝“送丝”按钮（SB_1）和“焊接”按钮（SB_3）都是控制送丝发电机 G_2 的。由 G_2 发电去驱动送丝电动机 M_3，来实现埋弧焊机机头焊丝的运动的。因此，发生上述故障的可能因素主要有以下几点。

（1）送丝电动机 M_3 的故障。

（2）发电机 G_2 的故障。用电压表测量发电机的好坏。将发电机的输出端连接上直流电压表。起动焊机控制箱，三相电动机旋转。当按下 SB_2“抽丝”钮时，电压表应有读数；然后，再按 SB_1“送丝”钮时，电压表仍应有读数，而且两次电压的极性应相反才对。

【维修方法】

对发电机 G_2 的实际测量结果发现，不论按 SB1 或按 SB2，其输出电压均为零。就是说，在三相异步电动机正常拖动下 G_2 不发电，说明发电机 G_2 损坏。

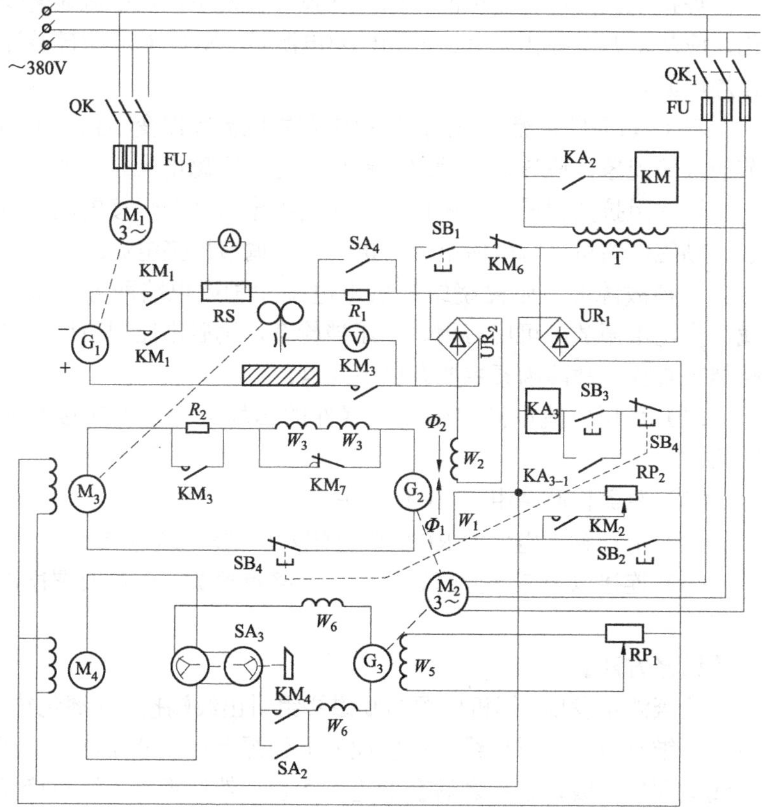

图 9-4 MZ-1000 型直流埋弧焊机的电路图

购置相关规格型号的发电机并装到原位，接通电路后，重新起动焊机，焊丝动作正常，完成维修工作。

2. 维修案例二

【故障症状】

一台使用多年的 MZ-1000 型直流埋弧焊机，在焊接过程中焊接电流突然变小且无法调节，不能进行正常焊接，需维修以保证其正常工作。

【原因分析】

焊接电流是电源提供的，因此埋弧焊机发生焊接电流显著变化，应从电源中寻找原因。该焊机的电源是 ZXG–1000 型硅整流弧焊电源。

ZXG 系列硅整流电源，在使用中发生电流突然变小且不可调节的故障现象，应该是在励磁电路里没有了励磁电流。它使饱和电抗器的阻抗变得最大，所以电源的输出电流（即焊接电流）最小。励磁电路里没有励磁电流，也就无法调节焊接电流。

这种故障应从励磁绕组的供电电源和励磁电路两方面来查找，供电电源故障可用万用表电压挡检查，励磁电路用万用表电阻挡来查找。故障因素主要有以下几点。

（1）稳压整流电源中整流元器件的损坏或元器件连接线的断路。

（2）直流控制绕组 W_7 中有断头。

（3）滑动触点电位器 RP 的阻丝烧断或滑动接触点松动。

（4）连接以上三部分的导线断头、接点掉头、假焊或螺栓松动等。

【维修方法】

检查测量发现，焊机电源的励磁绕组引出线端接头（漆包线）折断。维修时，在引出线（漆包线）上先焊上一段截面略大于漆包线截面软导线，包扎之后套上绝缘漆管，然后再将软线与接线点相连，然后重新接通焊机电源并进行焊接，焊接电流调节正常，故障消除。

3. 维修案例三

【故障症状】

一台使用多年的 MZ–1000 型直流埋弧焊机，在焊接半小时后突然焊缝变窄、电流下降；放置一段时间后重新焊接，焊缝成形又正常，在焊接半小时不到，焊缝又变窄，如此反复，严重影响焊接施工和焊接质量。

【原因分析】

埋弧焊机的电流调节是通过瓷盘电阻来调节饱和电抗器励磁绕组中的励磁电流来实现的。埋弧焊机在施焊中突然出现焊缝变窄、电流变小，是电源提供的焊接电流突然变小的缘故。但此故障是间段性不规律（焊机冷时好，热时坏）地反复出现，说明故障应与焊机焊接后受热有关，但还需从以下几方面查找原因：

（1）检查机头的导电嘴与焊丝导电接触状况是否良好。

（2）检查焊件接地线是否牢固紧密。

（3）检查电源的输出端与电缆线连接是否良好。

（4）检查电源内部主电路各元器件连接紧密牢固是否良好。

（5）检查三相整流桥各整流元件发热是否均匀、冷却良好。

（6）检查焊机电源的空载电压是否符合要求。

（7）检查励磁电路的稳压器、瓷盘电阻、整流桥、滤波电容等元器件是否正常。

（8）检查励磁电路的回路是否正常。

【维修方法】

按故障原因分析依次检查，发现整流桥里一个二极管的输出端焊点虚焊。二极管焊点虚焊，在检查故障测电压时正常。焊机每次使用半小时前的焊缝都正常，但是，当焊的焊缝较长时，焊机处于热态，焊点虚焊的二极管受热胀的影响，输出端虚焊处，焊点产生脱离，导通的二极管截止了，单相桥的全波整流变成半波整流，励磁电流减去一半，于是焊接电流就突然大幅度变小，正常焊接中的焊缝会突然变窄、变浅。焊机冷却后，二极管虚焊处又连接上，这也是这种故障现象反复出现的原因。

用电烙铁将虚焊的二极管输出端重焊一下，保证焊透即可消除故障。

4. 维修案例四

【故障症状】

一台 MZ–1000 型交流埋弧焊机，焊前调试时按“抽丝”按钮开关，焊丝不上行，但按“送丝”按钮开关时，焊丝下行正常。

【原因分析】

MZ–1000 型交流埋弧焊机的电路原理图如图 9–5 所示。

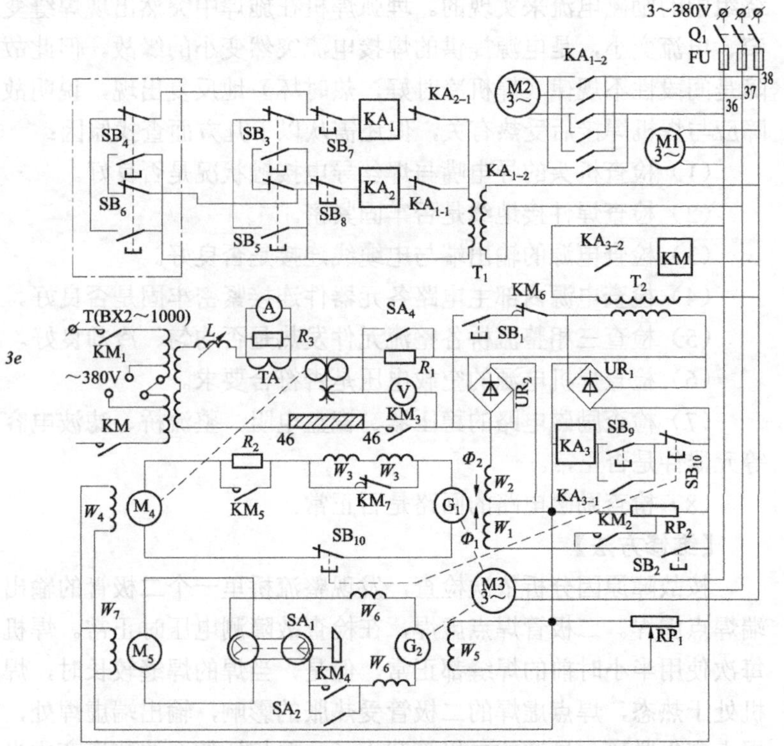

图 9–5　MZ—1000 型交流埋弧焊机电路原理图

$M_{4、5}$—直流电动机；$G_{1、2}$—直流发电机；$M_{1\sim3}$—三相异步电动机；KM—接触器；$KA_{1、2}$—交流继电器；KA_3—直流继电器；T—焊接变压器；$T_{1、2}$—控制变压器；$UR_{1、2}$—单相整流桥；$SB_{1\sim6}$—按钮开关；$SB_{9、10}$—按钮开关；$SB_{7、8}$—限位开关；SA_1—转换开关；SA2—单刀开关；Q_1—刀开关；$RP_{1、2}$—电位器；TA—电流互感器

如图 9–5 所示，焊机工作时，按动按钮开关 SB_1，送丝发电机 G_1 的他励绕组 W_2 从整流器 UR_2 获得励磁电压，则 G_1 发电机输出电压供给送丝电动机 M_4 的转子使其正向转动，焊丝向下送。按动 SB_2 时，送丝发电机 G_1 的另一个他励绕组 W_1 从整流器 UR_1

获得励磁电压，G_1 发电机输出电压供给送丝电动机 M_4 的电枢，使其反转，焊丝上抽。送丝发电机 G_1 是由异步电动机 M_3 带动旋转的；当异步电动机 M_3 转向相反时，必然使 G_1 改变极性，M_4 即反向，则使得送丝方向也相反。

按“送丝”按钮开关 SB_1，焊丝正常下行，说明送丝发电机、电动机及送丝机械传动系统均无问题，应该检查送丝发电机 G_1 的“抽丝”他励绕组 W_1 系统。

【维修方法】

（1）用万用电表的直流电压挡检查整流器 UR_1 是否有正常的直流电压输出，如果没有，则是整流器坏了或者是其接线掉头，应予以修理或更换烧坏的元件；如果有正常的直流电压，应再进行下步检查。

（2）按动按钮 SB_2，用万用电表检查他励绕组 W_1 是否有电压。如果没有，先检查 SB_2 是否有故障，有故障应更换新件；如果按钮 SB_2 没有问题，就用万用电表的电阻挡检查他励绕组 W_1 是否断路，或与其连线接触不良，应予以修复。

5. 维修案例五

【故障症状】

一台 MZ–1000 型交流埋弧焊机，焊前调试时按“抽丝”按钮开关，焊丝不上行，按“送丝”按钮开关时，焊丝也未下行。

【原因分析】

如图 9–5 所示，该故障现象与上一焊机故障相似，但不同的是焊丝既不上行也不下行。应从电气系统和送丝机械系统两方面查找原因。

（1）检查带动送丝发电机的异步电动机 M 是否转动。如果不转动，应检修 M_3；如果 M_3 转动，送丝发电机 G_1 不转动，应检修连轴器、连接键是否损坏，并予以修理。

（2）用万用表检查发电机 G_1 是否有直流输出。如果有直流输出，说明 G_1 没有问题；如果无正常直流输出，应调整电刷，使之与换向器良好接触。

（3）检查送丝电动机 M_4 是否正常运转。如果运转正常，就是送丝的机械系统出了故障；如果 M_4 不转时，应用万用表检查送丝电动机 M_4 的他励绕组 W_4 是否有直流电压。如果 W_4 没有直流电压，就是绕组 W_4 有断路，找到断头处接好线并包扎绝缘。

（4）检查机头上部的焊丝给送减速机构，看齿轮和蜗轮蜗杆是否严重磨损与啮合不良，如有，应该予以更换。

（5）检查焊丝给送滚轮状态，焊丝给送滚轮调节不当，压紧力不够，应该予以调整。送丝滚轮如果磨损严重应更换。

【维修方法】

根据故障原因分析，逐项检查并采取相应维修措施。

6. 维修案例六

【故障症状】

一台 MZ–1000 型交流埋弧焊机，在准备工作完成后，按下“焊接”按钮，不能正常产生电弧，无法进行焊接。

【原因分析】

如图 9–5 所示，焊机在按下“焊接”按钮 SB_9 后，中间继电器 KA_3 动作，交流接触器 KM 动作，则焊接电源接通，小车发电机 G_2 对电动机 M_5 供电，小车行车；送丝发电机 G_1 的他励绕组 W_1 有电，焊丝反抽引弧。焊机起动后不起弧的主要原因应是焊接回路未接通、网路电压太低或程控电路出故障等原因。

【维修方法】

（1）焊机断电后，用万用电表电阻挡检查“焊接”开关 SB_9，即按下“焊接”开关后测量是否接触不良或有断路，如有故障，应检修或更换新按钮。

（2）检查中间继电器 KA_3 是否出故障，有故障应检修或更换新件。

（3）检查交流接触器 KM 是否出故障，如果有故障应检修或更换新件。

（4）检查焊丝与工件是否预先“短路”接触不良。例如：工件锈蚀层太厚、焊丝与工件间有焊剂或脏物等，应该清除污物，使焊丝与工件间保持轻微的良好接触。

（5）检查地线焊接电缆与工件是否接触不良，应该使之接触牢靠。

（6）用万用表交流电压挡测量焊接变压器的一次是否有电压输入，如果没有电压输入，就是供电线路有问题，或交流接触器 KM_1 接触不良，应该予以检修；如果一次有电压输入，再测量二次是否有电压输出，如果无电压输出，说明焊接变压器已损坏，应检修焊接变压器。

7. 维修案例七

【故障症状】

一台 MZ–1000 型交流埋弧焊机，当合上小车行走开关时，小车不行走，检查发现小车电动机不转，焊机其他动作均正常。

【原因分析】

如图 9–5 所示，接通刀开关 Q_1，异步电动机 M_3 旋转，带动小车发电机 G_2 的转子旋转；控制变压器 T_2 获得输入电压，对整流器 UR_1 供电，整流器对小车直流电动机 M_5 的励磁绕组 W_7 供电，并通过电位器 RP_1 给小车发电机 G_2 的他励绕组 W_5 供电，发电机 G_2 得到励磁则发电。这时把单刀开关 SA_2 合上（即扳到空载位置），并合上小车离合器，拨转控制盒上的转换开关 SA_3 前进或后退位置，小车移动。小车电动机 M_5 不工作的原因主要有控制箱中异步电动机 M_3 不旋转、小车发电机 G_2 不发电，以及单刀开关 SA_2、转换开关 SA_1 损坏等。

【维修方法】

（1）控制箱中异步电动机 M_3 不旋转。合上刀开关 Q_1 后，电源风扇电动机旋转，说明供电线路没问题；异步电动机不旋转是本身或其接线出了故障，应该检查它的三相进线是否有断路或接触不良；否则，就是异步电动机绕组烧了，应该予以修理或更换。

（2）如果是异步电动机 M_3 旋转，小车发电机 G_2 不发电，应逐项进行下列故障排查。

1）检查异步电动机 M_3 的输出轴与小车发电机 G_2 连接的联

轴器、轴及键是否损坏，有故障应进行修理或更换零件。

2）检查小车发电机 G_2 的他励绕组 W_5 是否有电压。可用万用表的直流电压挡，检查 W_5 是否有电压输入，如果有输入，证明绕组 W_5 正常；如果无电压，检查电位器 RP_1 是否有断线或接触不良。

3）检查整流器 UR_1 是否有交流输入及直流输出。如果有输入，而没有正常的直流输出，证明整流器坏了；如果没有输入，再向前检查线路。整流器有元件损坏了，应更换同规格型号的新元件。

4）检查控制变压器 T_2 是否正常工作。用电压表检查 T_2 是否有电压输入，如果没有电压输入，说明 T_2 的进线接触不良或断线；如果有输入而没有电压输出，证明变压器 T_2 已坏，应修理或更换。

（3）如果是小车发电机 G_2 发电正常，应进行下列检查。

1）检查小车控制盒上的单刀开关 SA_2 合上后是否接触良好，有故障应进行更换。

2）检查转换开关 SA_1 是否损坏，如有损坏应换新件。

3）检查小车电动机 M_5 电枢是否断线，电刷与换向器是否接触不良，他励绕组 W_7 是否断线或接触不良。

按上述排查顺序逐项检查，找出确切的故障出处再予以排除，小车电动机便可正常转动。

8. 维修案例八

【故障症状】

一台 MZ–1000 型交流埋弧焊机，调试合格准备焊接，但按下“焊接”按钮开关后，小车不行走，不能正常施焊。

【原因分析】

如图 9–5 所示，把控制盒上的单刀开关 SA_2 扳到焊接位置（即断开），拨动转换开关 SA_2 指向小车前进方向，挂好离合器，按“焊接”按钮 SB_9，中间继电器 KA_3 的绕组通电，触头动作，此时 KA_{3-1} 自锁，KA_{3-2} 闭合，交流接触器 KM 绕组通电，动合触头 KM_4 闭合，小车电动机 M_5 得到电压转动，小车运行。

因此，焊接小车在调试时行走动作正常，只是在按“焊接”按钮后小车不动作，应该是按动“焊接”按钮后的继电器 KA_3 和接触器 KM 电路里出现故障。

【维修方法】

（1）按动“焊接”按钮 SB_9，检查中间继电器 KA_3 是否动作。如果不动作，应首先检查按钮开关 SB_9 和 SB_{10} 是否接触不良或接线断路；再检查多芯控制电缆及接插件是否断线或接触不良，查找处故障点并进行相应维修。

（2）如果中间继电器 KA_3 动作，则先检查交流接触器 KM 是否动作。如果 KM 也动作，但小车仍不走，则是因为 KM 的动合触点 KM_4 闭合不良所致；如果 KM 不动作，先检查中间继电器 KA_3 的动合头 KA_{3-1} 和 KA_{3-2} 是否接触不良或接线断开，再检查交流接触器的问题。根据故障轻重情况，采取维修或更换元器件等相应维修措施。

9. 维修案例九

【故障症状】

一台 MZ–1000 型交流埋弧焊机，焊接小车速度不能调节，其他功能和动作均正常。

【原因分析】

如图 9–5 所示，焊接小车拖动电路是由发电机 G_2 与电动机 M_5 组成的。发电机 G_2 的电枢由异步电动机 M_3 带动旋转，有一个串励绕组 W_6 和他励绕组 W_5，通过调节电位器 RP_1 改变 W_5 的励磁电压，发电机 G2 的电压改变，便调节了小车电动机 M_5 的速度。

焊接小车速度不能调节，原因应该是电位器 RP_1 损坏。

【维修方法】

检查电位器 RP_1 的故障原因，如果是由于触头与绕线接触不良，应进行故障点的清理或维修；如果是电阻丝断开，则更换相同规格型号的电位器。

第十章

其他种类焊机的故障与修理

第一节 电阻焊机故障与修理

一、电阻焊的分类

电阻焊是利用电流通过焊件时所产生的电阻热来加热焊件的接合处，使其达到塑性状态或熔化状态时施加一定压力，使焊件牢固地连接在一起的一种焊接方法。因此通电产生电阻热和对焊件施加压力是电阻焊不可缺少的两个条件。在工业上广泛采用的基本方法有：点焊、缝焊（滚焊）、对焊以及凸焊和滚对焊等，见表 10–1。

表 10–1 电阻焊的分类

类别	原理与应用	图示
点焊	点焊的接头形式都是搭接。点焊时将焊件压紧在两圆柱形电极间，并通以很大的电流，利用两焊件接触电阻较大，产生大量的热量，迅速将焊件接触处加热到熔化状态，形成像透镜状的液态熔池（熔核）。当液态金属达到一定数量后断电，在压力的作用下，冷却凝固形成焊点。点焊主要用于带蒙皮的框架结构（如汽车驾驶室、客车厢体、飞机翼尖和翼肋等）、铁丝网布、钢筋交叉点等的焊接	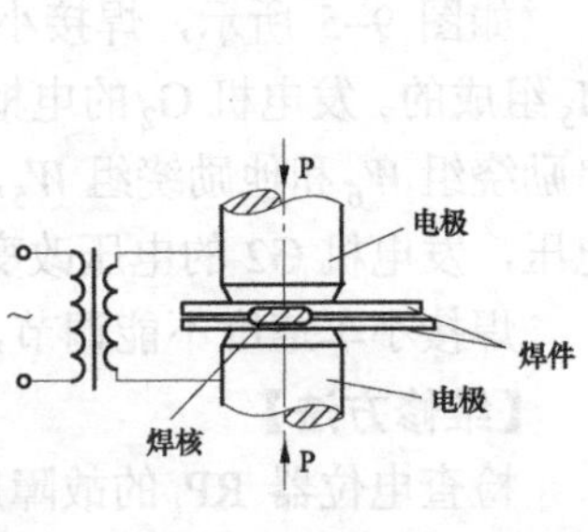

续表

类别		原理与应用	图示
缝焊	连续缝焊	缝焊与点焊相似，它的电极是旋转的滚盘，以代替点焊的圆柱形电极，焊件在旋转滚盘的带动下前进，当电流断续（或连续）地通过焊件时，形成一个个彼此重叠的焊点，就成为一条连续的焊缝。缝焊主要用于要求气密性的薄壁容器，如汽车油箱等	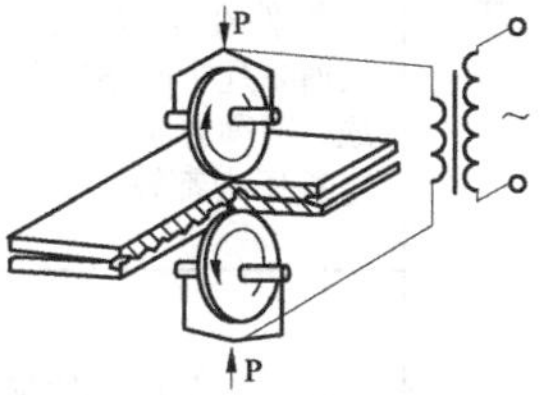
	断续缝焊		
	步进缝焊		
对焊	电阻对焊	先将两焊件端面（焊接面）对齐压紧，并通以很大的电流，由于焊件的接触电阻较焊件内电阻大得多，大部分热量就集中在接触面附近，因而迅速将焊接区加热到塑性状态。断电后，在压力作用下使两焊件的接头部分产生一定量的塑性变形而焊接在一起。电阻对焊的优点是接头外形光滑无毛刺，缺点是对焊件接头部分的清理要求高，接头强度较低，尤其是冲击韧性差且焊机功率要求大。	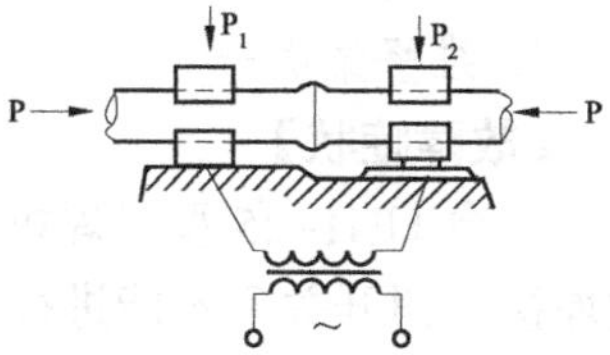
	闪光对焊	闪光对焊是对焊的主要形式，它可以焊接各种实心棒料（圆形或方形）和展开形焊件（如管料与带料）。闪光对焊的过程基本上由闪光与随后顶锻二个阶段组成，有的则在闪光前加上预热阶段。	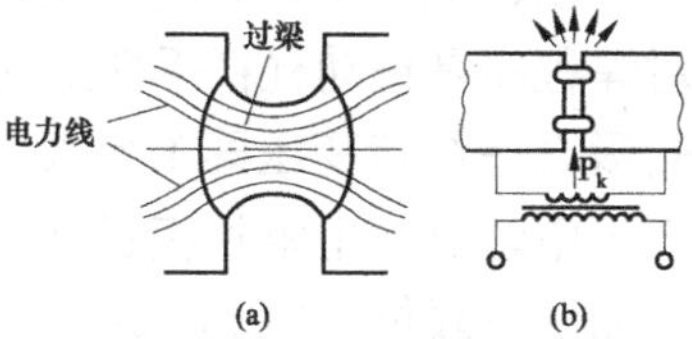 （a）过梁；（b）闪光过程

续表

类别	原理与应用	图　示
凸焊	凸焊的方法与点焊相似。所不同的是：它可以一次同时焊几个焊点。方法是先将其中一个焊件制成几个凸出部分，当两焊件在电极压力下通电焊接时，几个凸出部分就一次焊成。这种方法要求焊机功率和电极压力都较大	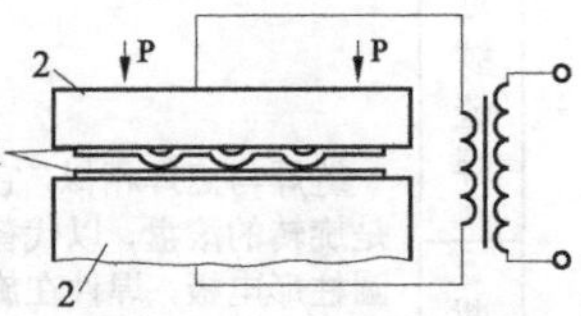 1—焊件；2—电极；3—滚轮
滚对焊	滚对焊是缝焊的延伸，主要用来焊接有缝钢管。滚轮3夹紧焊件1，并对焊件施加一定压力。当滚轮转动，带动管子前进时，同时通以电流，就完成了管子接缝的焊接。	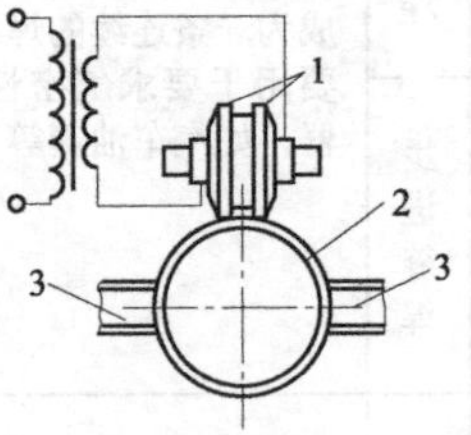 1—电极；2—焊件；3—滚轮

二、典型电阻焊设备故障修理案例

1. 维修案例一

【故障症状】

一台 UN1–25 型对焊机，各构件均正常，但按动杠杆手柄上的焊接按钮开关后不能进行焊接。

【原因分析】

UN1–25 型对焊机是用手动杠杆加力顶锻，由继电器和接触器进行控制的，其电路图如图 10–1 所示。

UN1–25 型对焊机，在焊机接通电源、夹好工件以后，电阻对焊程序是按动杠杆手柄上的按钮 SM→继电器 K_2 吸合→接触器 K_1 吸合→焊接变压器 T 接入电网正常供电→工件端面因接触通电产生电阻热→电阻热积累到一定程度后焊工用力搬动手柄进行杠杆加压→限位开关 SQ 断开→继电器 K_2 断电→接触器 K_1 断电→焊接变压器断电→焊接循环结束。

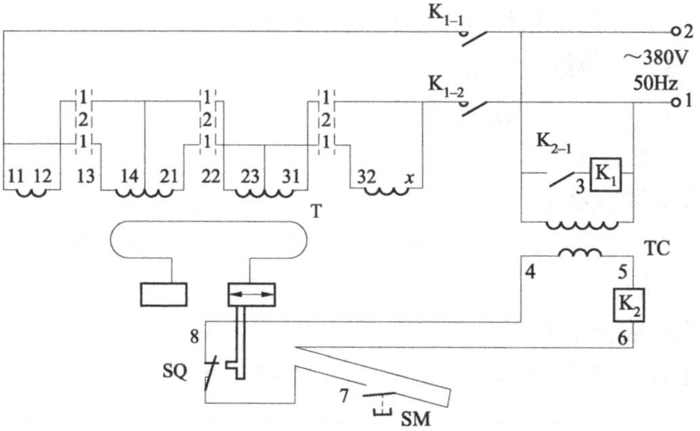

图 10–1 UN1–25 型对焊机电路图

T—阻焊变压器；TC—控制变压器；K_1—接触器；K_2—继电器；SM—焊接按钮；SQ—限位开关

焊机按“焊接”按钮 SM 而不动作的故障，应按以下方面依次查找。

（1）焊机接通电网开关后，检查控制变压器 TC 二次绕组有无 36V 电压输出。若无电压，则查看 TC 的接线是否良好，如果接线正常，应该是变压器 TC 损坏。

（2）手按杠杆手柄上按钮 SM，观察继电器 K_2 是否吸合。若不吸合，先查看按钮 SM 是否失灵，然后还须检查滑板上的控制顶锻量的限位开关 SQ 的动断触点是否闭合良好。

（3）检查继电器 K_2 的绕组是否有断线处，K_2 的电路导线连接处是否有掉头、断头处。

（4）继电器 K_2 吸合后，其动合触点 K_{2-1} 接通交流接触器 K_1，其动合主触点 K_{1-1} 和 K_{1-2} 将阻焊变压器 T 接通。如果此时 K_1 仍不吸合，应查验 K_1 的线圈接头是否有断线、掉头或线圈内部有断线。

（5）接触器 K_1 吸合后，若阻焊变压器 T 仍未接通，应检查 K_1 主触点 K_{1-1}、K_{1-2} 是否有烧损、变形，造成断路。

【维修方法】

（1）更换控制变压器 TC。

（2）更换手柄杠杆上的按钮 SM 或限位开关 SQ。

（3）更换继电器 K_2。

（4）、（5）更换接触器 K_1。

2. 维修案例二

【故障症状】

一台 DN1–75 型点焊机，接通电源后，上下电极将工件夹紧，但不能进行焊接。

【原因分析】

DN1–75 型点焊机的电路如图 10–2 所示。

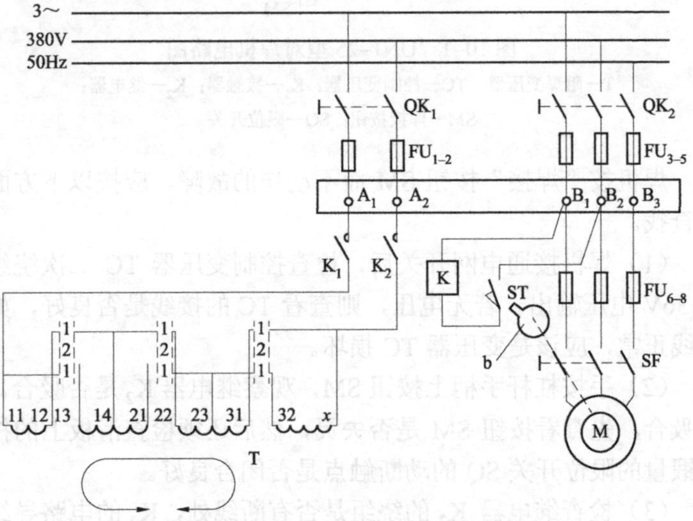

图 10–2 DN1–75 型点焊机的电路图

M—电动机；$QK_{1、2}$—电源刀开关；K—接触器；T—阻焊变压器；

SF—脚踏开关；ST—行程开关；b—扇形压板

如图 10–2 所示，焊机起动后，电动机带动凸轮转动，其加压机构使机臂上电极下移将焊件夹紧。在夹紧过程中，与凸轮同轴的扇形压板将行程开关（ST）压合，使焊机变压器通电，进行点焊而形成焊点。当扇形压板已转过，行程开关 ST 打开，变压器失电。在此之后，凸轮已转到卸压部分，上下电极离开，焊点焊完，焊机的焊接过程终止。

其他机构正常动作情况下，不能进行焊接动作，应是在电极夹紧工件期间内变压器没有被接通。

【维修方法】

（1）检查脚踩踏板，看离合器啮合时电动机 M 能否带动凸轮转动。

（2）检查压力凸轮同轴上的由三块铁板组成的扇形压板能否压合行程开关 ST。只有压合 ST 后才能使交流接触器 K 通电吸合，其主触头 K_1、K_2 将阻焊变压器接通电网，进行正常的焊接动作。

（3）若扇形压板能压合行程开关 ST 而仍不能焊接，则应检查 ST 的开触点能否闭合，若接触不良，应加以修整或更换新件。

（4）检查行程开关被压合后交流接触器 K 是否动作，如果动作，则 K 的主触头 K_1、K_2 应把阻焊变压器接入电网，变压器应该有电；如果变压器还没有电，则应检修 K_1、K_2 触点，或更换新的接触器。

3. 维修案例三

【故障症状】

一台 DN–50 型点焊机，近期在焊接时发现，焊机起动后，变压器有强烈的异常振动声。

【原因分析】

点焊机的变压器，一般都是采用条状硅钢片拼叠成铁心，因而，变压器工作时都要有轻微的“嗡、嗡”带节奏的交流振动声，这是正常的。但是，焊机变压器出现异常强烈的交流声，应该是有故障发生，这是在变压器一次电路里起开关作用的双反并联晶闸管（见图 10–3）有一个烧坏或未导通，形成单相半波导电，电流中较强的直流分量使变压器铁心迅速饱和，导致一次电流剧增，使变压器铁心强烈振动。变压器铁心装配质量越差，此振动声越强烈。

经过初步检查，焊机晶闸管并没有损坏，则应该是有一个晶闸管的触发电路出了故障，使一个晶闸管没有导通所致。

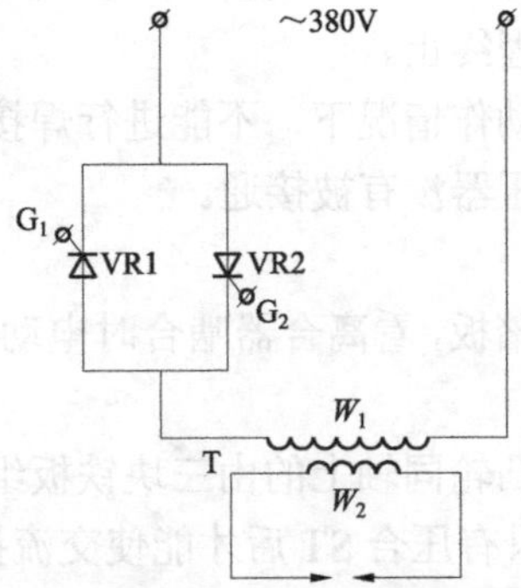

图 10–3 点焊机中的交流晶闸管开关电路

VR1、VR2—晶闸管；G_1、G_2—控制极；T—电源变压器；

W_1—一次绕组；W_2—二次绕组

【维修方法】

因为有一个晶闸管在正常工作，脉冲变压器的四个输出端有两个触发信号，其中肯定有一个信号无输出，即触发信号为零，所以先从晶闸管触发电路的脉冲变压器输出端查起，寻找故障。然后，就从没有信号的输出端查起，可能是脉冲变压器的二次输出绕组断线或触发电路断线，根据故障情况分别更换脉冲变压器或接通触发电路，便可消除故障。

4. 维修案例四

【故障症状】

一台 KD2–250 型点焊机，焊接时的焊接程序出现混乱，不能正常进行焊接。

【原因分析】

KD2–250 型点焊机控制箱是采用 CMOS 数字集成电路制成的电阻点焊程序时间控制器，计时单位为周波。点焊过程的四个程序为：休止、加压、焊接和维持。KD2–250 型点焊机程序控制器主要由程序计数器和译码器组成。程序计数器是由两个 J–K 触发器（IC8–A 和 IC8–B）连成二、十进制加法器组成，译码器是由四个或非门电路（IC7–A，IC7–B，IC7–C 和 IC8–D）组成，如

图 10–4 所示。

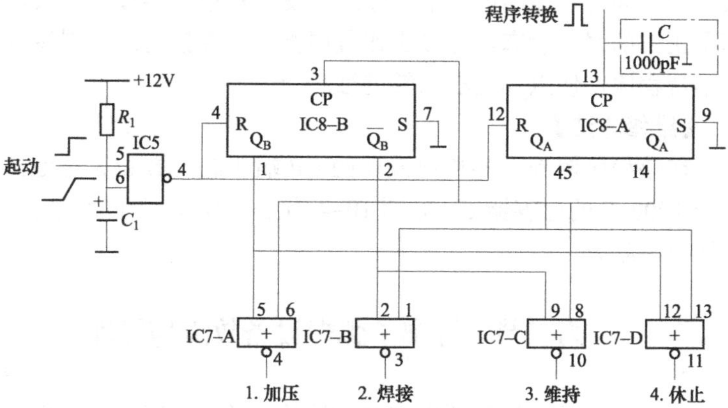

图 10–4 KD2–250 型点焊程序控制器

IC8–A、IC8–B–J–K—触发器电路；

IC7–A、IC7–B、IC7–C、IC7–D—或非门电路；

IC5—与非门电路

图 10–4 电路中，程序信号的输出以高电平为有效，其输出状态见表 10–2。

表 10–2 KD2–250 型程序控制器输出状态

IC8–A		IC8–B		译码器输出				现行程序
Q_A	$\overline{Q_A}$	Q_B	$\overline{Q_B}$	IC7–A	IC7–B	IC7–C	IC7–D	
0	1	0	1	0	0	0	1	休止
1	0	0	1	1	0	0	0	加压
0	1	1	0	0	1	0	0	焊接
1	0	1	0	0	0	1	0	维持

控制箱启动后，与非门 IC5 的输入端 5 为高电平，其输出为 0，J–K 触发器 IC8 解禁成计数状态。此时起动后输入的程序转换脉冲使 IC8–A 翻转，QA 为 1，$\overline{Q_A}$ 为 0，经译码器译码进入加压程序。

如果启动时有干扰，则 J–K 触发器的计数端 CP 输入程序转换脉冲的同时，连续进入干扰脉冲，使 J–K 触发器接连翻转，破坏了正常的级进状态，导致工作程序混乱，直接进入了焊接程序或维持程序，使点焊无法正常进行。

【维修方法】

在该程序控制器 J–K 触发器的 CP 端（输入端 13）对地并联一个 1000pF 的电容器 *C*（见图 10–4 右上方），滤掉干扰信号，故障便可消除。

第二节　等离子弧焊设备故障与修理

电弧就是使中性气体电离并持续放电的一种现象，如果使气体完全电离，而得到完全是由带正电的正离子和带负电的电子所组成的电离气体，这就称为等离子体。

一般的焊接电弧未受到外界的压缩，弧柱截面随着功率的增加而增加，因而弧柱中的电流密度近乎常数，这种电弧称为自由电弧，电弧中的气体电离是不充分的。如果在提高电弧功率的同时，限制弧柱截面的扩大或减少弧柱直径，即对其进行压缩，弧柱温度会急剧提高，弧柱中气体电离程度也迅速提高，几乎可达到全部等离子体状态，这就叫等离子弧。图 10–5 是较常用的等离子弧发生装置原理。

如图所示，在钨极 1（负极）焊件 7（正极）之间加上一较高的电压，经过高频振荡器 8 的激发，使气体电离形成电弧，电弧在通过喷嘴的小孔道时，受到喷嘴内壁的机械压缩限制了弧柱截面的扩大。当往喷嘴内通入一定的压力和流量的气体后（如氩气、氮、氢气等），电弧会进一步受到压缩。这是因为喷嘴用流动水冷却，使靠近喷嘴内壁的气体受到强烈冷却。这样在喷嘴内壁附近的气体温度迅速下降，电离程度也急剧下降，电弧电流只能从弧柱中心通过，使弧柱中心电流密度急剧增加，电弧被进一步压缩，这称为热压缩效应。

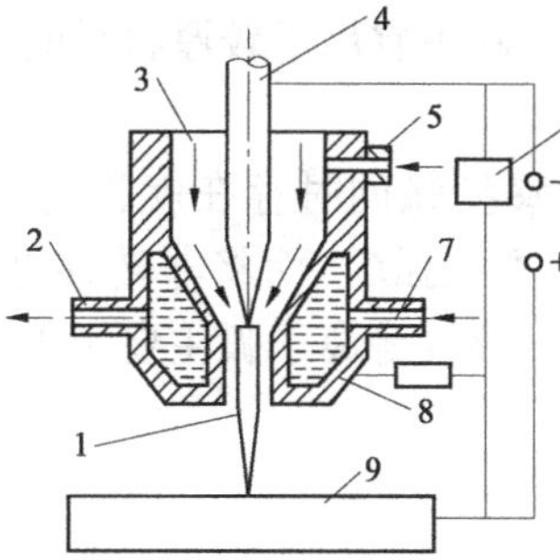

图 10–5 等离子弧发生装置原理

1—等离子弧；2—出水管；3—气流；4—钨极；5—进气管；
6—振荡器；7—进水管；8—喷嘴；9—焊件

另外，由于弧柱的电流密度很高，就产生了较强的自身磁场，使电弧进一步受到压缩，这称为磁压缩效应。在机械压缩、热压缩和磁压缩三种效应作用下，弧柱直径被压缩到很细的范围内，这时电弧温度极高，弧柱内的气体得到了高度电离，当压缩效应的作用与电弧的热扩散达到平衡时，便成为稳定的等离子弧。由于等离子弧是通过对电弧压缩后得到的，故又称为“压缩电弧”。根据电极的不同接法，等离子弧可分为转移型、非转移型与联合型三种。

1. 转移型弧

转移型弧又叫直接弧，当电极接负极，焊件接正接时，电弧首先在电极与喷嘴内表面间形成。当电极与焊件间加上一个较高电压后，就在电极与焊件间产生等离子弧，电极与喷嘴间的电弧就应熄灭，即电弧转移到电极与焊件间，这个电弧就称为转移型等离子弧［见图 10–6（a)］。高温的阳极斑点就在焊件上，提高了热量有效利用率，可以用作焊接和堆焊的热源。

2. 非转移型弧

非转移弧又叫间接弧，当电极接负极，喷嘴接正极，等离子弧产生在电极和喷嘴内表面之间，然后由喷嘴喷出，如图 10–6(b)所示，焊件依靠由喷嘴内喷出的等离子焰来加热熔化金属。但其加热能量和温度较低，故不宜用于较厚材料的焊接。

3. 联合型弧

转移型弧和非转移型弧同时存在就称为联合型弧，这时通常又将转移型弧称为“主弧”，而将非转移型弧称为“维弧”，如图 10–6（c）所示。该种等离子弧主要用于微束等离子焊接和粉末材料的喷焊。

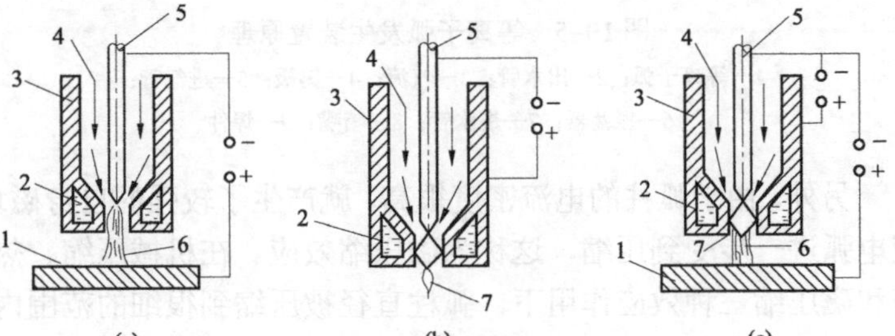

图10–6　等离子弧的形式

（a）转移型弧；（b）非转移型弧；（c）联合型弧

1—焊件；2—冷却水；3—喷嘴；4—等离子气；5—钨极；6—转移弧；7—非转移弧

一、等离子弧焊设备

等离子弧焊接是利用特殊构造的等离子焊枪所产生的高温等离子弧来熔化金属的焊接方法。按焊缝成形原理的不同，等离子弧焊有两种特殊的焊接方法，即等离子弧穿孔焊接与微束等离子弧焊接。通常，等离子穿孔焊接只能采用自动操作，而熔透法可以采用手工操作及自动操作两种方式。

1. 等离子弧穿孔焊接

等离子弧穿孔焊接又称为“穿孔法”或“小孔效应”焊接法，其采用的焊接电流较大，约 100～300A，焊接 8mm 的合金钢板材，可在不开坡口和背面不用衬垫的情况下进行单面焊接双面成形。该方法适宜于焊接 3mm 以上的材料。图 10–7 是等离子弧自动焊接典型设备。

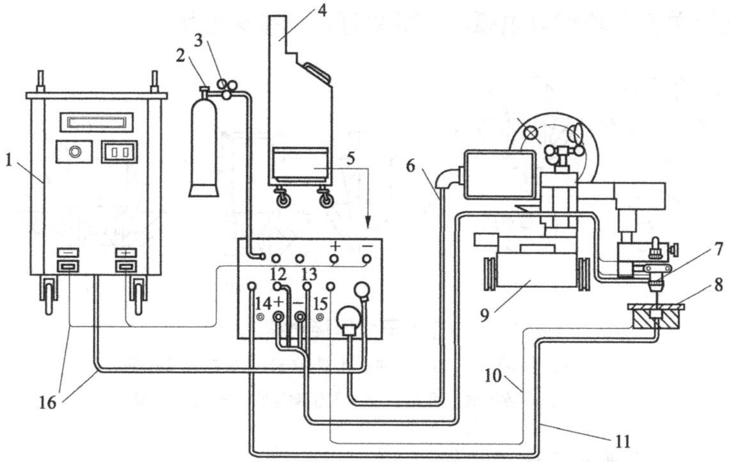

图 10–7 等离子弧自动焊典型设备

1—焊机；2—氩气瓶；3—减压阀；4—控制箱；5—控制箱上的接线板；6—控制箱与焊接小车连接电缆；7—焊枪；8—焊件；9—焊接小车；10—焊件与控制箱连接导线；11—背面保护气管；12—离子气；13—保护气；14—进水口，15—出水口；16—焊机与控制箱连接导线

等离子弧焊接采用直流陡降外特性电源，可以使用直流电源或交流电源。直流电源有硅整流式弧焊机以及晶闸管式直流弧焊机，目前使用较多的为硅整流式弧焊机。控制系统通过晶闸管调速、晶体管延时、电流衰减线路以及气流衰减延时等装置来控制焊接过程。等离子弧焊枪主要由电极、电极夹头、压缩喷嘴、中间绝缘体、上枪体、下枪体和冷却套组成，其中最关键的部位是喷嘴和电极。小车上装有控制盘、焊丝填充机构和焊枪。焊枪可以左右、上下以及沿焊缝的垂直角进行调节。等离子弧焊机供气系统应能分别供给可调节离子气、保护气、背面保护气。为保证引弧和熄弧处的焊接质量，离子气可分两路供给，其中一路可经气阀放空，以实现离子气流衰减控制。

等离子弧焊接需要两层气体，即从喷嘴流出的离子气及从保护气罩流出的保护气。等离子弧焊接喷嘴主要形式如图 10–8 所示。生产上多数采用图 10–8（b）型的喷嘴，因为这种形式的喷嘴比单孔型喷嘴对电弧压缩效果好，焊接速度快。

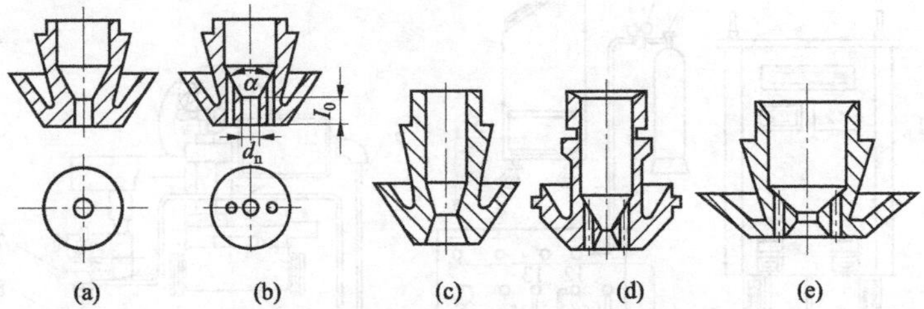

图 10–8　等离子弧焊接喷嘴主要形式

（a）圆柱单孔型；（b）圆柱三孔型；（c）收敛扩散单孔型；

（d）收敛扩散三孔型；（e）带压缩段收敛扩散三孔型

2. 等离子弧熔透焊接

等离子弧熔透焊接是非穿孔焊接，又称为“熔入法”，是用等离子弧把工件焊接处熔化到一定的深度或熔透成双面焊缝。焊接电流在 30A 以下熔透型焊接称为微束等离子弧焊。微束等离子弧焊接的焊接电流很小，约为 0.2～30A，此种方法用于 3mm 以下薄板的单面焊双面成形或用于厚板的双面焊或多层焊。

微束等离子弧焊接设备主要包括电源、控制箱、焊枪等部件。根据生产的需要也可附加转台、小车等部件，微束等离子弧焊接设备如图 10–9 所示，与一般等离子弧焊接不同的主要是电源与焊枪。

微束等离子弧焊接时，非转移型弧与转移型弧同时存在，尤其是在用很小的电流焊接时，必须如此，否则电弧就不稳定，故需要两个互不相干而独立的陡降特性直流电源。非转移型弧电流一般为 2～3A，空载电压 70～150V，非转移型弧工作电压一般为 18～28V。转移型弧空载电压在 40～140V，空载电压高一些电弧更稳定，一般工作电压在 18～32V。焊接电流最大调节范围为 0.1～100A。电源的类型有磁饱和放大器式硅整流电源、晶闸管整流电源和晶体管整流电源等。

微束等离子弧焊枪有间接水冷式和直接水冷式，其结构形式与所用喷嘴如图 10–10 所示。

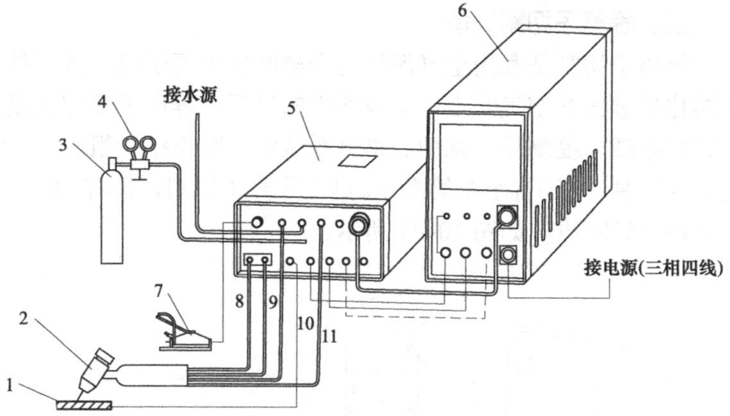

图 10–9 微束等离子弧焊接设备

1—焊件；2—焊枪；3—氩气瓶；4—减压阀；5—控制箱；6—焊机；7—脚踏开关；8—焊枪进水；9—焊枪出水；10—离子气；11—保护气

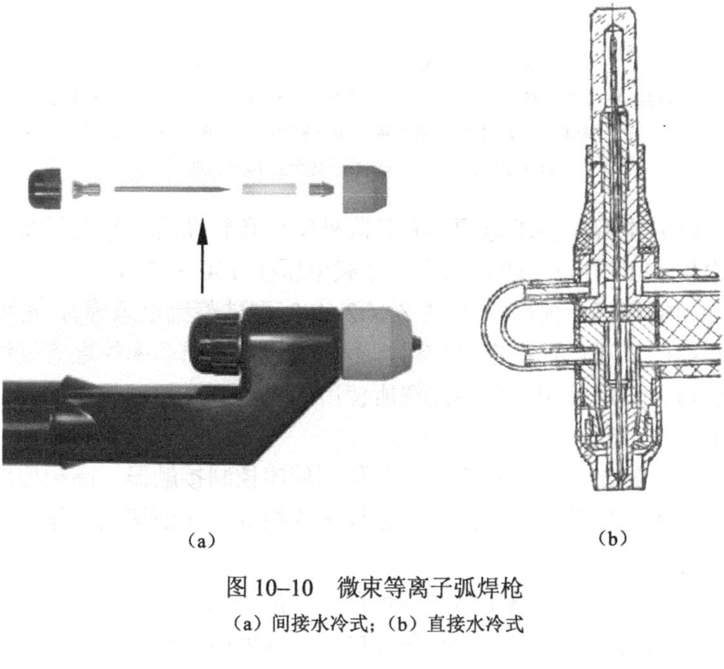

(a) (b)

图 10–10 微束等离子弧焊枪

(a) 间接水冷式；(b) 直接水冷式

二、等离子切割设备

等离子切割是利用空气流作为介质产生等离子弧，待工件金属熔化后被压缩空气吹走，形成切口的过程。等离子弧切割设备主要由电源、控制箱、割炬、供气系统和水路系统所组成，如果是自动切割，则还有小车等组成。典型等离子切割设备有 LGK–40 型等离子切割机，如图 10–11 所示。

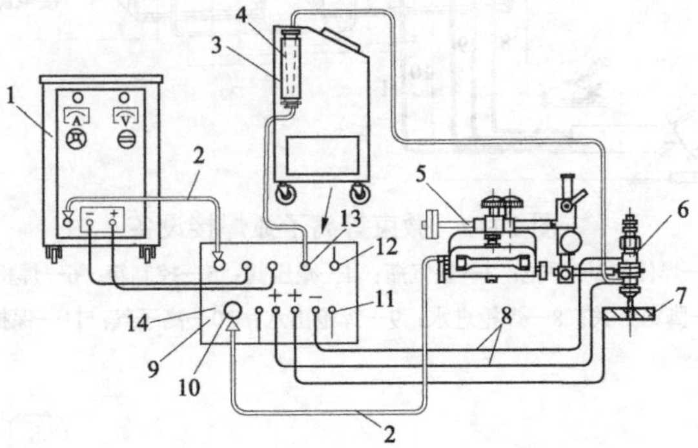

图 10–11 LGK–40 型等离子弧切割设备

1—电源；2—多芯电缆；3—控制箱；4—流量计；5—自动切割小车；6—割炬；7—工件；8—水冷电缆；9—控制箱接线板；10—割炬电缆插座（手动或自动割炬）；11—出水；12—进气；13—出气；14—进水

（1）电源。要求电源具有陡降外特性和较高的工作电压及空载电压（工作电压 80V 以上，空载电压在 150～400V），可以采用专用的等离子弧电源（如 ZXG2–400 型硅整流电源等），也可用一般的直流电焊机串联使用，不同型号、不同功率的直流弧焊机也可以串联使用，但要注意所使用的电流不得超过最小功率焊接的额定电流。

（2）控制箱。控制箱内主要包括程序控制接触器、高频振荡器、电磁气阀等。其作用是完成程序的控制，保证切割工作正常地进行。

（3）割炬。等离子弧割炬可称为等离子弧发生器，也是直接进行切割的工具。它分为小车（自动）割炬和手动割炬。

（4）供气系统。等离子弧使用气体的作用是防止钨极氧化、压缩电弧和保护喷嘴不被烧坏等，因此供气系统必须畅通无阻。输送气体的管路不宜太长，输气管可采用硬橡胶管。流量计应安装在各气阀的后面。

（5）水路系统。等离子切割用的割炬在 10 000℃以上的温度下工作，为避免烧毁必须通水冷却，冷却水流量应大于 2～3L/min，水压为 0.15～0.2MPa，水管不应太长，可用一般自来水或水泵循环水作为水源。

（6）切割用电极。目前常用的电极材料是含少量钍（<2%）的钨极和铈钨极。

三、等离子弧焊及切割设备故障修理案例

1. 维修案例一

【故障症状】

一台 LH8–16 型微束等离子弧焊机，在使用时发生不能引弧（维弧）的故障，经检查，焊枪里有微细的火花，氩气气流符合要求，有一定空载电压的直流供电。

【原因分析】

LH8–16 型微束等离子弧焊机，是晶体管式的普通和脉冲两用微束等离子弧焊机，主电路如图 10–12 所示，焊机的直流电源是由变压器二次绕组Ⅰ和Ⅱ、单相整流桥（VD1～VD4、QSZ3～5）和滤波电容（C_1、C_2）所组成。绕组Ⅰ整流后电压为 80V，向焊接弧和维弧提供直流；绕组Ⅱ整流电压是 140V，它与 80V 电压正向串联之后，电压为 220V 向辅助弧供电。绕组Ⅰ～Ⅲ是变压器 T 的二次侧，整个焊机只有一个变压器 T 供电。

由于有流量符合要求的氩气气流喷出，而且直流供电和火花都有，完全能够保证等离子弧引燃。但是，维弧时喷嘴的火花很微弱，表明电源能量不足。维弧是由绕组Ⅰ整流滤波后供电，所以应该将此电路各元件从电路中分离出来单件检查。

【维修方法】

当对大电容 C_1 进行自身放电时，火花很弱，一般大电容放电

声音很响，所以应该是 C_1 出现故障。将电解电容器 C_1 拆下，更换相同型号规格的电容后，故障消除。

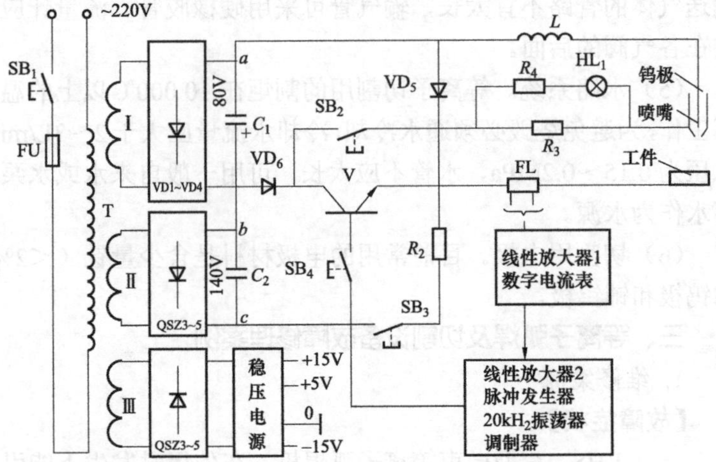

图 10–12　LH8–16 型微束等离子弧焊机主电路原理图

SB_1—焊机电源按钮；SB_2 —维弧按钮；SB_3 —辅助弧按钮；SB_4—主电弧按钮（焊接按钮）

2. 维修案例二

【故障症状】

一台使用多年的 WLH–60 型等离子弧焊机，近期在焊接时出现焊接电流不能递增和衰减的故障，严重影响焊接操作，需维修以保证其正常工作。

【原因分析】

WLH–60 型等离子弧焊机的主电弧和维弧分别供电，二者互不影响。电源采用饱和电抗式硅整流器，采用高频振荡器引弧，电弧引燃后可自动切除高频，收弧时有电流衰减作用。WLH–60 型等离子弧焊机的电气原理图如图 10–13 所示，由上至下分别是由电子元件、继电器组成的焊接程序控制电路，焊接电源励磁线圈供电的晶闸管及其触发控制电路，非转移弧（维弧）供电的饱和电抗式硅整流电源电路，为转移弧（主弧）供电的硅整流电源电路。各电路均由变压器与电网相连。

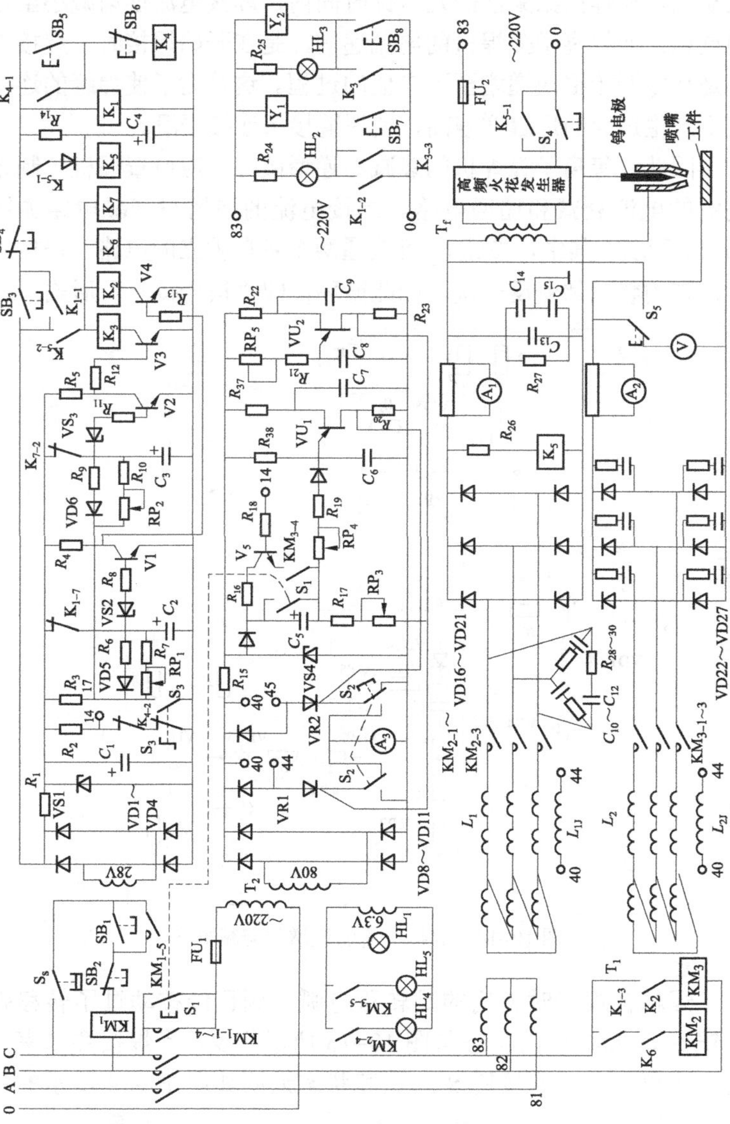

图 10-13 WLH-60 型等离子弧焊机的电气原理图

等离子弧焊机的电流衰减，是为了在焊后的焊缝中不产生透孔缺陷，在焊接结束前的几秒钟时间内，焊接电流逐渐减小至零的过程。而等离子弧焊机的电流递增，是在开始焊接时，焊接电流是从零开始很快递增至预定值的过程。这是为了使焊缝的连接处不产生过高的焊缝增强高，使焊缝接头连接平滑。

因此，等离子弧焊机的衰减与递增故障，应检查焊机控制系统中的电流衰减和递增电路。焊接电流的递增与衰减电路如图10–14所示。其中，按钮 S_3 可接通两个各自独立的电路，每按一下，它的状态都变反一次，如此循环，即“按合按断”形式。

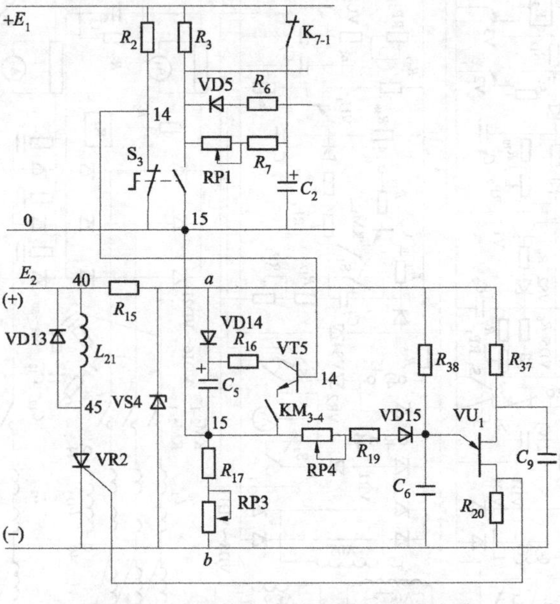

图 10–14　焊接电流的递增与衰减电路

焊机在焊接时使用的是转移电弧，因已经按动过了转移弧按钮 S_3，此时 S_3 的状态与图 10–13 所示相反。当焊接要结束之前，应再按动一次按钮 S_3，使其状态返回如图 10–14 所示的状态。电路中接点 14 的电位处于零位，三极管 VT5 截止。C_5 从“E_2→R_{15}→a→VD14→C_5→R_{17}→RP3→b”电路中获得充电，充电的最高电压可达到稳压管 VS4 的稳压值。

焊接时，按下按钮 S_3，接点 14 电位升高。因串联在 VT5 射极电路中的触点 KM_{3-4} 未合，而 VT5 仍不能导通。在焊机经过预送气的延时之后，控制电路中接触器 KM_3 被接通而吸合。所以 KM_{3-4} 触点闭合，VT5 导通，电容 C_5 通过 R_{16}、VT5 和 KM_{3-4} 电路自射放电。随 C_5 的放电，其自身的电压下降。则 R_{17}+RP3 上的电压随之增大，即接点 15 的电位增高。此时，电容 C_6 除有来自上方的电阻 R_{38} 使之充电之外，还有来自接点 15，经 RP4、R_{19} 和 VD15 方面的充电。显然，C_5 的放电过程就是 C_6 加速充电的过程。C_6 加快了充电速度，单结晶体管 VU1 输出的触发脉冲就会提前，从而使晶闸管 VR2 的导通角加大，那么焊接电源饱和电抗器的励磁电流就会增大，从而焊接电流就相应增大。可见，C_5 的放电过程就是焊接电流的递增过程。C_5 放电结束，焊接电流就稳定在预先调好的数值上，即焊接电流递增。

焊接将要结束时，再按动一下 S_3。接点 14 的电位又降为 0，VT5 截止，C_5 将重新经 R_{15}、VD14、R17 和 RP3 充电。接点 15 的电位又随 C_5 充电过程而逐渐下降，结果使 C_6 的充电速度变慢，VU1 的输出脉冲延后，晶闸管 VR2 的导通角减小，焊接电流随着衰减。衰减速度由 RP_3 调节，即是焊接电流衰减。

【维修方法】

由故障分析可知，焊接电流递增，是 C_5 放电的过程；而焊接电流衰减，是 C_5 充电的过程，所以应检查 C_5 的充、放电电路和元器件工作状态。经检测，电解电容器 C_5 损坏。更换相同型号规格的电解电容器后，故障消失，焊接电流递增与衰减作用正常。

3. 维修案例三

【故障症状】

一台使用多年的 LGK–40 型空气等离子切割机，在近期工作时突然出现不能引弧切割的故障，初步检查，供气气路和电源正常。

【原因分析】

LGK–40 型空气等离子切割机的电气原理如图 10–15 所示。

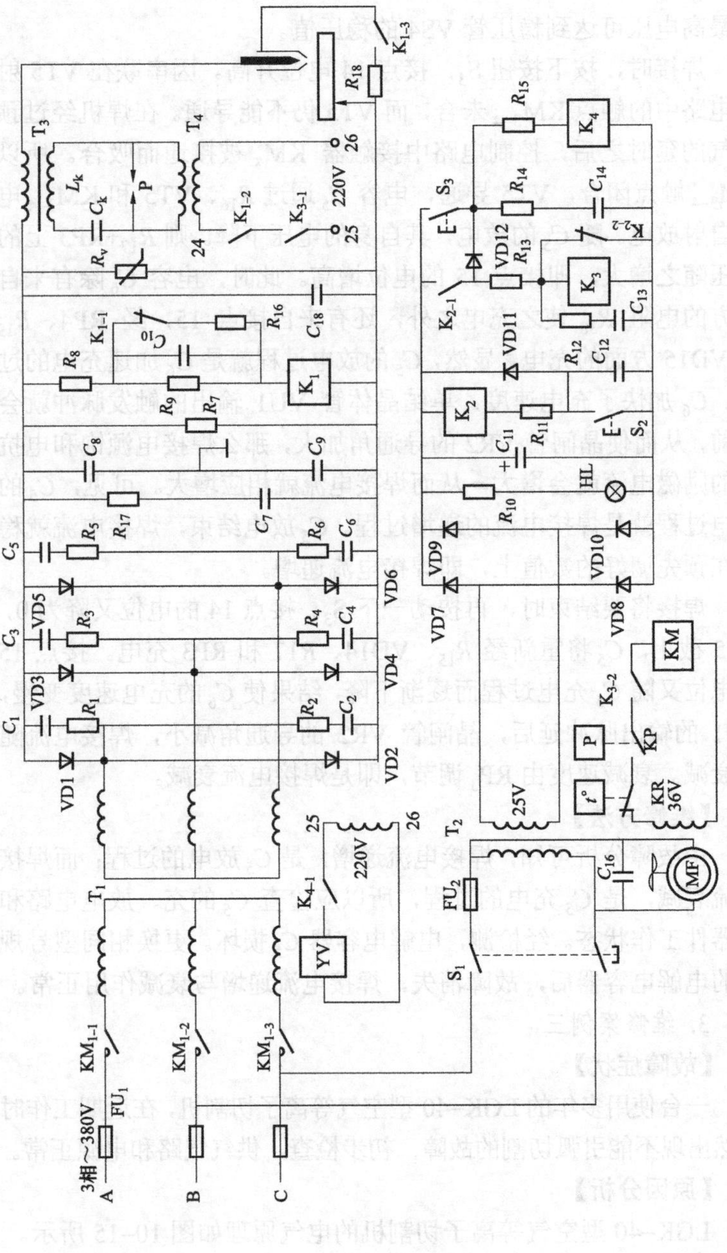

图 10-15 LGK-40型空气等离子切割机的电气原理

其中，主电路由变压器 T_1、整流桥 VD1～VD6、阻容保护 R1～R6、C_1～C_6及滤波元件 R_{17}、C_7所组成。引弧电路是由高频振荡器（T_4、C_K、L_K、P 和 T_3）及其耦合电路（C_{18}、R_{18}和 K_{1-3}）构成，以及高频防护电容 C_8和 C_9、引弧后切除高频的电路（R_8、R_9、C_{10}、K_{1-1}、R_{16}和 K_1）、程序控制电路、当压缩空气压力不足时的保护继电器 KP 和电源过载保护继电器 KR。

LGK–40 型空气等离子切割机程序控制如图 10–16 所示。

焊机供气气路和电源正常，但还是不能引弧，因此，应重点检查高频振荡器的相关故障，主要从以下方面来排查。

（1）高频振荡器的供电及其控制电路。从图 10–15 可知，高频振荡器的可靠供电，必须确保控制变压器 T_2的二次侧 220V 电源无故障，还要确保继电器触点 K_{3-1}和 K_{1-2}能按控制程序准确动作并可靠接触才能实现。

（2）高频振荡器的耦合输出电路。高频振荡器产生的高频高压电，要经过耦合变压器 T_3传输到切割主电路负极电缆里，再经电容 C_8、电阻 R_{18}和继电器 K_{1-3}输入到割枪的喷嘴与电极之间，才能在电极和喷嘴间产生高频火花放电，引燃等离子弧。应仔细检查 T_3、C_8、R_{18}和 K_{1-3}这些元件及连接它们的导线。

（3）高频振荡器本身电路。

1）首先检查高频振荡器的熔断器熔丝是否烧断。

2）逐一检查图 10–17 高频振荡器电路接线是否正确。

3）检查高频振荡。高频变压器 T_1是升压变压器，可用万用表测其绕组的通断，或在一次端加额定电压，二次端相碰产生火花的方法来试验高频变压器的通断。

4）检查振荡电容 C，用万用表的最大电阻挡测试 C 两端，若刚一接通的瞬间表针动作偏移较大，然后表针逐渐缓慢地回移至零，这表明该电容为好的；如果表笔一接触电容两端，表针就偏移到最大位置并且不动了，说明电容被击穿了。

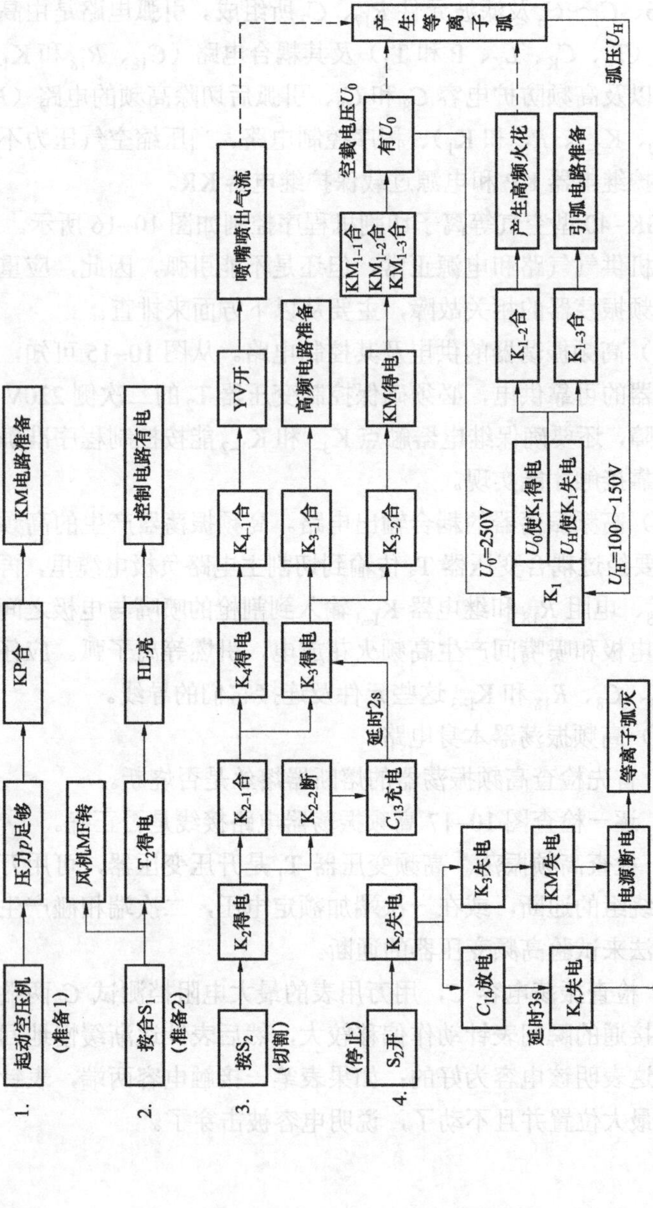

图 10-16 LGK-40 型空气等离子切割机程序控制

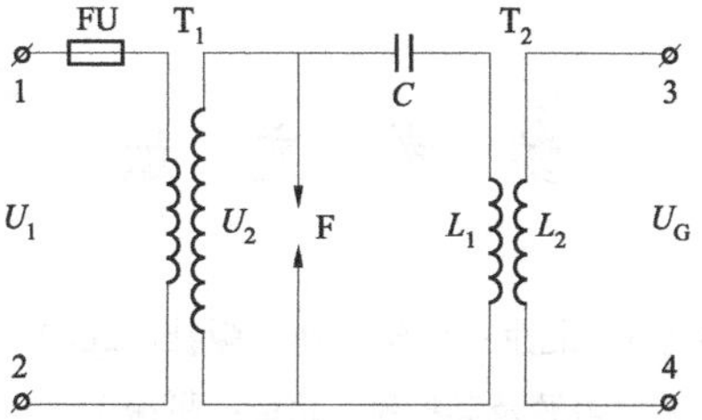

图 10-17 高频振荡器电路图

T_1—升压变压器；U_1—输入电压；U_2—振荡电压；T_2—耦合变压器；
F—火花放电器；C—振荡电容；FU—熔断器；L_1—振荡电感线圈（一次绕组）；
L_2—耦合线圈（二次绕组）；U_G—输出高频电压

5）检查火花放电器。火花放电器 F 是由钨或钼等高熔点金属制成的细棒，钨棒后面带散热器，火花放电器的两极间的间隙可调节，最佳间隙为 1～3mm。间隙过大，U_2 的最高压也击穿不了，振荡器中电容 C 不可能与 L_1 构成振荡电路，这样无法起振。间隙过小时，U_2 使 F 连续击穿，近乎短路，这将导致电容 C 没有充电的机会，当然也无法起振，同时，变压器 T_1 会因长时间短路而烧毁。当间隙较小（如小于 0.5mm）时，则火花放电器 F 过早地被击穿，电容 C 的充电电压不高，振荡的幅度也很小，导致引弧效果不理想。

【维修方法】

经检查发现，等离子切割机的振荡器不起振，是由于火花放电器间隙过大所致。因此，调整火花放电器的间隙，使之由大到小逐渐调整，至火花强烈发生时为止，并将间隙固定，故障消除。

参 考 文 献

[1] 邓开豪. 焊接电工. 北京：化学工业出版社，2002.
[2] 胡绳荪. 现代弧焊电源及其控制. 北京：机械工业出版社，2007.
[3] 梁文广. 电焊机维修简明问答. 北京：机械工业出版社，1996.
[4] 张永吉，乔长君. 电焊机维修技术. 北京：化学工业出版社，2011.
[5] 雷世明. 焊接方法与设备. 北京：机械工业出版社，2000.
[6] 屈义襄. 电工技术基础. 2 版. 北京：化学工业出版社，1999.
[7] 黄国定，吴克铮. 弧焊设备的使用与维护. 北京：机械工业出版社，1989.
[8] 梁文广，高文景. 电弧焊机故障诊断与典型案例. 北京：中国电力出版社，2010.
[9] 殷树言. CO_2 焊接设备原理与调试. 北京：机械工业出版社，2000.
[10] 谢海兰. 焊接设备的工作原理与维修. 广州：广东科技出版社，2001.
[11] 刘太湖. 焊接设备. 北京：北京理工大学出版社，2013.